JN336782

パリの服飾品小売とモード商
1760-1830

角田奈歩

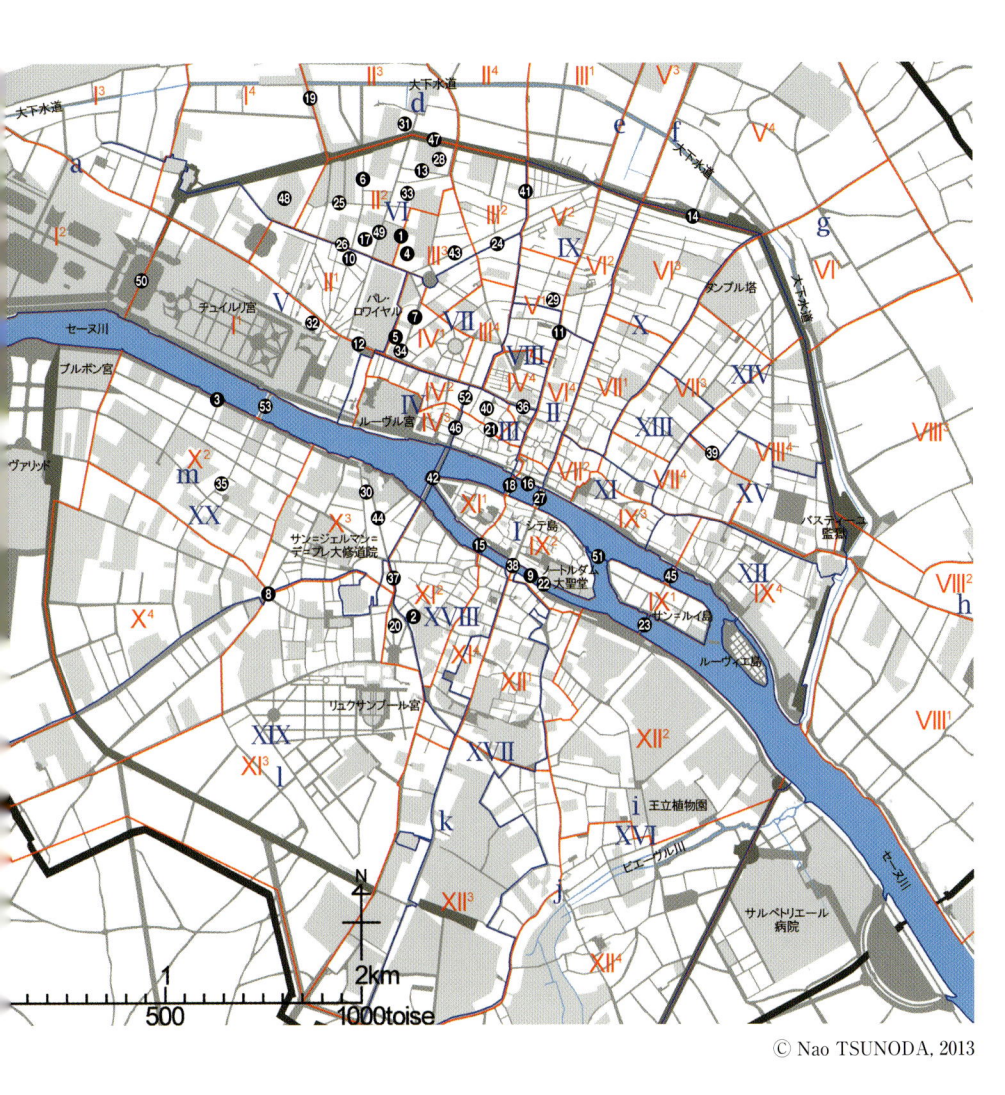

紀パリ市街図

アンシャン・レジーム期街区区分（青）

I	ラ・シテ街区	La Cité
II	サン＝ジャック＝ドゥ＝ラ＝ブシュリ街区	
		Saint-Jacques-de-la-Boucherie
III	サン＝トポルチュヌ街区	Sainte-Opportune
IV	ル・ルーヴル街区	Le Louvre
V	パレ・ロワイヤル街区	Palais Royal
VI	モンマルトル街区	Montmartre
VII	サン＝チュスタシュ街区	Saint-Eustache
VIII	レ・アル街区	Les Halles
IX	サン＝ドゥニ街区	Saint-Denis
X	サン＝マルタン街区	Saint-Martin
XI	ラ・グレーヴ街区	La Grève
XII	サン＝ポール街区	Saint-Paul
XIII	サン＝タヴォワ街区	Sainte-Avoye
XIV	ル・タンプル街区	Le Temple
XV	サン＝タントワヌ街区	Saint-Antoine
XVI	ラ・プラス・モベール街区	La Place Maubert
XVII	サン＝ブノワ街区	Saint-Benoît
XVIII	サン＝タンドレ＝デ＝ザール街区	
		Saint-André-des-Arts
XIX	ル・リュクサンブール街区	Le Luxembourg
XX	サン＝ジェルマン＝デ＝プレ街区	
		Saint-Germain-des-Prés
a	サン＝トノレ城外区	Faubourg Saint-Honoré
b	ル・ルール城外区	Faubourg du Roule
c	シャイヨ城外区	Faubourg de Chaillot
d	モンマルトル城外区	Faubourg Montmartre
e	サン＝ドゥニ城外区	Faubourg Saint-Denis
f	サン＝マルタン城外区	Faubourg Saint-Martin
g	ル・タンプル城外区	Faubourg du Temple
h	サン＝タントワヌ城外区	
		Faubourg Saint-Antoine
i	サン＝ヴィクトル城外区	
		Faubourg Saint-Victor
j	サン＝マルセル城外区	Faubourg Saint-Marcel
k	サン＝ジャック城外区	
		Faubourg Saint-Jacques
l	サン＝ミシェル城外区	Faubourg Saint-Michel
m	サン＝ジェルマン城外区	
		Faubourg Saint-Germain
n	グロ・カイユ	Gros Caillou

フランス革命期街区区分（赤）
たびたび改称されたためすべての名を示す。

I^1	チュイルリ区	Les Tuileries
I^2	シャン＝ゼリゼ区	Les Champs-Élysées
I^3	ルール区	Le Roule
	レピュブリック区	La République
I^4	プラス・ヴァンドーム区	La Place Vendôme
	ピック区	Les Piques
II^1	パレ・ロワイヤル区	Palais Royal
	ビュット・デ・ムーラン区	Butte des Moulins
	モンターニュ区	La Montagne
II^2	ビブリオテック区	La Bibliothèque
	カトル＝ヴァン＝ドゥーズ区	
		Quatre-Vingt-Douze
	ルペルティエ区	Lepelletier
II^3	グランド＝バテリエール区	
		La Grande-Batelière
	ミラボ区	Mirabeau
	モン＝ブラン区	Le Mont-Blanc
II^4	フォブール＝モンマルトル区	
		Le Faubourg-Montmartre
	モンマルトル区	Montmartre
	フォブール＝モン＝マラ区	
		Le Faubourg-Mont-Marat
III^1	フォブール＝ポワソニエール区	
		Le Faubourg-Poissonnière
	ポワソニエール区	Poissonnière
III^2	フォンテーヌ＝モンモランシ区	
		Fontaine-Montmorency
	モリエール・エ・ラフォンテーヌ区	
		Molière et Lafontaine
	ブリュチュス区	Brutus
III^3	プラス・ルイ・カトルズ区	
		La Place Louis XIV
	マーユ区またはプチ＝ペール区	
		Le Mail ou Les Petits-Pères
	ギヨーム＝テル区	Guillaume-Tell
III^4	ポスト区	Les Postes
	コントラ・ソシアル区	Contrat-Social
IV^1	アル・オ＝ブレ区	La Halle-aux-Blés
IV^2	オラトワール区	L'Oratoire
	ガルド＝フランセーズ区	Les Gardes-Françaises
IV^3	ルーヴル区	Le Louvre
	ミュゼウム区	Le Muséum
IV^4	イノサン区	Les Innocents
	レ・アル区	Les Halles
	マルシェ区	Les Marchés
V^1	モコンセイユ区	Mauconseil
	ボン＝コンセイユ区	Bon-Conseil
V^2	ボヌ＝ヌーヴェル区	Bonne-Nouvelle
V^3	フォブール＝サン＝ドゥニ区	
		Le Faubourg-Saint-Denis
	フォブール＝デュ＝ノール区	
		Le Faubourg-du-Nord
	ノール区	Nord
V^4	ボンディ区	Bondy
VI^1	タンプル区	Le Temple
VI^2	ポンソ区	Le Ponceau
	アミ＝ドゥ＝ラ＝パトリ区	
		Les Amis-de-la-Patrie
VI^3	グラヴィリエ区	Les Gravilliers
VI^4	ロンバール区	Les Lombards
VII^1	ボブール区	Beaubourg
	レユニオン区	La Réunion
VII^2	アルシ区	Les Arcis
VII^3	アンファン＝ルージュ区	Les Enfants-Rouges
	マレ区	Le Marais
	オム＝アルメ区	L'Homme-Armé
VII^4	ロワ＝ドゥ＝シシル区	Le Roi de Sicile
	ドロワ＝ドゥ＝ロム区	Les Droits-de-l'Homme
VIII^1	カンズ＝ヴァン区	Les Quinze-Vingts
VIII^2	モントルーユ区	Montreuil
VIII^3	ポパンクール区	Popincourt
VIII^4	プラス＝ロワイヤル区	La Place-Royale
	アンディヴィジビリテ区	L'Indivisibilité
IX^1	サン＝ルイ区	Saint-Louis
	フラテルニテ区	La Fraternité
IX^2	ノートル＝ダム区	Notre-Dame
	シテ区	La Cité

IX³	オテル゠ドゥ゠ヴィル区 L'Hôtel de Ville	⑫	サン゠トノレ通り Rue Saint-Honoré
	メゾン゠コミュヌ区 La Maison-Commune	⑬	サン゠マルク通り Rue Saint-Marc
	フィデリテ区 La Fidélité	⑭	サン゠マルタン並木通り Boulevard Saint-Martin
IX⁴	アルスナル区 L'Arsenal	⑮	サン゠ミシェル橋 Pont Saint-Michel
X¹	アンヴァリッド区 Les Invalides	⑯	ジェヴル河岸 Quai de Gesvres
X²	フォンテーヌ゠ドゥ゠グルネル区 La Fontaine-de-Grenelle	⑰	シャバノワ（シャバネ）通り Rue de Chabannois
	グルネル区 Grenelle	⑱	シャンジュ橋 Pont du Change
X³	カトル゠ナシオン区 Les Quatre-Nations	⑲	ショッセ゠ダンタン通り Rue de la Chaussée-d'Antin
	ユニテ区 L'Unité	⑳	テアトル゠フランソワ（オデオン）通り Rue du Théâtre-François
X⁴	クロワ゠ルージュ区 Croix-Rouge	㉑	ドゥ゠ブール通り Rue des Deux-Boules
	ボネ゠ルージュ区 Bonnet-Rouge	㉒	ドゥブル橋 Pont au Double
	ボネ゠ドゥ゠ラ゠リベルテ区 Bonnet-de-la-Liberté	㉓	トゥルネル橋 Pont de la Tournelle
XI¹	アンリ4世区 Henri-IV	㉔	ヌーヴ・サン゠チュスタシュ通り Rue Neuve Saint-Eustache
	ポン゠ヌフ区 Le Pont-Neuf	㉕	ヌーヴ・サン゠トギュスタン通り Rue Neuve Saint-Augustin
	レヴォリューショネル区 Révolutionnaire	㉖	ヌーヴ・デ・プティ゠シャン通り Rue Neuve des Petits-Champs
XI²	テアトル゠フランセ区 Le Théâtre-Français	㉗	ノートルダム橋 Pont Notre-Dame
	マルセイユ・エ・マラ区 Marseille et Marat	㉘	パサージュ・デ・パノラマ Passage des Panoramas
	マラ区 Marat	㉙	パサージュ・デュ・グラン・セール Passage du Grand Cerf
XI³	リュクサンブール区 Le Luxembourg	㉚	パサージュ・デュ・ポン゠ヌフ Passage du Pont-Neuf
	ミュチュス゠スカエヴォラ区 Mutius-Scævola	㉛	パサージュ・ドゥ・ロペラ Passage de l'Opéra
XI⁴	テルム・ドゥ・ジュリアン区 Thermes de Julien	㉜	パサージュ・ドゥロルム Passage Delorme
	テルム区 Thermes	㉝	パサージュ・フェド Passage Feydeau
	ボルペール区 Beaurepaire	㉞	パサージュ・モンテスキュー Passage Montesquieu
	レジェネレ区 Régénérée	㉟	バック通り Rue du Bac
	シャイエ区 Chalier	㊱	フェロヌリ通り Rue de la Ferronnerie
XII¹	サント゠ジュヌヴィエーヴ区 Sainte-Geneviève	㊲	フォッセ゠サン゠ジェルマン通り Rue des Fossés-Saint-Germain
	パンテオン゠フランセ区 Panthéon-Français	㊳	プティ・ポン Petit Pont
	パンテオン区 Panthéon	㊴	フラン゠ブルジョワ通り Rue des Francs-Bourgeois
XII²	サン゠ニコラ゠デュ゠シャルドネ区 Saint-Nicolas-du-Chardonnet	㊵	ブルドネ通り Rue des Bourdonnais
	ジャルダン゠デ゠プラント区 Le Jardin-des-Plantes	㊶	ポワソニエール通り Rue Poissonnière
	プラント区 Plantes	㊷	ポン・ヌフ Pont Neuf
	サン゠キュロット区 Les Sans-Culottes	㊸	マーユ通り Rue du Mail
XII³	オプセルヴァトワール区 L'Observatoire	㊹	マザリヌ通り Rue Mazarine
XII⁴	ゴブラン区 Les Gobelins	㊺	マリ橋 Pont Marie
	フィニステール区 Le Finistère	㊻	モノワ（モネ）通り Rue de la Monnoie

街路・広場・橋

❶	ヴィヴィエンヌ通り Rue Vivienne	㊼	モンマルトル並木通り Boulevard Montmartre
❷	オプセルヴァンス通り Rue de l'Observance	㊽	ラ・ペ通り Rue de la Paix
❸	オルセ河岸 Quai d'Orsay	㊾	リシュリュ通り Rue Richelieu
❹	ギャルリ・ヴィヴィエンヌ Galerie Vivienne	㊿	ルイ15世広場（コンコルド広場）Place Louis XV
❺	クール・デ・フォンテーヌ（ヴァロワ広場）Cour des Fontaines (Place de Valois)	51	ルージュ橋（サン゠ルイ橋）Pont Rouge
❻	グラモン通り Rue de Grammont	52	ルール通り Rue du Roule
❼	クロワ゠デ゠プティ゠シャン通り Rue Croix des Petits-Champs	53	ロワイヤル橋 Pont Royal
❽	クロワ゠ルージュ辻 Carrefour de la Croix-Rouge		
❾	サン゠シャルル橋 Pont Saint-Charles		
❿	サン゠タンヌ通り Rue Sainte-Anne		
⓫	サン゠ドゥニ通り Rue Saint Denis		

時期的に地図上にまだ存在しない街路・広場は大まかな位置を示す。

パリの服飾品小売とモード商
1760-1830

目　次

序論　研究史・問題設定・史料 ……………………………… 1
　　1. 研究史　1
　　2. 問題の所在　6
　　3. 史料と構成　9

第1章　モード商の成立 ……………………………………… 23
　　1. 用語　23
　　2. 成立時期　26
　　3. 出自　29

第2章　モード商と服飾流行 ………………………………… 35
　　1. 流行雑誌　35
　　2. 同時代人の評価　41
　　3. 店舗の様子　46
　　4. 店舗の分布　54

第3章　モード商と同業組合 ………………………………… 73
　　1. 概括・邦語表記　73
　　2. 服飾品流通と同業組合　75
　　3. 制度再編成　84
　　4. モード商同業組合　93
　　5. 制度廃止とモード商　97

第4章　モード商の営業活動 ………………………………… 103
　　1. 帳簿　103
　　2. 取引と経営方法　114
　　3. 顧客層と取引　124
　　4. 顧客層と流通段階　137
　　5. 商品・作業　141

第5章　19世紀のモード商と新しい職業 161
　　1. 新物商の成立　161
　　2. 店舗分布の推移　166
　　3.「グラン・マガザン」へ　175

結論　モード商の存在意義と限界 181

文献目録 187
　　手稿文書　187
　　手稿文書 AD Paris, D4B6　187
　　手稿文書 AD Paris, D5B6　189
　　手稿文書 AD Paris, D11U3　196
　　刊行史料：辞書・事典　196
　　刊行史料：法令集等　197
　　刊行史料：商業年鑑　198
　　刊行史料：その他　201
　　欧語文献　203
　　邦語文献　210

数表 213

謝辞 234

索引(人名・事項・地名) 237

図表目次

(1) 流行雑誌の創刊・廃刊状況(1775〜1815年) ……………………… 36
(2) 『カビネ・デ・モード』誌のファッション・プレートと説明文 …… 37
(3) 流行雑誌のファッション・プレートの内容 ………………………… 40
(4) 商品を持って街を歩くモード商 ……………………………………… 47
(5) モード商の店舗 ………………………………………………………… 49
(6) 女性服仕立工(女性)の店舗 …………………………………………… 50
(7) 男性服仕立工(男性)の店舗 …………………………………………… 50
(8) リネン工／商の店舗 …………………………………………………… 51
(9) 製帽工／帽子商の店舗 ………………………………………………… 51
(10) モード商の店舗分布(1769年) ………………………………………… 58
(11) モード商の店舗分布(1772年) ………………………………………… 59
(12) モード商の店舗分布(1774年) ………………………………………… 59
(13) モード商の店舗分布(1775年) ………………………………………… 60
(14) モード商の店舗分布(1779年) ………………………………………… 60
(15) モード商の店舗分布(1781年) ………………………………………… 61
(16) モード商の店舗分布(1798〜1799年) ………………………………… 61
(17) モード商の店舗分布(1799〜1800年) ………………………………… 62
(18) モード商の店舗分布(1800〜1801年) ………………………………… 62
(19) モード商の店舗分布(1802年) ………………………………………… 63
(20) モード商の店舗分布(1802〜1803年) ………………………………… 63
(21) 革命期のパレ・ロワイヤルの見取り図 ……………………………… 64
(22) 1790年のパレ・ロワイヤル景観 ……………………………………… 65
(23) 現在のパレ・ロワイヤル ……………………………………………… 66
(24) 同一住所に店舗を維持したモード商(1769〜1803年) ……………… 68
(25) 同業組合と開業者数(1769年) ………………………………………… 75
(26) 業種別同業組合数・開業者数(1769年) ……………………………… 81
(27) 服飾関係業の分業 ……………………………………………………… 81
(28) 同業組合と親方数(1776年) …………………………………………… 84
(29) 業種別同業組合数・親方数(1776年) ………………………………… 89
(30) 業種別開業者数(1769年, 1798〜1799年) …………………………… 90
(31) 服飾関係同業組合の統廃合(1776年) ………………………………… 91
(32) 同業組合再編成後の服飾関係業の分業 ……………………………… 95

(33) モード商の人数(1769〜1803年) ……………………… 98
(34) 利用する帳簿 ……………………………………………… 104
(35) モロの仕訳日記帳(AD Paris D5B6 1295) …………… 105
(36) ラ・ヴィレットの仕訳日記帳(AD Paris D5B6 2226) … 106
(37) レヴェックの仕訳日記帳(AD Paris D5B6 2289) …… 107
(38) ブナールの仕訳日記帳(AD Paris D5B6 2848) ……… 108
(39) ドゥラフォスの顧客別仕訳帳(AD Paris D5B6 3140) … 109
(40) ペステルの仕訳日記帳・買掛金元帳(AD Paris D5B6 3882) … 110
(41) ドゥフォルジュの仕入帳(AD Paris D5B6 4839) …… 111
(42) レヴェックの仕訳日記帳1頁の入力データ ………… 112
(43) モード商の月平均延べ取引日数 ……………………… 115
(44) モード商の月平均延べ取引人数 ……………………… 115
(45) モード商の月平均売上高 ……………………………… 116
(46) モード商の月平均売上高(拡大) ……………………… 116
(47) モード商の月平均取引毎売上高 ……………………… 117
(48) モード商の取引実施率 ………………………………… 118
(49) モード商の年平均顧客数 ……………………………… 118
(50) モード商の顧客別平均取引回数 ……………………… 118
(51) モード商の年平均売上高 ……………………………… 119
(52) モード商の売上決済率 ………………………………… 120
(53) モード商の年平均決済額 ……………………………… 120
(54) モード商の顧客分類別年平均延べ登場人数 ………… 127
(55) モード商の顧客分類別年平均延べ登場日数 ………… 128
(56) モード商の顧客分類別年平均売上高 ………………… 128
(57) モード商の顧客分類別年平均1人当たり売上高 …… 130
(58) モード商の顧客分類別年平均1人当たり売上高(拡大) … 130
(59) モード商の顧客分類別年平均取引当たり売上高 …… 132
(60) モード商の顧客分類別年平均取引当たり売上高(拡大) … 132
(61) モード商エロフの顧客分類別延べ登場人数 ………… 133
(62) モード商エロフの顧客分類別延べ登場日数 ………… 134
(63) モード商エロフの顧客分類別売上高 ………………… 135
(64) モード商ラ・ヴィレットのパリ市内街区別顧客分布(1778〜1780年) … 138
(65) モード商レヴェックの地方・国別顧客分布(1782〜1785年) … 139
(66) ローブ・ア・ラ・フランセーズ(1778年) …………… 141
(67) カラコ(1778年)／シュミーズ・ア・ラ・レーヌ(1784年) … 142
(68) 料理女(1778年) ………………………………………… 144
(69) 喪服用ピエロ(1789年)／憲法制定議会風に装った女性(1790年) … 145
(70) ローブ・シュミーズ(1799年)／宮廷用ドレス(1811年) … 146

(71) モード商の商品分類別年平均延べ登場回数 ……………………… 150
(72) モード商の商品分類別年平均売上高 ………………………………… 151
(73) モード商の商品分類別年平均取引当たり売上高 ………………… 151
(74) モード商の商品・作業単価 ……………………………………………… 156
(75) モード商と新物商の転業・兼業時期(1800～1830年) ………… 163
(76) モード商と新物商の継続年数(1800～1830年) ………………… 164
(77) モード商と新物商の店舗数(1800～1830年) …………………… 165
(78) モード商と新物商の店舗分布(1803～1804年) ………………… 166
(79) モード商と新物商の店舗分布(1806～1810年) ………………… 167
(80) モード商と新物商の店舗分布(1811～1815年) ………………… 167
(81) モード商と新物商の店舗分布(1816～1820年) ………………… 168
(82) モード商と新物商の店舗分布(1821～1825年) ………………… 168
(83) モード商と新物商の店舗分布(1826～1830年) ………………… 169
(84) パレ・ロワイヤルとパサージュにおけるモード商と
　　 新物商の店舗数(1800～1830年) ……………………………………… 170
(85) 現2区パサージュ・デ・パノラマ …………………………………… 172
(86) 現2区ギャルリ・ヴィヴィエンヌ …………………………………… 174
(87) モード商と新物商の破産件数(1800～1900年) ………………… 175

数表目次

数表1：(30)業種別開業者数 ………………………………………………… 213
数表2：(33)(77)モード商と新物商の人数・店舗数 ………………… 213
数表3：(43)～(47)モード商の取引の月平均値 ……………………… 215
数表4：(48)～(53)モード商の取引の年平均値 ……………………… 218
数表5：(54)～(60)モード商の取引の顧客分類別年平均値 ……… 218
数表6：(61)～(63)モード商エロフの取引の顧客分類別年推移 … 222
数表7：(65)モード商レヴェックの地方・国別顧客分布 ………… 226
数表8：(71)～(73)モード商の取引の商品・作業別年平均値 …… 227
数表9：(74)モード商の商品・作業単価 ………………………………… 230
数表10：(76)モード商と新物商の継続年数 …………………………… 232
数表11：(84)パレ・ロワイヤルとパサージュにおける
　　　　 モード商と新物商の店舗数 ……………………………………… 232
数表12：(87)モード商と新物商の19世紀各年代の破産件数 …… 233

パリの服飾品小売とモード商
1760-1830

序論　研究史・問題設定・史料

1. 研究史

　小売業は大衆消費の根幹を成すものである。世界初の百貨店と言われるボン・マルシェが1852年パリに開店すると，半世紀を経てこの企業形態は日本にまで伝わり，三越呉服店は1905年「デパートメントストア宣言」を発表した[1]。20世紀初頭にアメリカではスーパーマーケットが誕生する。1963年にはカルフール社がパリ郊外に百貨店とスーパーマーケットを融合したハイパーマーケットを開き，アメリカでも一般的な店舗形態となった。一方，19世紀の間に進展したチェーン店システムはフランチャイズ・チェーン方式というビジネス・モデルを生む。日本では24時間営業を売りにしたコンヴィニエンス・ストアが国内どこでも見られるようになったが，その多くがフランチャイズ・チェーン方式である。これら大規模小売システムの起源はどこにあるのだろうか。

　ボン・マルシェ開業の1世紀前のパリでは，同業組合，つまりギルドに属す親方商人が構える店舗だけが小売店である。従来，小売は生産と不可分だった。これを製造小売業と呼び，特に最終消費財はこの形態が一般的である。そのため，小売業の歴史は半ば手工業の歴史と重なる。商品を売ることができるのはそれを作った者だけという発想がこの構造の根底にある。しかし，生産と小売に同じ一個人がたずさわっている限り，大規模な発展は望めない。

　イギリスなど他国，あるいはフランス地方都市でも，中世以来のギルド制度にもとづく中間財製造／小売，最終消費財製造／小売，卸売／小売の分断は，18世紀に至ってもある種の伝統として多かれ少なかれ残っている。しかしパリでは，これが法律に規制された制度として続いていたのである。

アンシャン・レジーム期のパリにおいては，手工業者／小売商らは同業組合への所属が義務づけられていた。パリの同業組合は王権と密接に結びついた中間団体として機能しており，各同業組合の職分は細かく定められていたため，パリの小売商が卸売商，まして貿易商に成長するのは不可能だった。イギリスでは小売商と卸売商が必ずしも明確には区別されず，オランダでは商品別専門商という形で貿易と小売を区分しない職種が現れ，アメリカでは小売も卸売も担う多目的商人が存在していたが[2]，パリではこの状況が1791年の同業組合廃止まで続く。

　同業組合制度によってとりわけ細かい分業を強いられていたのが服飾関係業種である。現代の感覚では分業は効率化を生むように考えてしまいがちだが，それは非熟練労働者でも可能なように分業が組織され，かつ，その分業と分業の間が繋がるよう統括されている場合に初めて可能になる。18世紀パリ服飾関係業の分業は親方という熟練労働者の技能を必要とし，また分業と分業の境界は同業組合の壁が隔てていた。たとえば生地商は一切の加工を許されず，仕立工は生地の在庫保有を禁じられている[3]。そのため，衣服を求めるならまず布やボタンを買い求め，それを衣服に加工する別の親方の手に委ねなくてはならなかった。つまり，服飾品，特に衣服については，古着を除けば最終消費財小売は存在しなかったのである。18世紀の時点では庶民層が入手できる衣服はほぼ古着だけだったとはいえ，中間財の小売とその最終消費財への加工を同時にできる場さえなかった。他の日用品については，ほぼすべての品目で最終消費財を小売する場があった。作りたてのパンは買えるし，新品の鍋も絨毯も，本も絵も買える。しかし新品の衣服は買えない。

　この状況はアンシャン・レジーム末期まで変わらなかったが，フランス革命直前の1776年になって，新しい服飾関係の同業組合が誕生する。それがモード商同業組合である。これは中世のギルドから続く同業組合の歴史の最後に誕生した組合になった。

　それでは，モード商とはどういう職業だったのか。その問いに明確に答えている研究はいまだない。服飾史家がオート・クチュールの歴史を描くとき，しばしばモード商にさかのぼる[4]。歴史家ロッシュは，人工的な装飾が流行したこの時代において，モード商は服飾品経済の要であり，物品

のみならず趣味や作法の再分配の中心を占めたとしており，これが歴史学におけるモード商の重要性への最初の言及である[5]。しかしロッシュの指摘から20年ばかりがたっても，モード商が実際にどのような商品をどのように売っていたのかを明らかにしている研究さえほとんど見当たらない。まして，19世紀以降の大規模小売業の発展に，モード商がどのような影響を及ぼしたかという観点からの分析は皆無である。

　パリの商工業全般に関する研究は，古典的なものにベルジュロンの著作があり[6]，服飾関係の特定の業種に関しては実証的個別研究として比較的早い時期にソネンシャーの製帽業に関する研究がある[7]。また2002年，ティレがパリで例外的に同業組合に加入せずとも手工業／小売業にたずさわることができたサン＝タントワーヌ城外区を取り上げた博士論文を刊行した[8]。アンシャン・レジーム期パリの手工業／小売業におけるこの地区の特異性と重要性に注目したこの著作は，膨大な史料リストも含み，史料的制約を公証人文書など閲覧可能な史料で補う手法と併せて，18世紀パリの商工業を扱うなら決して見逃せない。しかしこのような例を除き，商工業として括ってしまうと，研究者の関心は商業より工業，小売業より卸売業に傾きがちである。

　またアンシャン・レジーム期パリの手工業／小売業を扱うなら，同業組合制度についても考えねばならない。同業組合研究は19世紀に始まり，当時の著作は特に現在では所在不明の史料の引用等を含む点で重要だが[9]，20世紀に入るとコールネールの古典的研究[10]以降長らく途絶える。しかし1991年，パリの食糧供給について研究してきたカプランが同業組合廃止を主に政治的・思想的な面から分析した著作を発表した[11]。コルベルティスムについて扱ってきたミナールは2004年，カプランと共に編著を出版する[12]。題名が示す通り，フランスでは疑問視されがちなコルポラティスムを様々な角度から論じたものだが，議論の原点として同業組合とその廃止を扱っている。さらに，地方諸都市の同業組合については，パリについては失われた類の史料も残存するため，より実証的な研究も見られる[13]。いずれにせよこれらは，王権に結びつく制度，あるいは社会的システムとしての同業組合の側面を主に取り上げており，同業組合制度あるいはその廃止が商業，特に小売業の営業方法や業務形態にどのような影響を及ぼし

たのかについては多くを語らない。

　服飾関連業種に限定するなら，18世紀パリ，あるいはフランスの奢侈品生産・流通というテーマの研究が近年増えており，服飾品も奢侈品としてよく取り上げられる。この角度から先鞭をつけたのは社会学者ペローで，18〜19世紀フランスの服飾品などの奢侈品産業，あるいは奢侈そのもののあり方についてブルジョワジーの発展と関連づけつつ社会学的な分析を行った[14]。ペローは主に19世紀を扱っているが，ロッシュは1989年，17〜18世紀フランスの服飾を主題とした著作を世に送る[15]。同著は遺産目録を用いた服飾品所持状況をめぐる実証研究のほか，清潔という概念，社会層と服飾，軍服，服飾品生産・流通の構造，窃盗と古着，礼儀作法，文学の中の服飾，啓蒙思想の影響，流行雑誌など，当時の服飾について考える上で重要な視点を数多く示しており，近世あるいはフランスといった範囲に留まらず，服飾というテーマが歴史学の実証的な研究対象として多様な観点から分析され得るということを提示した点でも重要な著作である。ロッシュが歴史学において初めてモード商の重要性を指摘したのもこの著作においてのことである。これに続いて，ロンドンのヴィクトリア＆アルバート美術館学芸員のサージェントソンは，同館所蔵品を元に，雑貨商を中心とした18世紀パリの奢侈品流通について論じた[16]。さらに，ロッシュの弟子であるコクリーが，複数の貴族家庭の家内文書を元にパリの貴族の私邸で行われた奢侈品流通について博士論文で実証的に分析し[17]，その後も18世紀パリの奢侈品流通を主な研究対象としているが[18]，それを含め近年は多数の個別研究が見られるようになり，他の時代や地域と共に奢侈，特に都市部の奢侈という面からまとめた論文集も増えている[19]。また奢侈品生産・流通業の中でも服飾品生産・流通業を女性が主体になる職業として捉えた研究には，やや19世紀に傾いた内容だが，まずはコフィンの著作が挙げられる[20]。これに続くペルグランやクロウストンも，女性の職業という観点から実証的な手法で女性服仕立工やモード商を扱っている[21]。現時点でモード商を主題とした歴史学における唯一の著作であるサポリの博士論文も，18世紀に名を馳せたモード商ベルタンが王妃御用達として宮廷に占めた位置，経営者としてのベルタンのあり方などを分析することで，モード商という職を通じて一女性が社会的な立場や影響力を得てい

く様子を描いている[22]。またフェミニズムあるいはジェンダー論に影響され，18世紀に登場した流行雑誌を「女性向け出版物」として扱う見方もある[23]。

　しかし，これらはおおむね奢侈品産業とそれに含まれる服飾品生産・流通業の社会的な側面に注目しており，小売業の経営方法や業務形態の発展という観点には乏しい。1990年代の時点で，小売業にかかわる研究史の多くが小売業の軽視への不満という書き出しから始まると述べられているが[24]，その背景には，流通は生産より軽視され[25]，さらに小売は貿易より軽視されるという傾向があるだろう[26]。これはそもそも生産を伴わない金儲けを卑しいものと見なすモラルにもとづくが，結果として小売を対象とした研究もなかなか進展しなかった。しかし，経済学の分野でマーケティングの観点から小売業の歴史的発展への注目が集まり，19世紀イギリスとアメリカに関する研究が始まる。そしてこの1990年代の時点ですでに，小売業の発展に関する複数の理論が生まれ[27]，また発展を印付ける特徴として，後段で述べるいくつかの新しい経営方法や企業形態が古典的着目点となっていた。しかし18世紀の小売業は発展前の段階として放置されがちである。こうした議論が主にイギリスから起きたためか，フランスはイギリスよりさらに小売業の発展が遅れた国としてイギリス関係の研究者からは目を向けられず，フランス18世紀については滞ったままとなっている[28]。しかし，19世紀の小売業の新しさを指摘するなら従来の小売業の実態を明確にしなくてはならないし，その新しさ自体も疑ってみる必要があるだろう。

　このように19世紀のなにがしかの「新しさ」が18世紀には存在しなかったかを問うという意味では，消費革命論を見過ごすことはできない。19世紀の産業革命より早く18世紀の段階で生活雑貨や嗜好品の需要が増していたことに注目し，生産に先んじて需要が起きるという現象を「消費革命」と呼ぶ議論を1982年にブルーワ，マッケンドリック，プランブが提示して以来[29]，こうした議論は特にイギリスに関して盛んになっている。しかしこの論をフランス，あるいはパリに適用できるかについては慎重にならねばならない。まずフランスあるいはパリでそうした現象が起きていたのかという問題があり，またconsommationという18世紀フランス

ではどちらかというと「完遂」に近い定義を持っていた語を用いるのがふさわしいのかという問題、さらにそうした現象を革命と表現して良いのかという問題もある。ロッシュは1989年の段階で、この議論がフランスの研究にもたらした反響はほとんどないとしているが、自身は「需要の増大の過程に、製造という反応が進展する可能性が伴うとき」衣服の製造者や下着の小売商は「消費革命の特徴を広めている」としてこれを肯定している[30]。また近年では大学の教科書的な書籍でも消費革命を肯定する記述が見られるし[31]、現代史や経済学では、19世紀の産業革命の前提として18世紀フランスに消費革命があったとする議論が増えてきている[32]。とはいえ、「消費革命」という語のフランス語定訳も完全に決まってはいない様子で[33]、また18世紀パリの奢侈品生産・流通を扱った書物でもこの議論に触れられていないこともあり、18世紀フランスについては成熟した理論とはなっていない。奢侈品・嗜好品の消費が18世紀中に増したのは確かだが、需給どちらが先か、「消費」という語を用いるのが適切か、それは「革命」なのかといったことを論じるには、19世紀と比べて生産・消費活動について総括的に扱えるデータが少ない時期である以上、さらなる実証研究の積み重ねが必要だろう。

また、服飾品の政治的表象としての意義を問う研究が、特に革命期について革命200周年である1989年に多数現れた[34]。さらに服飾品そのものの形状などについては、19世紀以来枚挙に暇がないほどの研究がある[35]。これらは必要に応じて適宜参照する。

2.問題の所在

このように、近年、様々な角度から18世紀フランスの服飾関係業が研究され、ときにモード商への言及もなされるようになってきているが、モード商が流通段階に占めた位置や、店舗経営の方法という点で19世紀に生まれた新しい小売形態の発展に及ぼした影響についての分析は欠けている。

この19世紀の新しい小売形態としては、すでに研究が進んでいるイギリス小売史における説を引くなら、百貨店、チェーン店、生活協同組合店

舗が挙げられる[36]。このうち百貨店はフランスが発祥とされるが，その前身は「新物店 magasin de nouveautés」と呼ばれる種類の店である。「ボン・マルシェ」創業者のアリスティド・ブシコは「小聖トマ」という新物店に勤めていたし，「ルーヴル」創業者アルフレッド・ショシャールは新物店「哀れな悪魔」の，「サマリテーヌ」創業者エルネスト・コニャックは新物店「薄利」の店員だった[37]。このように，百貨店の創業者らは新物店で服飾品小売のノウハウを学んでから起業している。百貨店の父は新物店なのである。それでは，新物店の起源はどこにあるのだろうか。

ところで，新興富裕層が服飾品を求めて百貨店に足を運び始めた1858年，その十数年前にイギリスからやって来たシャルル＝フレデリック・ウォルトがパリのラ・ペ通りに店を開いた。この店はメゾンと呼ばれることになる。ウォルトは季節ごとに新しいデザインの服を発表するコレクションを開き，それを生きた人間に着せた。ファッション・モデルの誕生である。ウォルトの創作はグランド・クチュールと呼ばれたが，このウォルトのメゾンをもってオート・クチュールの始まりとされ，またウォルトはフランス・オート・クチュール組合（通称サンディカ）の前身となるパリ・クチュール組合会議所を創設した。ウォルトはメッテルニヒ公夫人を皮切りに，ときの皇帝ナポレオン3世妃ユジェニをはじめ錚々たる顧客を持ち，しかし彼女らにさえ傲岸に「趣味の専制君主」として振る舞う[38]。こうして，19世紀半ば過ぎに，一方では百貨店，一方ではオート・クチュールと，現代の服飾品小売の代表的な方法2種が生まれたのである。

このように，オート・クチュールという特定の顧客のみを対象とする「小規模」小売の元祖はウォルトだが，さかのぼれば19世紀初頭に皇帝ナポレオン1世と皇妃ジョゼフィーヌの戴冠式用の衣装を用意したことで名を馳せたルイ＝イポリット・ルロワという「オート・クチュールの祖父」がいた[39]。彼はモード商である。またさらに歴史をたどると，18世紀には王妃マリ＝アントワネットの「モード大臣」と呼ばれたモード商ローズ・ベルタンがいる。オート・クチュールの歴史が描かれるとき，最初に現れる個人名は多くベルタンだが[40]，ならばなぜベルタン，またルロワはオート・クチュールと繋がるものとされるのだろうか。

彼らモード商がこうした19世紀の新しい服飾品小売のあり方にどのよ

うな影響を及ぼしたかを考えるにあたって，再び19世紀イギリス小売史の分析視点を援用したい[41]。すなわち，新しい経営方法の導入である。前述の百貨店などの大規模小売業の出現と並んで，正札制，現金販売，商品の陳列，広告という新奇な経営方法の導入が，19世紀イギリスの流通システムにおいて変化した点であり，近代化された小売業の特徴となる点である。このうち正札制，現金販売，商品の陳列は，明朗な取引に役立ち，客に利するシステムである。また商品の陳列はご用聞き販売ではなく店舗販売でないと意味をなさない。店舗での現金販売は，1673年に江戸本町に店を開いた三井越後屋が「店先売り」，「現銀掛け値なし」として打ち出して近世日本最大級の商人に成長した一因でもあり，洋の東西を問わず小売業発展の画期となる点である[42]。そして広告は，不特定多数の客が想定できるからこそ効果を発揮するものである。一方，18世紀パリでは，法外な値段を提示されるのはよくあることで，適切な値段でものを買いたければ値切り交渉は避けられず，それさえもうまく行かず高値で買わされるか，買わずに諦める羽目になるのもしばしばだった。18世紀時点ですでに定価を導入すれば売り手と買い手の間の信頼が蘇るはずと主張する意見があったが[43]，小売商は客の利益が店の利益になるという発想を持たなかった。つまり買い手にとって買い物とは信用の置けない売り手との戦いだったのである。だからこそ客の便宜を考えた新商法が小売業発展の画期となるわけだが，そうした経営方法はどこから生まれたのだろうか。

　さらに，小売業の発展という面でもうひとつ，服飾品に関して，18世紀と19世紀とを比較したとき大きく異なる点を指摘しておきたい。最終消費財小売の有無である。前述の通り，同業組合制度によって細かい分業を強いられていた服飾関係業種においては，衣服という最終消費財を小売する場が存在しなかった。しかし18世紀末頃には古着商が新品衣料も扱うようになり，19世紀初頭に入ると，以前から古着商の店舗が集中していたタンプル区で労働者用の安価な仕事着が既製服として製造され始めた。そして1824年にパリゾがシテ島に既製服店「美しき女庭師」を開き，新品の衣服を容易に購入できるようになる[44]。この最終消費財小売の有無は，小売業の発展を見る上で重要な観測点になるだろう。新しい販売方法が生まれても，小売されているのが中間財だけでは商品を求める側の不便

さは解消されない。百貨店などの大規模小売業も，中間財小売だけでは発展しなかっただろう。

　モード商の経営方法と流通段階に占める位置を分析することにより，百貨店という小売業の新しい企業形態誕生に先立って，モード商が存在した意義を考える。それが本書の目的である。

　なお，主な考察対象とする時期は，モード商の活動が目立ち始める1760年頃から，百貨店の直接の起源である新物店が隆盛を迎える1830年頃までとする。

3.史料と構成

　18世紀のモード商及びパリの服飾関係手工業／小売業にかかわる史料としては，次の4種類を想定できるだろう。1.行政文書，2.営業文書，3.個人文書，4.間接史料の言及の4種類である。1.は主に公文書，2.～4.は主に私文書である。

　1.は次の3種類に分けられる。1-1.王権によるもの，1-2.パリ市，警察，裁判所などその他公的機関によるもの，1-3.同業組合内部文書である。1-1.のうち重要かつ参照しやすいのは王令類であり，19世紀に編纂された法令集[45]に網羅的にまとめられている。また1776年の同業組合再編成にかかわる変更については，当時刊行された法令集[46]が非常に詳しい。1-2.については，フランス国立文書館Série Yのシャトレ裁判所関係史料[47]に主なものが含まれている。個々の親方らについては，同文書館所蔵の公証人文書[48]も有用である。1-3.は同業組合制度について知るには本来最も重要だが，18世紀パリの同業組合内部文書はパリ・コミューンの際に破棄され，ほぼ現存していない[49]。研究が進みにくいのはここに大きな原因がある。一部規約の複写がフランス国立図書館アルスナル館にあるが，すべて中世期のものである。他には会計関係書類がフランス国立文書館に所蔵されている[50]。

　2.については，パリ市文書館には商事裁判所関連史料として1695～1791年の間に破産した手工業者／小売商らの会計帳簿が大量に保管されており[51]，破産文書[52]や書簡類[53]も所蔵されている。この会計帳簿の中か

ら今回は7つ，モロ嬢による仕訳日記帳，ラ・ヴィレットによる仕訳日記帳，レヴェック・ブルノワール両夫妻による仕訳日記帳，ブナールによる仕訳日記帳，ドゥラフォス嬢らによる顧客別仕訳日記帳，ペステル氏による仕訳日記帳，ドゥフォルジュ嬢による仕入帳を利用する[54]。以下，帳簿からの引用はこれらによる。また，刊行されている営業文書として，当時モード商として名を馳せていたエロフの仕訳日記帳がある[55]。こうした帳簿の形式や内容については，実際に扱う第4章で詳述する。

　3．には家計簿などの家内文書や日記が含まれる。モード商については貴族女性顧客の回想録中に記述が見える[56]。

　4．については，4-1.事典類，4-2.年鑑，4-3.随筆類，4-4.図像が挙げられる。4-1.については，ディドロとダランベールによる『百科全書』[57]やパンクーク社の『体系百科全書』[58]，及び18世紀を通して盛んに出版された類似の百科事典類のうち，特に商業・産業に重点を置いたものを利用する。出版順に並べるなら，著名な雑貨商サヴァリの息子サヴァリ・デ・ブリュロンの編纂による18世紀前半の『商業総合事典』[59]，さらにその息子による同名の事典[60]，18世紀後半の『工芸・職業案内』の服飾品に関する巻[61]，1801年刊行の『工芸と職業に関する百科事典』[62]などである。当時の辞書も有用である[63]。4-2.のうち最も豊富なデータを提供するのは，職業別に手工業者／小売商らの住所が掲載された商業年鑑である[64]。全員が網羅されているわけではないが，開業している親方あるいは店主の人数や地理的分布の概略がわかる。商業年鑑の発行は革命前には散発的で，掲載される職業や親方も少なかったが，革命後の1797年（革命暦VIII年）からデュヴェルヌーユとドゥ・ラ・ティナによって毎年発行されるようになり，内容もより網羅的になった。1807年以降はドゥ・ラ・ティナ単独の名が冠され，1820年以降はドゥ・ラ・ティナからの引き継ぎとしてセバスチャン・ボタンの商業年鑑事務局が監修するようになり，いわゆるボタンの紳士録事業の一環となった。発行された商業年鑑の全年分が参照容易な形で残存しているわけではないが，史料として一級のものである。4-3.で最も著名なのはメルシエの『タブロー・ドゥ・パリ』[65]である。メルシエは1740年にパリの刀剣商の息子として生まれ，パリのコレージュに学び，ボルドーで教師として3年を過ごした後，作家として身を立てる。小説家として成功

を収めたが，劇作家としてスキャンダルを巻き起こした後ロンドンに1年ほど旅行し，帰国後『タブロー・ドゥ・パリ』の執筆を始める。最終的にこれは全12巻1052章の大作となり，出版期間は7年間にわたった。当時フランスで禁書となった本が多く出版されていたプロイセン領スイスのヌシャテルで初版が出版されたが，出版社のパリでの代理人が逮捕され，メルシエが自ら警視総監に面会に行き，代理人を釈放してもらうという騒ぎにもなっている[66]。パリ生まれパリ育ちの生粋のパリジャンであるメルシエが，ロンドンなど外国の様子と比較しつつ描き出すパリの風俗は，誇張や偏見，思想，思い込みなどがありすべてが事実とは言えないとはいえ，同時代人のパリ像を活き活きと示している。4-4.ではまず事典類に含まれるものが挙げられる。また18世紀には流行雑誌も発行されており，具体的には『カビネ・デ・モード』誌などがある。さらに，服飾を描いた版画類をまとめた書籍もあり，これには流行雑誌より時期的に先立つものもある[67]。さらにそうした版画類を復刻・転載した版画集も刊行されている[68]。

また，服飾関係業に直接関わるものではないが，統計地図をたびたび利用するため，その基礎とした地図と使用したソフトウェアについても説明しておく。掲載する地図は，巻頭口絵の市街図も含めすべて筆者が復元したものだが，基礎としたのは革命前については1771年[69]，19世紀については1839年[70]の地図である。さらに市街図については，革命期前に新設された通りなどを反映させるため，1780年代の道路図[71]も参考にした。18世紀パリの地図ではチュルゴのものが有名だが少し時期が古い上，鳥瞰図なのでそこから平面図を起こすのは難しく，また三角測量による正確さを誇るヴェルニケの地図[72]は逆に革命期に食い込んでしまっているため利用しない。また地図だけでは読み取れない通りや広場の位置や名は19世紀初めに刊行された地理案内書[73]により確認し，革命期の街区区分については憲法制定国民議会文書を参照する[74]。また地図上での統計処理にはボルドー第2大学地理学教授フィリップ・ヴァニエが作成・配布している統計地図作成ソフトウェアPhilcartoを利用した[75]。さらに，地理把握の参考として，一部に筆者が撮影した現在の写真を付す。

このような史料の分類にもとづき，おのずと構成が決定される。モード商という職業の外部から内部へと次第に肉薄していくという順序を取る。

すなわち，第1章では3.個人文書と4.間接史料という外部の視点からの史料にもとづき，モード商誕生の経緯を探る。4.では特に4-1.事典類と4-3.随筆類が主な史料となる。第2章でも同じく3.個人文書と4.間接史料を用い，モード商がどのように服飾流行の中心を形成していったかを見ていく。4については4-2.年鑑，4-3.随筆類，4-4.図像を扱う。第3章では1.行政文書により，モード商という職業が同業組合制度上どのような位置を占めていたかを考察する。第4章では，最も内部的な史料である2.営業文書，つまり帳簿を利用して，モード商の活動の実態に迫る。

　最後に第5章では，19世紀の状況を取り上げる。史料としては主に外部の4.間接史料を用いて見ていく。特に4-2.年鑑が主要な史料となる。

1　『三越のあゆみ』（三越本部総務部1954年）年譜1頁。
2　深沢克己編著『国際商業』（ミネルヴァ書房, 2002年），11頁；杉浦未樹「近世期オランダの流通構造：1580-1750年のアムステルダムにおける商品別専門商の展開を中心に」（東京大学大学院経済学研究科提出学位論文，2004年）［以下同論文は「近世期オランダ」と略す］；Benson, John and Show, Gareth (eds.), *The Evolution of Retail Systems, c1800-1914*, Leicester / London / New York : Leicester University Press, 1992, p. 5 ［以下同書は *The Evolution* と略す］。
3　Perrot, Philippe, *Les dessus et les dessous de la bourgeoisie : une histoire du vêtement au XIXe siècle*, Paris : Fayard, 1981, p. 69 ［以下同書は *Les dessus* と略す］。
4　De Marly, Diana, *The History of Haute Couture, 1850-1950*, New York : Holmes & Meier Publishers, 1980, p. 13 ［以下同書は *The History* と略す］。
5　Roche, Daniel, *La culture des apparences : Une histoire du vêtement XVIIe-XVIIIe siècle*, Paris : Fayard, 1989, p. 293 ［以下同書は *La culture* と略す］。
6　Bergeron, Louis, *Banquiers, négociants et manufacturiers parisiens : du Directoire à l'Empire*, Paris : Champion, 1975.
7　Sonenscher, Michael, *The Hatters of Eighteenth-Century France*, Berkeley [CA] : University of California Press, 1987. また Sonenscher, *Work and Wages: Natural Law, Politics and the Eighteenth-Century French Trades*, Cambridge [UK] / New York : Cambridge University Press, 1989 ［以下同書は *Work* と略す］は主に賃金の面から手工業者／小売商の活動を分析している。
8　Thillay, Alain, *Le Faubourg Saint-Antoine et ses « faux-ouvriers » : la liberté du*

travail à Paris aux XVIIe et XVIIIe siècles, Paris : Champ Vallon, 2002 ［以下同書は Le Faubourg と略す］．さらにティレは日本の都市史研究会に参加し，その成果は高澤紀恵・吉田伸之・ティレ編『パリと江戸：伝統都市の比較史へ』（山川出版社，2009年）にまとめられている．これには後出コクリーも加わっている．

9 Franklin, Alfred, *Les corporations ouvrières de Paris du XIIe au XVIIIe siecle : histoire, statuts, armoiries, d'après des documents originaux ou inédits*, Paris : Firmin-Didot, 1884 ; Franklin, Alfred, *La vie privée d'autrefois : arts et métiers, modes, moeurs, usages des Parisiens, du XIIe au XVIIIe siècle*, Paris : E. Plon, Nourrit et Cie, tome XV : 1894 ; tome XVI : 1895 ; tome XVII, 1896 ［以下同書は *La vie privée* と略す］など．

10 Coornaert, Emile, *Les corporations en France avant 1789*, Paris : Les Éditions Ouvrières, 1968. また20世紀前半の主なものとしては，Martin Saint-Léon, Étienne, *Histoire des corporations de métiers depuis leurs origines jusqu'à leur suppression en 1791 : suivie d'une étude sur l'évolution de l'idée corporative de 1791 à nos jours, et sur le mouvement syndical contemporain*, Paris : Félix Alcan, 1922 ; Nigeon, René, *État financier des corporations parisiennes d'arts et métiers au XVIIIe siècle*, Paris : Rieder, 1934 など．

11 Kaplan, Steven L., *La fin des corporations*, Paris : Fayard, 2001 ［以下同書は *La fin* と略す］．

12 Kaplan, Steven L. et Minard, Philippe（éd.），*La France, malade du corporatisme ? : XVIIIe-XXe siècles*, Paris : Belin, 2004.

13 Gallinato, Bernard, *Les corporations à Bordeaux à la fin de l'ancien régime*, Bordeaux : PUB, 1992 ; 鹿住大助「18世紀前半のフランスにおけるギルドと王権の経済政策：リヨン絹織物業ギルドの規約改定をめぐる国家の積極的介入について」（『公共研究』4(3), 2007年12月）115-143頁［以下同論文は「18世紀前半のフランスにおけるギルドと王権の経済政策」と略す］；鹿住大助「18世紀リヨンの絹織物業ギルド：「コルベールの規則」とその変化」（千葉大学大学院社会文化科学研究科提出学位論文，2009年）［以下同論文は「18世紀リヨンの絹織物業ギルド」と略す］など．

14 Perrot, *Les dessus*. また Perrot, Philippe, *Le luxe : une richesse entre faste et confort*, Paris : Seuil, 1998 ［以下同書は *Le luxe* と略す］も重要．

15 Roche, *La culture*. またロッシュの服飾を主題にした著作としては他に Roche, Daniel, « Apparences révolutionnaires ou révolution des apparences », *Modes*

& *révolutions, 1780-1804,* Paris : Musée de la Mode et du Costume, 1989, pp. 105-127［以下同論文は « *Apparences* » と略す］。またロッシュには衣食住他日用品全般に関する Roche, Daniel, *Histoire des choses banales : naissance de la consommation dans les sociétés traditionnelles (XVIIe-XIXe siècle),* Paris : Fayard, 1997 ; パリ民衆の日常生活を描いた Roche, Daniel, *Le peuple de Paris,* Paris : Fayard, 1998［以下同書は *Le peuple* と略す］などの著作もある。

16 Sargentson, Carolyn, *Merchants and Luxury Markets: the Marchands Merciers of Eighteenth-Century Paris,* London : Victoria and Albert Museum in association with the J. Paul Getty Museum, 1996［以下同書は *Merchants* と略す］。

17 Coquery, Natacha, *L'Hôtel aristocratique : Le marché du luxe à Paris au XVIIIe siècle,* Paris : Publication de la Sorbonne, 1998［以下同書は *L'Hôtel* と略す］。

18 Coquery, Natacha (éd.), *La boutique et la ville : commerces, commerçants, espaces et clientèles, XVIe-XXe siècle. Actes du colloque des 2-4 décembre 1999,* Tours : Publications de l'université François Rabelais, 2000 ; Blondé et al. (eds.), *Retailers and Consumer Changes in Early Modern Europe,* Tours : Université François-Rabelais, 2005 ; Coquery, Natacha, "Fashion, Business, Diffusion : An Upholsterers Shop in Eighteenth-Century Paris", in Goodman, Dena and Norberg, Kathryn (eds.), *Furnishing the Eighteenth Century: What Furniture Can Tell Us about the European and American Past,* London : Routledge, 2006 ; Coquery, Natacha, « La boutique parisienne au XVIIIe siècle et ses réseaux : clientèle, crédit, territoire », dans Abad, Reynald, *Les Passions d'un historien : Mélanges en l'honneur du Professeur Jean-Pierre Poussou,* Paris : Presses de l'Université Paris-Sorbonne, 2010 ; Coquery, Natacha, « Promenade et shopping : la visibilité nouvelle de l'échange économique dans le Paris du XVIIIe siècle », dans Loir, Christophe, dir., *La promenade au tournant des XVIIIe et XIXe siècles* : Belgique, France, Angleterre, Bruxelles : Éditions de l'université de Bruxelles, 2011 など。

19 Castarède, Jean, *Histoire du luxe en France : Des origines à nos jours,* Paris : Édition d'organisation, 2006 ; Castelluccio (éd.), *Le commerce du luxe à Paris aux XVIIe et XVIIIe siècles : échanges nationaux et internationaux,* Bern / Berlin / Bruxelles / Frankfurt am Main / New York / Oxford / Wien : Peter Lang, 2009 など。

20 Coffin, Judith G., *The politics of women's work: the Paris garment trades, 1750-1915,* New Jersey : Princeton University Press, 1996. またコフィンのその他の実績

としては，同業組合を性別の面から論じた Coffin, Judith G., "Gender and the Guild Order: The Garment Trades in Eighteenth-Century Paris", *The Journal of Economic History*, 54, 1994, pp. 768-793 がある。

21 Juratic, Sabine et Pellegrin Nicole, « Femmes, villes et travail en France dans la deuxième moitié du XVIIIe siècle : quelques questions », *Histoire, économie et société*, 13-3, 1994, pp. 477-500 ; Crowston, Clair, *Fabricating Women: The Seamstresses of Old Regime France, 1675-1791*, Durham, North Carolina and London : Duke University Press, 2001 ［以下同書は Fabricating と略す］; Crowston, Clair Haru, "The Queen and her 'Minister of Fashion': Gender, Credit and Politics in Pre-Revolutionary France", *Gender & History*, Vol. 14 n° 1, 2002, pp. 92-116.

22 Sapori, Michel, *Rose Bertin : Ministre des modes de Marie-Antoinette*, Paris : Éditions de l'Institut français de la mode / Éditions de Regard, 2003 ［以下同書は *Rose Bertin* と略す］。またサポリによる一般向けの著作，Sapori, Michelle, *Rose Bertin : couturière de Marie-Antoinette*, Paris : Perrin, 2010 ［以下同書は *couturière* と略す］はミシェル・サポリ（北浦春香訳）『ローズ・ベルタン：マリー＝アントワネットのモード大臣』（白水社, 2012 年）として邦訳されており，これがモード商に関する邦語唯一の書籍だが，同業組合関係の用語についてなど訳語に問題が多い。ベルタンに関する著作としては古くから Langlade, Émile, *La marchande de mode de Marie Antoinette, Rose Bertin*, Paris : Albin Michel, s. d. ［以下同書は *La marchande* と略す］等があったが，これらは伝記であり，学問的分析というほどの精度を持たない。しかしベルタンに関する伝記的事項については時に有用。

23 Van Dijk, Suzanna, *Traces de femmes : présence féminine dans le journalisme français du XVIIIe siècle*, Amsterdam / Maarssen : Holland University Press, 1988 ; Gaudriault, Raymond, *La gravure de mode féminine en France*, Paris : Éditions de l'Amateur, 1983 ［以下同書は *La gravure* と略す］; Gaudriault, *Répertoire de la gravure de mode française des origines à 1815*, Paris : Promodis, 1988 ［以下同書は *Répertoire* と略す］; Kleinert, Annemarie, « La Révolution et le premier journal illustré paru en France (1785-1793) », *Dix-huitième siècle*, 21, 1989, pp. 285-309 ; Kleinert, Annemarie, « La mode, miroir de la Révolution françaises », *Modes & révolutions, 1780-1804*, Paris : Musée de la Mode et du Costume, 1989, pp. 59-81 ［以下同論文は « La mode » と略す］; Kleinert, Annemarie, *Le "Journal des Dames et des Modes" : ou la conquête de*

l'Europe féminine (1797-1839), Stuttgart : Jan Thorbecke Verlag, 2001 [以下同書は Le "Journal" と略す] など。

24　Benson and Show (eds.), The Evolution, pp. 1-2.

25　英米に関しては，Benson and Show (eds.), The Evolution, pp. 1-2. 日本に関しては，深沢編著『国際商業』3-5 頁。

26　ヨーロッパにおける卸売業と小売業の伝統的な区別，あるいは差別については，深沢克己『海港と文明：近世フランスの港町』(山川出版社，2002 年) 168-174 頁に詳しい [以下同書は『海港と文明』と略す]。

27　Benson and Show (eds.), The Evolution, chapter 1.

28　わずかな成果として，前出コクリーによるものの他，Descat, Sophie, « La boutique magnifiée. Commerce de détail et embellissement à Paris et à Londres dans la seconde moitié du XIIIe siècle », Histoire Urbaine, n° 6, 2002, pp. 69-86 など。

29　Brewer, John, McKendrick, Neil and Plumb, John H., The Birth of a Consumer Society: The commercialization of 18th century England, London : Europa Publications, 1982.

30　Roche, La culture, p. 478 ; p. 250.

31　Muchembled, Robert (dir.), Le XVIIIe siècle, 1715-1815, Paris : Éditions Bréal, 1994, p. 117.

32　Flacher, David, « Révolutions industrielles, croissance et nouvelles formes de consommation », Thèse, Université Paris 9, 2003 ; Chatriot, Alain et Chessel, Emmanuelle, « L'histoire de la distribution : un chantier inachevé », Histoire, économie et société, vol. 25, n° 1, 2006, pp. 67-82 など。19 世紀フランスに「消費革命」という概念を適用するものとしては，Williams, Rosalind H., Dream Worlds: Mass Consumption in Late Nineteenth-Century France, Berkeley [CA] : University of California Press, 1991 など。

33　ロッシュは「消費革命 consumer revolution」の訳を « la révolution des consommations » としているが，フランス語での訳語は，最も一般的な « la révolution de la consommasion » の他，« la révolution des consommateurs »，« la révolution du consommateur » など複数ある。

34　Devocelle, Jean-Marc, « D'un costume politique à une politique du costume », dans Modes & Révolutions, 1780-1804, Paris : Musée de la Mode et du Costume, 1989, pp. 83-103 [以下同論文は « D'un costume politique » と略す] ; Devocelle, Jean-Marc, « La cocarde directoriale : dérives d'un symbole révolutionnaire », *Annales historiques de la Révolution française*, n° 289, juillet-septembre, 1992, pp. 355-366［以下同論文は « La cocarde » と略す］; Geoffroy, Annie, « Étude en rouge (1789-1799) », *Cahier de lexicologie*, 51, 1987, pp. 119-148 ; Geoffroy, Annie, « À bas le bonnet rouge des femmes !（octobre-novembre 1793）», *L'individuel et le social, apparitions et représentations : actes du colloque international,* Toulouse, 1990, pp. 345-351 ; Gérard, Alice, « Bonnet phirigien et Marseillaise », *L'Histoire*, n° 113, juillet-août, 1988, pp. 44-50 など。

35 この時期のフランスを扱った信頼できるものとして，Pellegrin, Nicole, *Les vêtements de la liberté : abécédaire des pratiques vestimentaires en France de 1780 à 1800,* Aix-en-Provence : Alinéa, 1989 ; Delpierre, Madeleine, *Le costume : consulat - empire,* Paris, Flammarion : 1990 ; Delpierre, Madeleine, *Se vêtir au XVIIIe siècle,* Paris : Éditions Adam Biro, 1996［以下同書は *Se vêtir* と略す］; Ribeiro, Aileen, *Dress in Eighteenth-Century Europe: 1715-1789,* London : Batsford, 1984［以下同書は *Dress* と略す］; Ribeiro, Aileen, *Fashion in the French Revolution,* London : Holmes & Meier Publishers, 1988 ; Ribeiro, Aileen, *The art of dress: fashion in England and France 1750 to 1820,* New Heaven : Yale University Press, 1995 などがある。邦語では，概説書の類として，深井晃子監修『世界服飾史』（美術出版社, 1998年），実物写真を多数伴う展覧会カタログとして，内山武夫・深井晃子・金井純監修『Revolution in Fashion 1715-1815：華麗な革命』（京都服飾文化研究財団, 1989年）［以下同書は『Revolution in Fashion』と略す］などがある。

36 徳島達朗『新版近代イギリス小売商業の胎動』（梓出版社, 1997年）10頁；18頁。

37 Perrot, *Les dessus,* p. 111.

38 Perrot, *Les dessus,* pp. 325-328；深井監修『世界服飾史』127頁。

39 Berg, Maxime and Clifford, Helen, *Consumers and luxury: consumer culture in Europe 1650-1850,* Manchester [UK] : Manchester University Press ND, 1999, p. 260.

40 De Marly, *The History,* p. 13など。また概説書である深井監修『世界服飾史』101頁でもベルタンとルロワの名が挙げられているが，これは古代以来の西洋服飾の歴史を扱うこの著作で最初に登場する服飾品の作り手の名である。

41 徳島『新版近代イギリス小売商業の胎動』9頁；18頁。

42 吉田伸之『日本の歴史17 成熟する江戸』（講談社, 2002年）70-76頁。

43 Mercier, Louis-Sébastian, *Tableau de Paris,* tome V, Amsterdam : 1782, chapitre CCCCXIV : Surfaire.［以下同書は *Tableau* と略す。また同書からの引

用箇所は，版によりページが異なるため，章によって示す］．

44 Perrot, *Les dessus*, pp. 77-92 ; pp. 93-94 ; p. 77 ; Roche, *La culture*, pp. 332-334.

45 De Lespinasse, René, *Les métiers et corporations de la ville de Paris : XIVe-XVIIIe siècle*, Paris : Imprimerie Nationale, 1897［以下同書は *Les métiers* と略す］．

46 *Recueil de réglemens pour les corps et communautés d'arts et métiers : commençant au mois de février 1776*, Paris : chez P. G. Simon, imprimeur du Parlement, 1779［以下同書は *Recueil de réglemens* と略す］．

47 Archives Nationales, Paris（AnF）, Y 9306A à 9334, Registres des jurandes et maîtrises des métiers de la ville de Paris (1585-1790). AnF, Y 9372 à 9396, Avis du procureur du roi sur des contestations entre ouvriers et maîtres des métiers de Paris. Bons de maîtrises et jurandes (1681-1790). 後者は同業組合加入認可状の類が多い．

48 AnF, Fonds : MC, Cote : ET.

49 前出 *Le Faubourg* の著者，ティレ氏からご教示を得た．記して感謝の意を示す．

50 AnF, V7 420-443. Révision des comptes des jurés des communautés d'arts et métiers (1690-1789).

51 Archives de Paris（AD Paris）, D5B6. うちモード商の帳簿については巻末文献目録のリストを参照．ただし，これらの帳簿については，2010 年 1 月から保存状態悪化により一部が閲覧停止とされている．今回は主に 2009 年以前に収集したものを利用するが，帳簿の閲覧停止は今後アンシャン・レジーム期パリの手工業／小売業研究に深刻な影響を及ぼす恐れがある．

52 AD Paris, D4B6 (1695-1792) ; AD Paris, D11U3 (1792-1899) ; AD Paris, D10U3 (1808-1941). 各文書は各手工業者／小売商らの住所等の情報と，破産時の決算書を含んでいることが多い．またこれら史料の一覧も破産者の数の推移など概略を見るのに有用．

53 1629-1792 年について，AD Paris, D8B6。ただし書簡だけでなく，雑多な営業文書を含む．

54 順に，Moreau : AD Paris, D5B6 1295, La Villette : D5B6 2226, Leveque et Boullenoir : D5B6 2289, Benard : D5B6 2848, Delafosse : D5B6 3140, Pestel : D5B6 3882, Deforge : D5B6 4839。以下，帳簿からの引用はこれらによる．

55 Comte de Reiset, Honoré-Gabriel（éd.）, *Modes et usages au temps de Marie-Antoinette, livre-journal de Madame Éloffe, marchande de modes, couturière lingère ordinaire de la reine et des dames de sa cour*, Paris : Éditions Librairie de Firmin-Didot, 1885［以下同書は *Modes* と略す］．この仕訳日記帳の原本はおそらく失

われている。

56　Baronne d'Oberkirch, *Mémoires de la baronne d'Oberkirch : sur la cour de Louis XVI et la société française avant 1789,* Paris : Mercure de France, 1989 ［以下同書は *Mémoires* と略す］; Campan, *Mémoires de madame Campan, première femme de chambre de Marie-Antoinette,* Paris : Mercure de France, 1988 ［以下同書は *Mémoires* と略す］ など。

57　Diderot, Denis et d'Alembert, Jean Le Rond (éd.), *Encyclopédie, ou, dictionnaire raisonné des sciences, des arts et des métiers,* Paris, 1765 ［以下同書は *Encyclopédie* と略す］。

58　*Encyclopédie méthodique ou par ordre de matières : Manufactures, arts et métiers,* tome I, Paris : chez Panckoucke, 1785 ［以下同書は *Encyclopédie méthodique* と略す］。

59　Savary des Bruslons, Jacques, *Dictionnaire universel de commerce : contenant tout ce qui concerne, le commerce qui se fait dans les quatre parties du monde, par terre, par mer, de proche en proche, & par des voyages de long cours, tant en gros qu'en détail…,* Paris, 1723 / Paris, 1741 ［以下同書は *Dictionnaire* と略す］。

60　Savary, Philemon-Louis, *Dictionnaire universel de commerce, d'histoire naturelle, & des arts & métiers,* Copenhague : chez Claude Philipert, 1765 ［以下同書は *Dictionnaire* と略す。また Savary des Bruslons のほぼ同名の事典との混同を避けるため著者名にイニシャルを付す］。

61　De Saint-Aubin, Charles-Germain, *L'Art du brodeur,* Paris : L. F. Delatour, 1770 ; Abbé Nollet, Jean-Antoine, *L'Art de faire des chapeaux,* Paris : Saillant et Nyon, 1765 ; De Réaumur, René-Antoine Ferchault et al., *Arts de l'épinglier,* s. l., s. d. ; De Garsault, François-A., *L'Art de la lingère,* Paris : L. F. Delatour, 1771 ; De Garsault, François-A., *Art du perruquier,* s. l., 1767 ; De Garsault, *Art du tailleur,* Paris : L. F. Delatour, 1769.

62　Macquer, Philippe et Jaubert, Pierre, *Dictionnaire raisonné universel des arts et métiers, contenant l'histoire, la description, la police des fabriques et manufactures de France et des pays étrangers : ouvrage utile à tous les citoyens,* 5 vols., Paris : chez Delalain fils, 1801 ［以下同書は *Dictionnaire* と略す］。刊行は19世紀に入っているが、内容的には18世紀の事情をよく反映している。また最終巻 (Tome V : Vocabulaire technique) は服飾関係手工業／小売業の用語の抜粋である。

63　ジャン・ニコの辞書 (Nicot, Jean, *Thresor de la langue françoyse, tant ancienne que moderne,* Paris : Douceur, 1606)、『アカデミー・フランセーズ辞典』

(*Dictionnaire de l'Académie Française*) の第 1 版(1694 年)，第 4 版(1762 年)，第 5 版(1798 年)，第 6 版(1835 年)，第 8 版(1932～1935 年)，フェロの辞書 (Féraud, Jean-François, *Dictionaire critique de la langue française*, Marseille : Mossy, 1787-1788)，リトレの『フランス語辞典』(Littré, Émile, *Dictionnaire de la langue française*, Paris : Hachette, 1863-1877)は，すべて「フランス語貴重文献米仏研究プロジェクト ARTFL : The Project for American and French Research on the Treasury of the French Language」のウェブサイト(http://artfl-project.uchicago.edu/：2012 年 6 月 30 日確認)内に設置された「昔の辞書 Dictionnaires d'autrefois」のページからオンラインで引くことができる。これらの辞書からの引用はすべてこのウェブサイトを利用したため，以下引用出典を省く。このプロジェクトは，米・シカゴ大学人文学部ロマンス語・ロマンス文学学科及び電子文書サーヴィス ETS と，仏・国立科学センター CNRS による「フランス語情報分析・処理 ATILF : Analyse et Traitement Informatique de la Langue Française」計画との共同事業である。

64 De Chantoiseau, Roze, *Essai sur l'almanach général d'indication d'adresse personnelle et domicile fixe, des six corps, arts et métiers*, Paris : chez la veuve Duchesne / chez Dessain / chez Lacombe, 1769［以下同書は *Essai* と略す］；*Almanach général des marchands, négocians et commerçans de la France et de l'Europe : Contentant l'état des principales Villes commerçantes, la nature des Marchandises ou Denrées qui s'y trouvent, les différentes Manufactures ou Fabriques relatives au Commerce. Avec les noms de leurs principaux Marchands, Négocians, Fabriquants, Banquiers, Artistes, &c. Et une Table générale, par ordre alphabétique, de tout ce qui a rapport au Commerce. Pour l'Année 1772*, Paris : chez L. Valade, 1772［以下同書他商業年鑑類はこの注に特に記したものを除き発行年を付して *Almanach général* または *Almanach du commerce* と略す］；Gournay, *Tableau général du commerce, des marchands, négocians, armateurs, &c. de la France, de l'Europe & des autres parties du monde*, Paris : chez l'auteur / Belin / Onfroy, 1789-1790［以下同書は *Tableau* と略す］；*Annuaire-almanach du commerce et de l'industrie ou almanach des 500 000 adresses*, Paris : Firman Didot, 1802-1803［以下同書は *Annuaire* と略す］など。詳しくは文献目録を参照。なお，これら商業年鑑は，フランス国立図書館による電子図書館 Gallica(http://gallica.bnf.fr/：2012 年 6 月 30 日確認)及び Google 社による電子図書館 Google ブックス(日本語版 http://books.google.co.jp/：2012 年 6 月 30 日確認)から PDF ファイルなどの形で多くを閲覧・ダウンロードできる。また共に OCR(光学文字認識)による

全文テキスト検索に対応している。現時点では登録書籍数も不充分で，元書籍の印刷状態・保存状態等のせいで OCR が正しく機能しないものも多いが，書籍中の網羅的な単語・フレーズ検索等が可能になってきている。こうした電子図書館はさらに OCR 技術が発展すれば基本的な史料探索の場の一つとなるだろう。また EU による電子図書館 europeana(http://www.europeana.eu/：2012 年 6 月 30 日確認) は，EU 圏内の多数の美術館・図書館・文書館・研究所等と連携し，文献・写真・音声資料・映像資料を含む各種資料を提供している。なお europeana で検索できる文献のうちフランス国立図書館所蔵のものは Gallica での閲覧となる。

65　Mercier, Louis-Sébastian, *Tableau de Paris,* Neuchatel et Amsterdam, tome I-IV : 1782 ; tome V-VIII : 1783 ; tome IX-XII : 1788.

66　以上メルシエについては邦語抄訳版，原宏訳『十八世紀パリ生活誌：タブロー・ド・パリ』下 (岩波書店, 1989 年) の訳者解説による。

67　こうした流行雑誌や版画集は，一部は復刻版だが，文化学園図書館・文化学園大学図書館による貴重書デジタルアーカイブ (http://digital.bunka.ac.jp/kichosho/：2012 年 6 月 30 日確認) で画像を参照できる。以下の雑誌・書籍についてはすべてここからの引用。*Galerie des modes et costumes français 1778-1787 : dessinés d'après nature* (réimpression accompagnée d'une préface par M. Paul Cornu), Paris : Émile Lévy / Librairie centrale des beaux-arts, 1912 [originairement, Paris : Chez Esnauts et Rapilly, 1778-1781]〔以下同書は *Galerie des modes* と略す〕; *Cabinet des modes, ou Les modes nouvelles,* Paris : Buisson , 1785-1786〔以下同誌は *Cabinet des modes* と略す〕: *Journal de la mode et du goût, ou Amusemens du sallon et de la toilette,* Paris : Buisson, 1790-1793 ; *Magasin des modes nouvelles, françaises et anglaises,* Paris : Buisson , 1786-1789〔以下同誌は *Magasin des modes* と略す〕.

68　Schefer, Gaston (éd.), *Documents pour l'histoire du costume : de Louis XV à Louis XVIII,* Paris : Goupil & Cie, 1911.〔以下同書は *Documents* と略す〕.

69　De Vaugondy, Didier-Robert, *Plan de la ville et des faubourgs de Paris divisé en ses vingt quartiers,* Paris : chez l'auteur, 1771.

70　Tardieu, Ambroise, *Plan de Paris en 1839 avec le tracé de ses anciennes enceintes ; augmenté de tous les changements survenus jusqu'à ce jour,* Paris : Furne et Cie éditeurs, 1839.

71　*Nouveau plan routier de la ville et faubourgs de Paris avec privilège du roi,* Paris : Alibert, 1780 ; 1783 ; 1784 ; 1785.

72 ヴェルニケの地図については喜安朗『パリ：都市統治の近代』(岩波書店, 2009年) 114-119頁［以下同書は『パリ』と略す］。

73 Maire, Nicolas-M., *La topographie de Paris, ou plan détaillé de la ville de Paris et de ses faubourgs,* Paris : chez l'auteur, 1808.

74 *Archives parlementaires de 1787 à 1860 ; 8-17, 19, 21-33. Assemblée nationale constituante. 16 : Du 31 mai 1790 au 8 juillet 1790,* Paris : P. Dupont, 1883, pp. 428-437 : Décret du 22 juin 1790 concernant la division de Paris en quarante-huit sections.

75 Phildigitというベクタ形式で地図を描画するソフトウェアと併せて使う。ダウンロード・データベース配布サイト：http://philcarto.free.fr/ (2012年6月30日確認)。

第1章　モード商の成立

1. 用語

　「モード商」という語は，フランス語では数通りの表記をされる。« Marchand(e) de mode », « marchand(e) de modes », « marchand(e) des modes » などの表記があるが，同時代の記録の中では « marchand(e) de modes » が一般的表記である[76]。

　まずここで使われている « mode » という語の語義を確認する必要があるだろう。この « mode » という語は女性名詞である。17世紀初めのニコの辞書（1606年刊行）では，女性名詞としても「方法」，「流儀」といった現代では通常男性名詞に含まれる語義しか掲載されておらず，「流行」というニュアンスを含んだ用例はない。

　さらに時代が下るとどうだろうか。『アカデミー・フランセーズ辞典』のうち，第1版（1694年刊行），第4版（1762年刊行），第5版（1798年刊行）と，フェロの辞書（1787〜1788年刊行）から女性名詞の « mode » という項目を抜粋する。

> 『アカデミー・フランセーズ辞典』第1版（1694年）
> MODE
> MODE 女性名詞。人々の習慣や恣意に依存するものについて，人気がある，あるいはかつて人気があったやり方。［用例略］

> 『アカデミー・フランセーズ辞典』第4版（1762年）
> MODE
> MODE 女性名詞。人の嗜好や恣意に由来することについて，最もよ

くなされる慣行のこと。［用例略］

フェロ『フランス語の批判的辞書』(1787〜1788年)
MODE
［前略］特に人々の嗜好や恣意に依存する事物に関する「慣用」を意味するときは女性名詞。［後略］

『アカデミー・フランセーズ辞典』第5版 (1798年)
MODE
　　MODE 女性名詞。嗜好や恣意の移ろい。［用例略］
　« Modes »と複数形で言うと，流行の身繕いや装いを指す。モード商。［後略］

　17世紀末の初版（1694年刊行）ですでに女性名詞の項目が立てられ，いくらか男性名詞の「やり方」に近い語義ではあるものの，「流行」に近い意味合いになっている。
　18世紀に入ると，第4版（1762年刊行），第5版（1798年刊行）共に，「流行」に近い語義が第一に挙げられている。フェロの辞書（1787〜1788年刊行）では男性名詞と女性名詞は別項にしてはいないものの，女性名詞としての用法が明記され，その用例もいくつも挙げられている。
　そして『アカデミー・フランセーズ辞典』第5版で初めて「モード商」という言葉が登場する。ここでの用法を見ると，« mode »は直接的に「流行」という意味で使われているわけではなく，「流行品」という程度の意味である。この語義はこの版で初登場である。以上をふまえて« marchand(e) de modes »を訳すなら，「流行商」というよりは「流行品商」のほうが正確だろう。
　また，« mode »を語源とする« modiste »という語にも注意しなくてはならない。手工業／小売業に関する事典類にはこの語は見当たらないが，『アカデミー・フランセーズ辞典』第6版（1835年刊行）に« modiste »という項目が登場している。

『アカデミー・フランセーズ辞典』第6版（1835年）
Modiste. 男性・女性名詞　流行品に関する男女製造工。モード商。［後略］

この記事を引用して，リトレは次のように定義している。

リトレ『フランス語辞典』（1863〜1877年）[77]
MODISTE（mo-di-st'）男性・女性名詞
1. 流行品に関する男女製造工。
モード商。例：モード商クレポン氏への挨拶。(PICARD, Duhautcours, I, 3)
2. 今日では，女性形で，女性製帽工だけを指す。
注記：Modisteは新語であり，『アカデミー・フランセーズ辞典』には1835年版まで掲載されておらず，またジャンリス夫人はこれをモード商という語の不適切な置き換えだと非難している（Mém. t. V, p. 95）。

このように辞書類に掲載された時期は遅かったが，この語は遅くとも19世紀初めからほぼ « marchand(e) de modes » と同じように使われていた。1809年8月26日付の「サン＝マルタン並木通り57番地の流行品店賃貸借」に関する公証人文書[78]は，元公証人アントワヌ＝ペゼ・ドゥ・コルヴァルによる，modisteのマリ＝アンヌ・ラトゥールに宛てたものである。

確実に当時の記述と思われるものでこれより早い使用例は発見できないが，パリ市文書館の破産した手工業者／小売商の帳簿の一覧には，18世紀の文書について « modiste » の職名を付して分類している例が数多く存在する[79]。これが文書押収時の職名にもとづく分類なのかは不明だが，当時の職名だとすれば，18世紀からすでに使われていた言葉だということになる。ただし，本文中で « modiste » という語を用いている帳簿類は現時点で発見できていない。またこの語を用いている破産文書も発見できないため[80]，この語が18世紀から使われていた可能性は薄いと思われる。

よって、19世紀以降にモード商に言及した文献では «modiste» という語はよく使われているが、18世紀にはこの職業は «marchand(e) de modes» と呼ばれていたと考えられる。

2. 成立時期

さて、『アカデミー・フランセーズ辞典』で「流行品」という意味の «modes» が登場し、「モード商」という語が用例として掲載されるのは1798年のことだが、モード商と呼ばれる人々の存在はいつから確認できるだろうか。

発見できたうちで最も古い «marchand(e) de modes» という語の使用例は、1693年刊行の喜劇集である。アメラン夫人という役に「あなたのモード商」という説明が付されている[81]。19世紀の文筆家フランクランもこれより前の使用例は発見できなかったと述べている[82]。17世紀の例は他に発見できなかったが、18世紀前半を通じて、この語を含む例は当時の書籍や史料にいくつも発見できる。

しかし1726年刊行の『商業総合事典』には「モード商」という項目はなく、«mode» の項目にもモード商に関することは一切記載されていない。改訂が加わった1741年版でも同様である[83]。おそらくこの当時はまだモード商と呼ばれる存在はさほど人口に膾炙していなかったと推測できる。

だが、1760年代になると、1765年刊行の『百科全書』の «modes» の項に「装い身繕いをすることについての慣習や慣用や儀、一言で言えば装いや奢侈に役立つものすべて」[84]と記され、さらに項目としてモード商が登場する。

> ディドロ、ダランベール『百科全書』(1765年)[85]
> MODE, marchands & marchandes de. (服飾関連)「モード商」は雑貨商の手工業／小売業団体に属すので、雑貨商はモード商と同じ商売にたずさわることができる。しかし、雑貨商の商売がかなり手広いのに対し、モード商は男女の身繕いや装いに関するもの、装飾品やアクセサリと呼ばれるものだけを売ると決まっている。それらを衣服に付

けたり，その着装法を考案したりするのもしばしば彼らである。彼らは髪飾りにもたずさわり，結髪師のようにそれを結い上げる。
　彼らの呼び名はその商売の内容に由来している。流行しているものしか売らないから「モード商」と呼ばれるのだ。
　こうした小売商が生まれ，この名で呼ばれるようになってからそう時間はたっていない。彼らが雑貨商の商売を完全にやめて流行品の商売に取り組んで以来のことにすぎない。

　この時点で「そう時間はたっていない」とされているということは，編纂に要した時間を考慮に入れたとしても，モード商がある程度認知されるようになったのは1760年代初めか，早くても1750年代のことだと考えられる[86]。
　4年後の1769年刊行の『工芸・職業案内』には以下のように書かれている。

ドゥ・ガルソー『仕立工の技術』(1769年)[87]
何年も前から，数人の雑貨商の妻が「モード商」という肩書きを得ている。彼女たちは，雑貨商としてリボン，ガーゼ地，レース網地など女性の服を飾るための装飾品を売るのみならず，自らの商品の作り手となり，商品を取り付けたり調整したりする。さらに彼女たちは，女性が普通の服の上に重ね着するようなある種の衣服を作る。モード商たちがこういった重ね着用の衣服を構成する方法を説明するために，[筆者注：この前の章で解説している]「女性服仕立工の技術」に続いてこれらの衣服を挙げるのはもっともなことだ。

　ここでは「何年も前から」とあるが，『百科全書』の数年後に刊行されたことを考えると，1760年代初め頃という推測に適合する。さらに別の箇所では，「[前略]貴婦人たちは幾人かの巧みで賢明なモード商を贔屓にしているが，その中でも，モノワ通りのアレクサンドル嬢はその才能において最もよく使われるうちのひとり」[88]と紹介されている。この頃すでに名の知れたモード商が現れていたことをうかがわせる。
　1760年代以降になると，以下のように，国外の類似の職業についてこ

の語を使う例も出てくる。

ルソー『エミールまたは教育について』（1762年）[89]
イタリアでは店で女性を見掛けることはまったくない。また、フランスやイギリスの通りに慣れている者にとって、この国の通りの眺めほど想像するにわびしいものはない。モード商が貴婦人たちにリボンや玉房飾りやレースやモールを売っているのを見ると、私はこうした繊細な服飾品が、鍛冶の炉を吹いたり鉄床を叩いたりするようながっしりした手の中にあって、ひどく滑稽なことに気づいた。

フィレモン＝ルイ・サヴァリ『商業総合事典』（1765年）[90]
282頁：フランドルとブラバントの商業
［前略］ブリュッセルのモード商には、ようやっとのことでしか新しい流行の発明で成功する望みがない。
339頁：シュヴァーベンの商業
［前略］モード商や銀細工商はライプツィヒやフランクフルトの市に頻繁に通う。

このような例は、この語の使用方法が充分に熟したことを示しているだろう。
　さらに、別の史料から成立年代を追求してみたい。フランス国立文書館の公証人文書データベース[91]によれば、1750年代以前について« marchand(e) de modes » あるいは « modiste » という職名は見られない。1750年代になるといくつかのこの職名を含む公証人文書が現れ、1760年以降は頻出する。パリ市文書館所蔵の破産した手工業者／小売商の帳簿の一覧と破産文書の一覧には、1750年代以前にも « marchand(e) de modes » の文書が6人分あるが[92]、1750年代を扱っている帳簿は7点、1750年代の日付になっている破産文書は4点あり、1760年代以降はさらに数を増す。
　以上から、モード商という言葉は17世紀末から使用例を見ることができるが、存在として明瞭になったのは1750年代頃であり、1760年代の間

にはパリ市民の間で知られるようになっていたと考えられる。

3.出自

　18世紀後半，ある種の手工業者／小売商が「モード商」と呼ばれるようになっていたことは前節で見た。しかし同業組合としての認可は1776年のことであり，少なくとも十数年間は「モード商」として親方資格を持っていたわけではない。それでは彼らはどういう資格で活動していたのだろうか。

　『百科全書』には「『モード商』は雑貨商の団体に属す」[93]と記され，『工芸・職業案内』では「彼女たちはいかなる同業組合の一員でもなく，その夫らの陰で働いているにすぎない。夫らは彼女たちにこの権利を与えるために，雑貨商の一員でなければならない」[94]と説明されている。

　どちらの説明でも雑貨商が引き合いに出されている。この雑貨商とは，当時存在した100以上の同業組合の中でも飛び抜けて多くの親方を擁する重要な職だった[95]。商売の形態も露店売りや街頭での流し売りから卸売に近い活動まで多種多様で，商品も基本的には「小売品すべて」[96]と多岐にわたる。

　こうした史料によれば，多様な商品を扱う雑貨商やその妻の中から主に流行品を扱う人々が現れ，モード商と呼ばれるようになっていったというのが当時の一般的な見方だったのだろう。

　ここで，モード商が持っていた資格について具体的に見てみたい。雑貨商の資格を持っていたモード商も確かに存在する。モード商同業組合が認可される前の1769年の商業年鑑では，雑貨商のリストの中に，複数の女性モード商の名が挙げられている[97]。夫の名前を伴っていないため，独立して店舗を営んでいたと考えられる。モード商が認可され，さらに同業組合制度そのものが廃止された1791年より後になると，1798〜1799年の年鑑ではモード商のリストが独立項目となっている。そこには73人の名前が記載されているが，雑貨商のリストに記載された名前と同じ名前の者は存在せず，雑貨商の夫を持つ女性モード商がいたことは確認できない[98]。

　さらに，男性モード商の存在も無視できない。1769年には女性10人，

男性3人，性別不明9人のモード商が数えられている[99]。たとえば，当時モード商一家として知られていたボラール家には，父ジャン＝バティストと息子ジャン＝ジョゼフという男性モード商がいる[100]。従って，モード商を女性ばかりとしている事典類の説明が正しいとは限らず，よって雑貨商を出自としているという記述も必ずしも鵜呑みにはできない。

　ここでモード商の出自について見ておく必要があるだろう。帳簿が19世紀に編集・出版され，その活動の詳細を知ることができる女性モード商エロフは，1787年，おばポンペの後を継いで王妃のモード商となり[101]，宮廷御用達商として特権を与えられた[102]。店舗はヴェルサイユにあった[103]。しかし身元についてはそれ以外わかっていない。正確な本名も店名も不明である。「夫人」を冠して呼ばれるため既婚者ではあろうが，おばの後を継いだのであり，夫の職業とは無関係にモード商となったのはほぼ間違いがない。

　また，当時モード商として最も有名だったのはベルタンである[104]。彼女は後世，ローズ・ベルタンと呼ばれるようになるが，本名はマリ＝ジャンヌ・ベルタンといい，1747年アブヴィル生まれである。貧しい家庭で，母は家計を助けるため看護の仕事をしていたが，1754年に父が亡くなり，ベルタンは16歳になるとパリに出た。まもなくパジェルという女性が経営する流行品店「いとも優雅」で働き出したが，この店はフランス宮廷やスペイン宮廷などにも顧客を持つ人気店だった[105]。ここで当時のファッション・リーダーだったシャルトル公夫人やランバル公夫人のために服飾品を作って認められ，彼女らの援助で1770年，「大ムガール人」という店を開く。当時王太子妃だったマリ＝アントワネットにも商品を提供するようになり，シャルトル公夫人の紹介により1774年には謁見も許され，以降頻々とマリ＝アントワネットと会い，装いについて語らっている[106]。当時ベルタンがどのような資格で店を開いていたかは不明だが，1776年にモード商が同業組合として認可されると，彼女は最初にこの同業組合に加入した[107]。こうして彼女は名実ともにモード商の頂点に立つことになった。なお，ベルタンは生涯独身だったため，雑貨商である夫の権利を利用するという事典類の説明にはまったく当てはまらない。既婚女性の場合，法的な契約や出廷は夫の許可がないと認められなかったが，独身でいるこ

とで経営上必要なこうした権利を保持したかったためと思われる。ただしベルタンは，夫はないとはいえ家族は重んじ，親類縁者の多くをパリに迎え，仕事の世話をしたり養子を取ったりしている。

一方，モード商の下から宮廷人士へと上り詰めた者もいる。王太子妃時代のマリ＝アントワネットが対立し続けたことで知られるルイ15世寵妃デュ・バリ夫人，本名マリ＝ジャンヌ・ベキュはモード商の徒弟だったと伝えられている。ヌーヴ・デ・プティ＝シャン通りのラビーユの店，「ア・ラ・トワレット」で働いていたらしい[108]。なおかつ，後にはベルタンの顧客にもなっている。

当時，服飾品を扱う職にはかなりの種類があった。その中で，衣類の仕立を請け負う権利を持つのは男性服仕立工，女性服仕立工である。男性は男性服仕立工，女性は女性服仕立工にしか就業できない。ベルタンの例では，当初身を置いていた「いとも優雅」の店主パジェルは女性なので，仕立をしていたとすれば女性服仕立工の可能性もある。詳しくは後段で見るが，商品販売のみならず衣類の仕立や服飾品の加工もするモード商は多く，裁断・縫製の技術は不可欠である。お針子の経験は欠かせないものだっただろう。初期のモード商は雑貨商から発していたとしても，こうした仕立関係の手工業者／小売商の下で技術を身につけた人々も少なくなかったのではないかと考えられる。

76 参考までに研究者による「モード商」という語の英訳を示しておくと，"Fashion merchant" というのが最も一般的である。"Milliner" とされていることもあるが，本来この語に対応するフランス語は « bonnetier » であり，またこの時期に « bonnetier » と呼ばれる職が別に存在するので，この訳は不適切である。"Modist" という訳語もあるが，これに対応するフランス語は « Modiste » である。この語については後述する。

77 Littré, *Dictionnaire de la langue française,* Paris : Hachette, 1863-77. ジャンリス夫人は「ここでいくつか，かつてはひどく不適切とされていたが，今日ではかなりありふれたものになってしまった話し方を挙げておく。［中略］モード商は modistes と呼ばれていた」と書いている。(De Genlis, *Mémoires inédits de madame la comtesse de Genlis : sur le dix-huitième siècle et la révolution française,*

depuis 1756 jusqu'à nos jours, Paris : Ladvocat, 1825, tome V, pp. 94-95）

78   AnF, ET/VII/0592. Bail de boutique de modes, 57, boulevard Saint-Martin. 公証人 Antoine Pézet de Corval による Marie Anne Latour 宛の文書。

79   AD Paris, D5B6, D11U3.

80   AD Paris, D4B6.

81   Dancourt, Florent-Carton, *Pièces de théâtre,* s. l. : chez F. Foppens, 1693, p. 18.

82   Franklin, *La vie privée,* tome XVII, 1896, p. 234. ただしフランクランはこの後 1777 年の *Almanach Dauphin* まで使用例が見られないと言っているが，それが事実に反するのは後に示す通りである。

83   Savary des Bruslons, *Dictionnaire.*

84   Diderot et d'Alembert, *Encyclopédie,* article : Mode.

85   Diderot et d'Alembert, *Encyclopédie,* article : Mode.

86   ロッシュは，証拠はほとんどないと言いおいた上で，17 世紀末に雑貨商の中からモード商が生まれたとしている。しかしなにを根拠に 17 世紀末と推測しているのかは不明である。(Roche, *La culture,* p. 292)

87   De Garsault, *Art du tailleur,* p. 2.

88   De Garsault, *Art du tailleur,* p. 56. なお，アレクサンドルには後述の通りメルシエも触れている。

89   Rousseau, Jean-Jacques, *Émile, ou De l'éducation,* tome II, La Haye : Jean Néaulme, 1762, pp. 137-138.

90   P.-L. Savary, *Dictionnaire.*

91   AnF, MC/ET.

92   AD Paris, D5B6 871(1727 〜 1729 年の帳簿と顧客名簿), 1761(1735 〜 1746 年の帳簿), 3494(1726 〜 1727 年の帳簿), 3597(1703 〜 1712 年の帳簿), 3923-3924-3925(1712 〜 1714 年の帳簿). D4B6 7-346 (1748 年 2 月 1 日付の破産文書).

93   Diderot et d'Alembert, *Encyclopédie,* article : Mode.

94   De Garsault, *Art du tailleur,* p. 54.

95   Savary des Bruslons, *Dictionnaire,* tome I, pp. 1331-1334.

96   Macquer et Jaubert, *Dictionnaire,* tome III, pp. 133-134.

97   De Chantoiseau, *Essai.* 性別については名前に付された « M. » または « Mme. » または « Mlle. » にもとづく。またモード商を名乗っているかどうかは，各雑貨商の専門についての説明から識別した。

98   以上，*Almanach du commerce,* 1798-1799. « Marchandes de modes » と « Marchands de modes » のリスト，および巻末補遺の « M^{ds}. de modes » のリストによる。

これらを « Merciers » のリストと比較した。ただし，モード商の夫婦らしき名前はある。女性は Ferraud, 男性は Féraud と綴りが違っているが，住所は同じなので夫婦と思われる。

99 De Chantoiseau, *Essai*.「流行品店を営んでいる」と注記がある者もこの数に含めた。

100 Sapori, *Rose Bertin*, p. 44. ただし，De Chantoiseau, *Essai* の雑貨商のリストには彼らの名前はない。またジャン＝バティストの妻ジャンヌ＝フランソワズはおそらく前述のモノワ通りのアレクサンドル嬢。

101 De Reiset, *Modes*, tome II, p. 307.

102 De Reiset, *Modes*, tome I, p. 13.

103 Coquery, *L'Hôtel*, p. 395.

104 以下ベルタンの経歴については，Sapori, *Rose Bertin ; couturière* 及び Langlade, *La marchande* より。また1744年アミアン生まれとする説もある。

105 Langlade, *La marchande*, pp. 2-4. パジェルの店の名には Trait Galant など異説がある。

106 Campan, *Mémoires*, p. 88. ただし，宮廷御用達結髪師レオナールの紹介により1772年に謁見を許されたとする説もある。(Ribeiro, *Dress*, p. 54)

107 AnF, Y9392, le 11 octobre 1776 ; AnF, Y9394A, le 11 octobre 1776. 後者によれば，ベルタンは同業組合加入前にモード商の代表に選ばれている。

108 Franklin, *La vie privée*, tome XVII, p. 267. ただしラビーユの名はそれから数年後にあたる1769年版の商業年鑑の各種服飾関係業と雑貨商のリストには発見できなかった。

第2章　モード商と服飾流行

1.流行雑誌

　17世紀以来，パリの服飾流行を他都市や外国に伝える手段として，人形が用いられていた。こうした人形は成人女性の体型に合わせて作られ，下着に至るまで流行の服装を身に着け，各国宮廷に送られて流行の伝達機能を担っていた[109]。メルシエも「あなたは軽薄な者だったりするか？ならばこのモード商の軽やかな手を信じなさい。その手は真剣に，北欧奥深くへ，また北アメリカまで時代の流行をもたらす人形を飾り立てる」[110]と書いている。

　一方，服飾に関する書物の出版は16世紀にさかのぼる。特定の地域・時代の衣装を描いたコスチューム・プレートと呼ばれる版画や，同時代の流行を描写したファッション・プレートと呼ばれる版画を伴うものもあった[111]。たとえば著名な文学者レチフ・ドゥ・ラ・ブルトンヌが解説を執筆した『衣装の記念碑』[112]や，1778年から1787年にわたって刊行された『ギャルリ・デ・モード』などがそれである。文学や風俗を主題とする雑誌も服飾流行に関する多くの言及を残し[113]，1672年創刊の『メルキュール・ドゥ・フランス』誌[114]は時にファッション・プレートも伴った。

　流行雑誌は，服飾流行を視覚的に示す人形と，文字により付随する情報を伝える書誌，双方の特徴を兼ね備えたものである。人形よりも安く，数多く作ることができ，持ち運びが容易で，視覚的に服飾品の形状や素材を伝えるのみならず，文章によってそれに伴う様々な話題を扱う。加えて，定期的に発行され，新しい情報が常に補完される。

(1) 流行雑誌の創刊・廃刊状況（1775〜1815年）

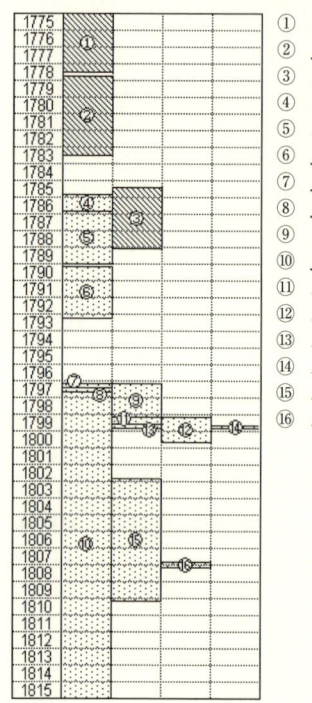

① *Le Journal des dames*
② *Journal de Monsieur*
③ *Le Courrier lyrique et amusant*
④ *Cabinet des modes*
⑤ *Magasin des modes nouvelles françaises et anglaises*
⑥ *Journal de la mode et du goût*
⑦ *Journal des dames*
⑧ *Journal des dames et nouveautés*
⑨ *Tableau général du goût, des modes et costumes de Paris*
⑩ *Journal des dames et des modes*
⑪ *La Correspondance des dames*
⑫ *Le Mois*
⑬ *L'Arlequin*
⑭ *La Mouche*
⑮ *L'Art du coiffeur*
⑯ *L'Athénée des dame*

Roche, *La culture*, pp. 457-458 ; Kleinert, *Le "Journal"*, p. 16 にもとづく。
①②③はファッション・プレートなしの雑誌。

　ルイ16世期から第一帝政期の間の流行雑誌の創刊・廃刊状況は(1)の通りだが，こうした雑誌の主題は服飾流行である。とはいえ，調度品などその他の流行品についての記事や，書評，劇評などが掲載されるほか，政治や哲学，歴史，科学など，様々な話題が取り上げられていた。執筆者・編集者には男性も女性もいた。1770年代から流行雑誌は刊行されているが，多くは1年以下で廃刊された。流行雑誌に関してはアンシャン・レジーム下の出版業界の複雑な構造のために混乱が多く，多くの雑誌の短命もそうした構造上の問題に起因している[115]。

　こうした初期の流行雑誌は文章のみのものだったが，1785年11月15日，フランス初のファッション・プレートを伴う流行雑誌『カビネ・デ・モード』誌がパリで創刊された[116]。『カビネ・デ・モード』誌編者はジャン＝アン

トワーヌ・ルブラン=トサ・ドゥ・ピエールラット，通称ルブラン=トサで，月2回発行，価格は1年間の定期購読で21リーヴルである。ファッション・プレートは大部分が彩色されていた。実際の体裁としては，3枚の版画に，文章ページが8ページとなる。(2)のように各ファッション・プレートの説明文が服飾品ごとに1行から数行ずつ付き，一部は別項を設けて詳しく解説されている。この『カビネ・デ・モード』誌には多くのコピー誌が出された。国内ではリエージュで同名誌が創刊され，国外でも，ヴァイマル，ミラノ，ヴェネツィアなどで各国語版が出版された[117]。

(2)『カビネ・デ・モード』誌のファッション・プレートと説明文

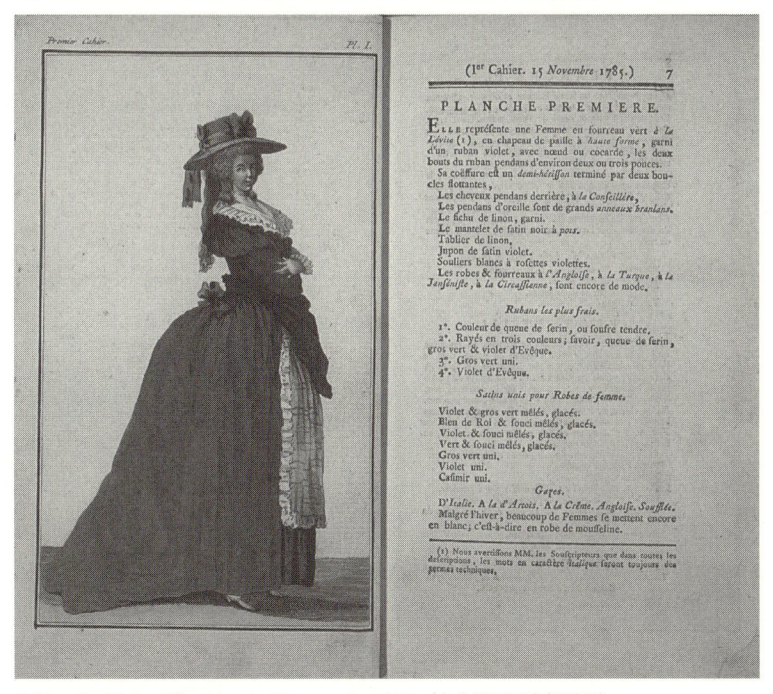

Cabinet des Modes, 1er cahier, le 15 novembre 1785（文化学園図書館所蔵）
版画は裏白の紙に刷られている。おそらく手彩色。

　『カビネ・デ・モード』誌の創刊の意図について，ルブラン=トサは「(『カビネ・デ・モード』誌は)とても有用だとも言える。というのも，イタリ

アやスペインやイギリスやドイツや北欧の住民は，高い費用を払って伝令業者を抱えたり，決まって不完全なのにとても高価で，新しい流行のニュアンスくらいしか伝えられないマネキンという人形を作らせたりしなくて済むようになるのだ」[118]と語っており，人形に代わるものとして，流行伝達機能を明確に意識していたのがわかる。

『カビネ・デ・モード』誌は1786年11月1日に廃刊され，次いで11月15日にルブラン=トサが創刊したのが『マガザン・デ・モード』誌，正式には『マガザン・デ・モード・ヌーヴェル・フランセーズ・エ・アングレーズ』誌である。各号2枚のファッション・プレートを含み，月3回発行で，1年間の定期購読で30リーヴルだった。ファッション・プレートはほぼすべて彩色されている。『カビネ・デ・モード』誌と同様，リエージュ，ミラノ，ヴェネツィアでコピー誌が創刊された。ルブラン=トサは1789年12月21日号をもって同誌を廃刊したが，翌1790年2月25日，再度新雑誌を創刊する。それが『ジュルナル・ドゥ・ラ・モード・エ・デュ・グ』誌である。形態や価格は『マガザン・デ・モード』誌とほぼ同じで，これもミラノとヴェネツィアでコピー誌が発刊されたが，同誌は1793年2月20日号を最後に廃刊された[119]。この廃刊はルブラン=トサがジロンド派だったのが原因のひとつだが，他にも理由があった。1794年からしばらくの間，フランスでこうした流行雑誌が刊行された形跡はない。この間は『ジュルナル・ドゥ・パリ』誌など流行雑誌以外の雑誌類でも服飾流行についてはほとんど報じられなかった。イギリスでは1794年，イギリス国内初の流行雑誌『ギャラリー・オヴ・ファッション』誌が創刊され，フランスでも『ジュルナル・デ・ヌヴォテ』誌創刊の試みがあったが，恐怖政治期末期のアシニャ大暴落によって頓挫する始末だった[120]。1793年に国民公会で服装の自由が決定され，身分による服装の制限が撤廃されると共に，服飾品はむしろ政治的記号としての意味を帯びるようになっていく。たとえば豪奢な服飾品は，貴族という身分ではなく，王党派という政治的な立場を表すものとなる。さらにそれは富という経済的状況をも意味し，個人消費に基盤を置く秩序が浮上してくる。こうした過渡期の混乱の中で，ルブラン=トサは流行雑誌の継続を諦めたのである[121]。

1797年，3年の不在期間を経て現れたのが，『ジュルナル・デ・ダム・

エ・デ・モード』誌である。同誌は『ジュルナル・デ・ダム』誌という名前で1797年3月に創刊され，6月に『ジュルナル・デ・モード・エ・ヌヴォテ』誌と誌名変更され，さらに9月に上記の誌名になった。編者はピエール・ドゥ・ラ・メサンジェールで，この雑誌は1839年まで長命を保つことになる。通常は各号8ページから16ページの記事と1枚のファッション・プレートを含み，ファッション・プレートはすべて彩色されている。1798年5月まではほぼ週刊，6月以降は5日に1度と，非常に速いペースで発行された。価格は1797年5月までは3ヵ月分10号で4リーヴル，次いで年間10リーヴルまたは3ヵ月3リーヴルとなり，さらに6月には3ヵ月分10号で4リーヴル，9月には年間24リーヴル，11月には年間40号で28リーヴルと値上がりし，1798年3月以降は年間36フランに落ち着いた[122]。

(3)から，こうした雑誌のファッション・プレートに登場する女性や女性服飾品が年代を追うごとに増していくことがわかるだろう。『ジュルナル・デ・ダム・エ・デ・モード』誌は誌名からして女性向けである。女性向けの雑誌は，同誌が名を借りた1759年創刊，1778年廃刊の『ル・ジュルナル・デ・ダム』誌[123]など18世紀にも存在したが，アンシャン・レジーム下においては，こうした流行雑誌の読者には男性も女性もいた。当時の流行雑誌の読者は同時に，主に男性を対象としたその他の定期刊行物，『メルキュール・ドゥ・フランス』誌や『ジュルナル・ドゥ・パリ』誌の読者でもあったことは購読者リストや書簡，文学作品などからうかがえる。また，『カビネ・デ・モード』誌には，「常に，どこででも，互いに歓びを与え合うために装おうとした両性」という一文がある[124]。つまり，流行の装いには男女共に関心を持つものとされていたのである。しかし，しだいに男性は流行雑誌から排除され，女性の比重が高まっていく。

17世紀にはすでに現代の男性用スーツの5点セットの基礎ができていたが，18世紀の間にその組み合わせ方が広く普及し，19世紀に入るとますます色や形が統一され，個々の男性の衣服の差は目に付きにくいものとなる。18世紀の間でも流行は女性のものとする傾向は存在し，服飾品小売業の顧客としても女性の重要性が強調されることになっていく。

(3) 流行雑誌のファッション・プレートの内容

誌名	カビネ・デ・モード				マガザン・デ・モード・ヌーヴェル・フランセーズ・エ・アングレーズ				ジュルナル・ドゥ・ラ・モード・エ・デュ・グ				ジュルナル・デ・ダム／ジュルナル・デ・モード・エ・ヌヴォテ／ジュルナル・デ・ダム・エ・デ・モード			
出版年月	1785年11月〜1786年11月				1786年11月〜1789年11月				1790年2月〜1793年2月				1797年3〜5月 1797年9月〜1839年			
男性	16	13.9%			42	10.1%			27	12.4%			16	5.1%		
少年	2	1.7%	20	17.4%	3	0.7%	48	11.5%	0	0.0%	27	12.4%	0	0.0%	16	5.1%
男性服飾	2	1.7%			3	0.7%			0	0.0%			0	0.0%		
女性	51	44.3%			213	51.2%			174	80.2%			235	74.8%		
少女	2	1.7%	59	51.3%	2	0.5%	266	63.9%	0	0.0%	178	82.0%	0	0.0%	297	94.6%
女性服飾	6	5.2%			51	12.3%			4	1.8%			62	19.7%		
性別不詳服飾	16	13.9%	16	13.9%	68	16.3%	68	16.3%	4	1.8%	4	1.8%	0	0.0%	0	0.0%
服飾以外	20	17.4%	20	17.4%	34	8.2%	34	8.2%	8	3.7%	8	3.7%	1	0.3%	1	0.3%
総計	115	100%	115	100%	416	100%	416	100%	217	100%	217	100%	314	100%	314	100%

Cabinet des modes と *Magasin des modes* については文化学園図書館・文化学園大学図書館貴重書デジタルアーカイブにもとづく。*Journal de la mode et du goût* については，1791年2月15日号までは同アーカイブ，1792年2月15日号までは Gallica にもとづく。他は Gaudriault, *Répertoire*, pp. 212-223 ; pp. 229-261 により補完。
1枚のファッション・プレートに複数登場する場合はそれぞれ別に数えた。『ジュルナル・デ・ダム』等3誌は継続雑誌と見なすが，同誌については1799年12月までのデータ。以降については完全なデータが入手できなかった。
性別不詳服飾は指輪，靴用バックルなど。特に1789年まではバックルが多いが，当時の靴には男女差が少なかったため区別不可能。本文中に男性用か女性用かの説明がある例もあるが，その場合も実際は共用と思われるため区別しなかった。
服飾以外は家具，馬車など。部屋全体の内装図の例もあるが，これは全体で1つと数えた。

2.同時代人の評価

　それでは，こうした服飾品小売業の一環として，モード商は，同時代人にどのように見られていたのだろうか。

　その活動内容について，『百科全書』では，「雑貨商の商売がかなり手広いのに対し，モード商は男女の身繕いや装いに関するもの，装飾品やアクセサリと呼ばれるものだけを売ると決まっている。それらを衣服に付けたり，その着装法を考案したりするのもしばしば彼らである。彼らは髪飾りにもたずさわり，結髪師のようにそれを結い上げる」[125]と説明されている。『工芸・職業案内』では以下の通りである。

> ドゥ・ガルソー『仕立工の技術』（1769年）[126]
> ［前略］彼女たち［筆者注：モード商］は自らのなす業を「才能」と呼んでいる。そしてその才能は主に，髪飾り，ドレス，スカートなどを作り，飾り付けることにある。つまりガーゼ，リボン，レース網地，切り地，毛皮などが大部分を占める，貴婦人たちと彼女たちが絶えず想像し続ける装飾品を，日々の流行に従って縫いつけ整えるのだ。しかし彼女たちはマントレ［筆者注：マントの一種］，プリス［筆者注：コートの一種］，宮廷用マンティーリャ［筆者注：肩掛けの一種］などといった正真正銘の衣服も製造する。こうした品々は女性服仕立工の技術とかなりの近似性を持つので，当然，続けてその記述をするべきだと思われた。

　ここでは，モード商の仕事は装飾品の販売と製作，その組み合わせ方などの考案であり，衣服と呼べるものとしてはマント類を作るのみだとされている。

　こうした説明は19世紀初めに出版された『工芸と職業に関する百科事典』にも引き継がれている[127]。挙げられている活動内容は18世紀の事典類の記載とほぼ同じで，モード商が「同業組合を持たない」とする説明も踏襲されている。すなわちこれらの記述は，同時代人によるものであるに

もかかわらず,かなり不正確である。同業組合については前述の通りだが,仕事の内容についても誤りがあり,実際にはモード商はマント以外の衣服も扱っている。

　このような実情とのずれが生じた理由は,まず書き手の問題にあるだろう。モード商の小売顧客には男性もいたものの,大部分は女性が占めていた。次に引用するメルシエによる揶揄をこめた描写からしても,自ら着用するものを買い求める顧客としては女性が多数を占めるのはモード商全般に共通する特徴だろう。流行雑誌にも現れている服飾流行の女性偏重の傾向がここでも見て取れる。しかしこれらの事典類の執筆者は男性であり,そのためモード商の活動の実態にうとく,不適切な説明を残してしまっている可能性が高い。

　また,モード商という職に対して彼らが偏見を持っていたことも考えられる。例えばメルシエは「モード商」と題した項で次のように書いている。

　　メルシエ『タブロー・ドゥ・パリ』（1782年）[128]
　　「プフ」[129]を組み合わせたりガーゼや造花に百倍の価値を与えたりするモード商の重要性に匹敵するものはない。［中略］女たちは,自分たちの美しい容姿の持ち味に幅を与えてくれる恵まれた天才たちに対して心からの深い尊敬を抱いている。
　　流行品への支出は今日,食卓や乗り物関係への支出を上回っている。不運な夫は,こうした移ろいやすい酔狂に費やされる価格がどれほどかを計算することなど決してできない。［中略］こうしたくだらないものへの支払いを肉屋やパン屋に対してと同じくらいきちんとしなかったら,後ろ指を指されてしまうだろう。
　　この分野の考え深い発明家たちが世界に規範を発するのはパリからなのだ。［中略］フランス人の手になるプリーツがあらゆる国の人々の間で真似られ,彼らはサン＝トノレ通りの趣味のへり下った追従者となる。
　　こんなことはまったくどうかしている！［中略］
　　流行品はとても多岐にわたる商業部門である。最もありきたりなものを目新しいやり方で再び華々しいものとするのは,フランス人のもう

ひとつの才能に他ならない。[中略]
こうした金を注ぎ込んだ道楽が大勢の製造工が豊かになる。しかし嘆かわしいことに，小ブルジョワまでもが侯爵夫人や公爵夫人の真似をしたがるのだ。哀れな夫は妻の気まぐれを満足させるために血の汗をかかねばならない。[中略]子供の分け前だけ取れればましで，このお洒落競争の中で，我らが妻たちはすっかりのぼせ上がってしまっているのだ。

ここでメルシエは，流行品の商業上の重要性は認めつつも，女性たちの流行をめぐる奢侈を非難している。また，ヴォルテールはすでに1768年の段階で次のように書いてる。

ヴォルテール『40エキュの男』(1768年)[130]
[前略]そこに部分的に我々の貧困の原因がある。我々はモード商の手管を介して，エナメルの上塗りの下に貧困を隠している。我々は趣味の良い貧者なのだ。非常に裕福な金融資本家や企業家や卸売商がいて，彼らの子供たち，婿たちも非常に裕福である。しかし概して国民はそうではない。

ヴォルテールはモード商を見せかけの豊かさの象徴として扱っている。こうした流行の軽薄さや流行品への出費に反対する論調があった[131]ということは，必需品としての衣服ではなくたかが流行品程度のものしか作らない人々という視点からモード商が過小評価されている可能性もある。

このように，事典類におけるモード商に関する記述は必ずしもモード商の活動の実態を示してはいない。しかし，商売の内容については誤解や過小評価が含まれているとしても，同時代人が彼女たちへと向ける視線を汲み取ることはできる。先に引用した通り，モード商について，「彼女たちは自らのなす業を『才能』と呼んでいる」[132]，また，「女たちは，自分たちの美しい容姿の持ち味に幅を与えてくれる恵まれた天才たちに対して心からの深い尊敬を抱いている」[133]といった表現がされている。こうした記述にはモード商の隆盛への苦々しい思いが含まれているのだとしても，モー

ド商は才能や天分によって人気を得る職業だというイメージが同時代人の中にあったのは確かだろう。

　実用性の薄いものに対して常に批判的で，モード商という職を揶揄せずにいられないメルシエでさえ，ベルタンについて次のように書いている。「しかし，流行に対して突然反旗を翻そうとするほど向こう見ずな女はいない。ひとりの愛らしく美しい女が流行の帝国の笏を手中に収めることができたのは，巧みでよく準備された王位簒奪のおかげなのだ」[134]。別の箇所ではこうも書いている。

> **メルシエ『タブロー・ドゥ・パリ』**（1783年）[135]
> 先頃，二人のモード商の間で，大詩人の間で起きるような対立が勃発した。しかし，その才能がアレクサンドル嬢やボラール氏の下での長い修行にはよらないことが知られることとなった。みすぼらしいジェヴル河岸の取るに足らないモード商が，あらゆる先達の美学に挑戦し，老舗の先例をはねつけてはばたき，卓越した目を働かせ，競争相手の技術すべてをくつがえした。彼女は革命を起こし，その輝く天分は権勢を誇り，いまや玉座のそばへの出入りを許されているのだ。

　ボラールについては先に少し触れたが，エロフ，ベルタンと並んで王妃のもとへの出入りを許されていたモード商一家で，とりわけ父が知られていた。その妻がアレクサンドルであり，その息子もモード商としてそれぞれ店舗を持ち，服飾関係の商人としては老舗だった。しかしそんな彼を超え，自らの才覚によってのし上がっていくベルタンの様子がここでも描かれている。これについては，実際にベルタンの顧客だったオベルキルシュ男爵夫人も同じようなことを書き残している。

> **オベルキルシュ男爵夫人『回想録』**（1784年）[136]
> ［前略］私はモード商で小間物商のボラールの店に行った。アレクサンドリーヌ［筆者注：前出のアレクサンドルのこと］と彼［筆者注：ボラール］は以前は二大有名人だったのだが，ベルタン嬢がその栄光を奪ってしまった。ベルタン嬢はジェヴル河岸で長い間無名だったのだが，そこ

から身を起こし，競争相手に打ち勝って彼らをことごとく二流の地位に追いやったのだ。

　1785年には，パンクーク社刊行の『体系百科全書』でも「ベルタン嬢等々も，アピキウスの時代にローマで料理人がそうだったのと同じくらい重要な人物といった体だ」[137]と書かれている。
　このように才能によってもてはやされていたモード商だが，その状況に甘えてか，顧客に対してときには無礼な振る舞いをすることがあった。

オベルキルシュ男爵夫人『回想録』（1784年）[138]
　彼女［筆者注：ベルタン］は居間に自分の肖像画を，庇護という栄誉を自分に与えてくれた王妃と王家の方々らすべての肖像画と並べていた。ベルタン嬢の乱れた言葉はかなり愉快だった。それは尊大さと下品さが混ぜ合わさったもので，しっかり手綱をしめないと無礼すれすれになり，少しでも分相応のところに抑えつけないと不遜になるものだった。王妃はいつも通りの優しさをもって彼女の馴れ馴れしい態度をお認めになったが，彼女はそれにつけ込んで，そのおかげで偉そうな風を装う権利が自分に認められていると思っていた。

　このような重大な非礼を働いても王妃は許し，その後もベルタンを出入りさせている。他の顧客も離れはしなかった。「彼女［筆者注：ベルタン］は私に，この日は，少なくとも30あまりのいろいろなものを見せてくれた。これは少なからぬ取りはからいだ」[139]と自慢げにオベルキルシュは書いている。
　つまりモード商は，顧客からの注文通りに商品を作り売る名もなき手工業者／小売商ではなく，自らの才能によって顧客を集め，逆に顧客に対して流行を示す存在となっていたのである。
　作り手・売り手側が流行を牽引するという構造は，革命前のベルタンに続き，執政政府期にはルロワに受け継がれる。ルロワはナポレオンの戴冠式の衣装を担当した後，王政復古期にはシャルル10世の戴冠式の衣装製作を指揮し，パリに複数の店舗を構えた。商業年鑑のモード商のリストに，

ルロワの名で複数の店舗が掲載されている。

3.店舗の様子

　前節でモード商の店舗に少し触れたが，店舗について考えるには，まず当時のパリにおける店舗販売のあり方について考えねばならない。
　当時のパリにおいては，服飾品に限らず，パンやワインや肉や塩などの食品，各種日用品など，多くのものについて，富裕な貴族や上層ブルジョワジーに対しては訪問販売が行われており，手工業者／小売商やその徒弟・店員らがご用聞きに回ることが多かった[140]。そのため，各店舗の顧客の範囲は通常は徒歩圏に限られたと考えられる。特に，宮殿内から出る機会が少ない王族や王族付きの女官らについては訪問販売が普通である。(4)のように，訪問販売のために街を歩くモード商の版画も残されている。
　一方で，宮廷人士や富裕層では使用人が使いに出ることも多かった[141]。これはモード商についても同様で，王族を顧客に持つエロフの帳簿には，バジール夫人やテラス夫人などの王妃の部屋係，ジョマール嬢やパケ嬢などの宮廷や王の叔母の衣装係らが記録されている。1790年以降は他の貴族夫人の使用人が使いに来ている例も増える[142]。
　しかし，モード商に関しては，顧客自らが来訪する店舗販売が最も重要な位置を占めていた。それは帳簿からも読み取れる。1787年6月26日，エロフは，王の叔母アデライドへの請求書に「椅子によるベルヴュ訪問複数回」という項目を入れている[143]。またモロの帳簿には，1779年11月22日付カニラック伯夫人について「配達用馬車のため」18リーヴルという記録，レヴェックとブルノワールの帳簿には，1784年7月17日付マルスネ夫人について「馬車代」4リーヴル10ソルという記録，ブナールの帳簿にも，1781年12月16日付フランソワ氏について「フランソワ氏宅への乗合馬車」12リーヴルという記録があるなど，交通費の記録はいくつも見える。徒歩の場合は不明なものの，馬車などを利用した場合は交通費を請求していたのは確かである。しかし近隣在住ではない顧客に対しても交通費が記録されていない例のほうが遥かに多く，そこから店舗販売のほうが一般的だったことがわかる。

第 2 章　モード商と服飾流行　◆ 47

(4) 商品を持って街を歩くモード商

Marchande de modes portant la marchandise en ville

Galerie des modes, tome I, pl. 5（文化学園大学図書館所蔵）

オベルキルシュもベルタンの店舗を訪れた際の様子を書き残しているが，その描写からはモード商の店舗の華やかさが伝わってくる。

オベルキルシュ男爵夫人『回想録』(1784年)[144]
私はラ・サール夫人と別れ，大公夫人［筆者注：ブルボン公夫人］から受けた指示に従って，大公夫人のドレスの用意ができたか問い合わせるため，有名な王妃のモード商ベルタン嬢のもとを訪れた。店全体が彼女のために働いていた。一面，目に入るものといえば，ダマスク織，ドフィーヌ織，刺繍入りサテン，ブロケード，レースばかりだった。

さらに，前述の人形をディスプレイする店もあった。サン＝カンタンというモード商の店舗が人形のある店として知られていた[145]。プロポーションを合わせるだけではなく等身大で作られることもあり，そうなればいわゆるマネキン人形である。実際にマネキンという単語も使われている[146]。このような目新しいものを店に置けばさぞかし購買意欲をそそっただろう。メルシエは以下のように描写している。

メルシエ『タブロー・ドゥ・パリ』(1782年)[147]
どうしても「サン＝トノレ通りの人形」のことを信じようとしなかったある外国人と知己を得た。この人形は新しい髪型の見本を伝えるために定期的に北欧に送られる一方で，同じ人形の2番目のものがイタリアの果てにまで行き，そこからトルコの後宮の内部にまで現れる。私は疑い深い男をこの有名な店に連れて行った。そして彼は自分の目でそれを見，触れてもみたが，触れてみてもまだ疑っているようだった。それほどにも彼には実に信じ難いことに見えたのだ！

エロフの帳簿にもこの種の人形は登場する。1788年8月18日，ボンベル伯夫人は，「人形用に」としてサテン地，クレープ地，ベルベット地，リボン，縁飾り，飾り紐などを購入してドレス仕立を注文し，さらにドレス用張り骨のパニエやケープ，ボンネット，腕輪なども購入している[148]。これは素材の分量や仕立料から見て等身大の人形だと考えられる。1792

年11月13日には,メリニ侯夫人が「人形用胴部」を購入し,「人形に服を仕立てボンネットを着けさせること」を注文しているが,これはドゥ・レゼの推測によると王妹エリザベトのためのものだという[149]。

こうしたモード商の店舗内の様子を,他の服飾品関係の手工業者／小売商の店舗・工房と比較してみたい。以下は『工芸・職業案内』に掲載されたモード商,女性服仕立工,男性服仕立工,リネン工／商,製帽工／帽子商の店舗・工房の版画である。同事典には道具の絵や裁断図など,各手工業の解説を視覚的に補う版画が掲載されているが,そのうちの一部である。この版画の描写が普遍的なものだとは言い切れないが,百科全書に付された各職業の版画と共通する部分も多く,事典様の刊行物に掲載されたものであることを考えれば,代表的・模式的にそれぞれの工房・店舗の様子を描いたものだとは言えるだろうし,少なくとも同時代人が各職業の店舗・工房をどのようなものと見なしていたかの例とはなろう。

(5) モード商の店舗

De Garsault, *Art du tailleur*, pl. 16

50

(6) 女性服仕立工（女性）の店舗

De Garsault, *Art du tailleur*, pl. 13

(7) 男性服仕立工（男性）の店舗

De Garsault, *Art du tailleur*, pl. 6

(8) リネン工／商の店舗

De Garsault, *L'Art de la Lingère*, pl. 1

(9) 製帽工／帽子商の店舗

Nollet, *L'Art de faire des chapeaux*, pl. 6

(5)のモード商の店舗には意匠を凝らした暖炉があり，快適な店内の様子が示されている。模様張りの床，画面右上の絵の額など室内の調度も凝っている。実際，ベルタンやエロフの店には王妃の肖像画が飾られていたという[150]。これは「王妃御用達」のアピールに役立ったことだろう。暖炉上の大きな額はおそらく鏡だろう。一方，(6)の女性服仕立工や(7)の男性服仕立工の工房にはおそらく作業上の採光のため大きな窓が設けられ，窓際に作業する仕立工たちが並んでいるが，特に室内装飾の類は描かれていない。(8)のリネン工／商の店舗内は，壁装飾などはあるものの，壁全面にめぐりわたされた棚には布地や箱が詰め込まれ，倉庫然としている。(9)の製帽工／帽子商の店の壁には装飾付きの鏡が掛けられているが，他に装飾はなく殺風景な店内である。商品である帽子も客の目に触れそうにない場所にまで積み上げられている。

(5)のモード商の版画，画面右の幅の狭い布地を広げている女性は店主だが，その服装は画面中央の頭からマントを被っている女性客に遜色のない豪華なもので，客用のものと大差なく見える椅子に座ったまま接客している。お針子の服にも袖飾りが施されているのが画面左の2人の女性から見て取れる。(7)の男性服仕立工の版画では，採寸している画面中央の仕立工の服は隣の客の男性のものと大差なく，富裕層が着る膝丈の上着を着ているが，他の男性工は窓際の左から2番目の男性が庶民用の腰丈上着カルマニョルを着ていたりと格段に劣る。ただし，(6)の女性服仕立工，(8)のリネン工／商の版画では，働く女性たちの服にもそれなりの装飾が施されている。しかしリネン工／商の版画の左側の店員は立って応対しているし，椅子もない。(9)の製帽工／帽子商では親方の妻とおぼしき女性店員は作業用といった体のエプロンを着けており，華やかに装っているとは言い難い。

なにより，モード商の店舗の室内の様子は工房というより店舗の趣が強い。男性服仕立工らとは違い，お針子も職人然として立ち働いている様子ではない。モード商は手工業者というよりも小売商だと見なす事典編纂者らの考えが図版にも表れているのだろう。

さらにモード商は，若い女性店員を通りから見えるところで働かせるという工夫もした。これには店員の服装や手にした商品で女性客を魅惑し，

またおそらく男性客を誘惑するという意図もあっただろう。メルシエはこうした窓辺のお針子らの心情を想像し，彼女らに惹かれて入店する男たちの様子を描いている。

　メルシエ『タブロー・ドゥ・パリ』（1783年）[151]
　娘たちが作業台に並んで座っているのがガラス越しに見える。娘たちは，流行が生み出し，変化させる玉房飾りや小間物や優雅な獲得品を整えている。あなたは彼女たちを自由に眺め，同じく彼女たちもあなたを眺める。
　こうした店はどんな通りにもある。鎧や剣ばかりを提供する鎧商の隣では，レース束や羽根飾りやリボンや造花や，婦人帽だけが目に映る。作業台に連なった娘たちは，針を手に，通りに絶えず視線を投げかける。彼女たちの目を逃れる通行人はいない。通りのそばにある作業台の席は，いつも最も人気があって奪い合いになる。通り過ぎる男たちの一団がいつも敬意に満ちた一瞥をくれるからだ。
　娘は投げかけられる視線すべてに喜び，これくらい愛人がいたらと想像する。大勢の通行人のおかげで彼女の喜びや好奇心を様々に沸き立つ。こうして，見たり見られたりする楽しみが結びつくことで，この座りっぱなしの仕事は耐えられるものとなる。もっとも，作業台で最も美しい娘が，常に恵まれた席を占めるべきだが。
　［中略］
　こうした店の通りすがりに，神父や軍人や，若い判事が，美女たちをじっくり見ようと店内に入ってくる。買い物は口実にすぎない。売り子を見ているのであって，商品を見ているのではないのだ。若い判事はブファント［筆者注：スカートを膨らませるために着ける小型のパニエ］を買う。陽気な神父はブロンド・レースを注文して，採寸する徒弟の娘のために1オーヌ分持ってやる[152]。微笑みかけさえすれば，いかなる身分の通行人も好奇心に駆られて，つまらない装身具の買い手となるのだ。

　店舗販売が主だからこそ，マネキンの展示，店舗内の装飾，窓辺への店

員の配置といった工夫をするのであり、このような華やかな店舗が人々の興味をそそったことは想像に難くない。先に引用したメルシエによるマネキンがある店の描写からしても、こうした店舗が当時としては目新しく、話題性のあることだったのがわかる。

モード商の名を世に知らしめるという点では、流行雑誌もひと役買っている。現代のファッション雑誌のタイアップ広告のようにほぼすべてのファッション・プレートのキャプションに製造者の店名や住所が掲載されている19世紀の流行雑誌とは違い、18世紀のそれには掲載されている服飾品の製造者に関する情報は多くは見られない。しかし『カビネ・デ・モード』誌1786年4月15日第24号には、女性を描いたファッション・プレートの説明として「この女性の『ボンネット』帽、ドレスの装飾はテアトル＝フランソワ通りのモード商ルソー嬢の創作」という記述があり[153]、この雑誌や各国語版コピー誌を目にする読者は、ファッション・プレートに刷られた流行服飾品の作り手の名を知ることになったはずである。

現金販売・正札制・陳列・広告という新しい経営方法の出現が近代化された小売業の大きな要素とする説があり、実際、18世紀の服飾品工房・小売店は作業場然、倉庫然としていた。しかしモード商の中には、商品の陳列には至らないものの、内装を凝らし、お針子に窓辺で品物を作らせ、マネキン人形を飾るなどして店舗を演出することをすでに知っていた者もいたのである。

4.店舗の分布

このような工夫の溢れるモード商の店舗は、パリ市内のどこにあったのだろうか。それを分析する前に、当時のパリ市のトポグラフィを知っておきたい。

ルイ14世期から始まったパリの市壁解体は18世紀初めまでに完了し、その位置には環状の並木通り（ブルヴァール）が設けられた。旧市壁外など周縁に位置するエリアは城外区と呼ばれる。ルイ14世が市壁解体を指示したのは、フロンドの乱を受けて、市民自らの手による都市防衛の象徴である市壁を取り払わせることで王権を強化・誇示するのが目的だっ

た[154]。国王直轄都市・パリはこれによって完成したといえる。この環状並木通りはパリの美観の発展に大きな影響をもたらした。メルシエは，1782年，「並木通り」と題した章で，「それは広く見事で便利な遊歩道で，都市をほぼ取り巻いている。その上，その道はすべての身分に開かれていて，そこを心地良く心楽しくするようなもので限りなく満たされており，人々は徒歩で，馬で，カブリオレ馬車で往来する。こうして，並木通りをパリで最も美しいものに並べ置くことができるのだ」[155]と書いている。

市壁解体後，1702年には巻頭口絵地図が示すように20の街区が定められ，いくつかの城外区もパリに付随するものと見なされた。しかし各通りの番地は決められていない。メルシエによれば「通りの家々に番号が振られ始めた。しかし，どういうわけか，この有益な作業は中断された」[156]とのことで，当時の商業年鑑でも住所表示は通りまでとなっている。

さらに環状並木道の外側には1783年から新しい市壁が建築されつつあった。「徴税請負人の壁」と呼ばれるこの市壁は入市税徴収のため，その名の通り徴税請負人の発案を受けて財務総監カロンヌの命で造られ，革命前にほぼ完成する[157]。

革命期に入ると12行政区に各4街区，計48街区が設けられる。各街区の名は当初は旧街区名を引き継いでいたが，すぐに「共和国的」，「国民的」な名に改められ，通りなどについても王政やキリスト教を連想させる名は改称された。たとえばパレ・ロワイヤルは1798～1801年の間は「平等の家」，1802～1808年の間は「法廷宮」に，クロワ＝ルージュ（赤十字）辻は「赤帽子」辻に，オプセルヴァンス（戒律）通りは「5人の人民の友」通りに，リシュリュ通りは「法」通りに，フラン＝ブルジョワ（真のブルジョワ）通りは「真の市民」通りになる。聖人の名が付けられた通りはサン＝トノレ通りが「オノレ」通りとなったように「聖（サン／サント）」が外されるだけのことが多かったが，サン＝タンヌ通りが「エルヴェシウス」通りになったように，完全に改称されることもあった。さらに帝政期には12行政区がローマ数字による連番式となる。なお，混乱を避けるため，引用を除き，本書では地名表記には革命期の呼称を用いない。また基本的に通り名は邦訳せず，カナ表記とする。

現在は徴税請負人の壁の位置に環状高速道路，通称ペリフェリックが敷

設され，その少し内側におおむね並行して並木通りが設けられている。このように生活の場としてのパリの街の広がりは基本的に現在まで変わっていないが，行政区としては現在の12区と15～20区の一部が当時はパリ市内に含まれていない。

　各街区の物価や住民層の経済的格差は大きかった。1765年の家具付き住居の平均月額賃料で見ると，最も高いサン＝ジェルマン＝デ＝プレ街区で106リーヴル，次いでサン＝タンドレ＝デ＝ザール街区で85.2リーヴル，ル・リュクサンブール街区で82.6リーヴル，逆に最も安いサン＝ジャック＝ドゥ＝ラ＝ブシュリ街区で8リーヴル，次いでラ・グレーヴ街区で9.8リーヴル，ラ・シテ街区で11リーヴルとなる。なお，当時の賃金労働者の日給は約1リーヴルである[158]。概して右岸中心部～西側は商工業が盛んで富裕層も多い地域，右岸東側は移民など周縁的住民の地域，左岸西側は貴族の館なども多い富裕層の地域で，左岸東側は貧困層の多い地域といった区分があった。

　さらに，18世紀末頃から環状並木通りと徴税請負人の壁の間にあたる城外区も市民生活の場として重要度を増し，革命期には旧城外区にも街区が定められた。環状並木通りのすぐ外側，モンマルトル城外区に属すショッセ＝ダンタン通りは1721年に敷設され，アンタン公の館があったことからこの名が付けられたが，続いて周辺にもいくつもの通りが造られて，1760年頃までには同城外区に30の貴族邸宅が並んだ[159]。メルシエも1782年に「サン＝トノレ城外区とルール城外区とシャイヨ城外区から，サン＝ジェルマン城外区とブルボン宮とアンヴァリッドへの連絡のために新しい橋が望まれている。都市が発展したためにそういった橋は必須のものとなっている」[160]と語っているが，ブルボン宮については，1791年，バスティーユの廃材を利用し，ルイ15世広場（現コンコルド広場）とオルセ河岸を結ぶ形でルイ16世橋（現コンコルド橋）が完成した。他の2カ所については19世紀初めのアンヴァリッド橋，イエナ橋の完成を待たねばならない。

　当時のパリには，シテ島に架かるサン＝ミシェル橋，シャンジュ橋，プティ・ポン，ノートルダム橋，サン＝シャルル橋，ドゥブル橋，シテ島とサン＝ルイ島を結ぶルージュ橋（現サン＝ルイ橋），サン＝ルイ島に

架かるトゥルネル橋とマリ橋のほかは，シテ島を挟むポン・ヌフ，サン＝ジェルマン街区とチュイルリ宮を結ぶロワイヤル橋しかなかった。また当時は橋の上に建物があり，メルシエはこれを見通しや空気の流れを害するものとたびたび非難している。このうちノートルダム橋には，手工業者／小売商の店舗が1788年の記録で71あったという。これら橋上の家屋は，1786年9月の王令で立ち退きを迫られることになる。所有者への補償は示談によったが，この立ち退き作業はサン＝ミシェル橋を除いて1789年7月まで続き，その間にフランス革命が始まってしまう[161]。

パリ市内の交通については，ブレーズ・パスカルが考案した「5ソルの馬車」は17世紀中に廃止され，当時のパリ市内の公共馬車は，現在でいうタクシー式の辻馬車とレンタカー式の馬車だけとなっており，そうした馬車を扱う店舗は城外区も含めて1769年に27店しかない[162]。辻馬車にメーターが導入されたのは19世紀のことで，当時は料金システムも明確ではない。そのため庶民の生活は徒歩に依存していた。日常生活で買い物などに行ける範囲も徒歩圏ということになる。ただしパリは現在でも中心部は徒歩で移動できるスケールの街だが，日々の買い物をすませられる範囲は当然限られてくるだろう。とはいえ，裕福な家庭は当然自家用馬車を持っていた。また背負い椅子というものも存在したが，これは交通手段というよりむしろ道路の横断手段だった。当時のパリでは下水道の整備がままならず，窓から路上に向かって糞便を捨てる悪習があったし，多くの通りには雨水が流れる幅の広い溝があって，横断のためにはその上に渡した板や釘付けされた鉄板を渡らねばならず，通りに向かって付けられる雨樋の仕組みも悪く，泥や汚物で溢れた悪路が多かったため，道を渡れば靴や衣服が汚れた[163]。そのため，背中に担いだ椅子に人を乗せて道路を渡る職業が存在したのである。これについてメルシエは「背負い椅子」という項目で，「首都の泥だらけで込み入った通りで人を担ぐのは容易なことではない。背負い椅子も朝方のいくつかの閑静な地区でしか往来することはできない」[164]と書いている。

さて，このようなパリの中で，モード商の店舗はパレ・ロワイヤル街区に集まっていた。たとえば，ベルタンは当初ジェヴル河岸に店を構えていたが，店舗規模を拡大して「大ムガール人」を開く折にはサン＝トノレ

通りを選び[165]，後にはリシュリュ通りに移した。多くのモード商がベルタン同様この界隈に軒を並べる。ボラールも「芸術の守護者」と「紡績女工」という2店舗をサン＝トノレ通りに持っていた。1770～1780年の間，ソヴァンの「イギリスの手袋」，ルニエの「麝香」，ビュフォの「粋な矢」がサン＝トノレ通りにあった。ラコストの「戴冠せる王太子」とシクの「よろずおもしろ商店」もパレ・ロワイヤル街区にある。ほかにも，毛織物商，生地商，製帽工／帽子商，ボンネット工／商，ベルト工／商，男性服仕立工など様々な服飾品関係業者がサン＝トノレ通りに店を出していたようである[166]。なお，18世紀当時のサン＝トノレ通りは現在のそれより遥かに長い。西端は現在と同じだが，東はサン＝ドゥニ通りにぶつかるまで続く。それだけ長大な通りなので店舗数が多いのも当然だが，それを考慮してもこの界隈への集中は著しい。パレ・ロワイヤル街区外ではサン＝トノレ通りに接するサン＝ドゥニ通りにも服飾関係の店舗・工房が多かったが，ここはやや格が落ちた[167]。

(10) モード商の店舗分布（1769年）

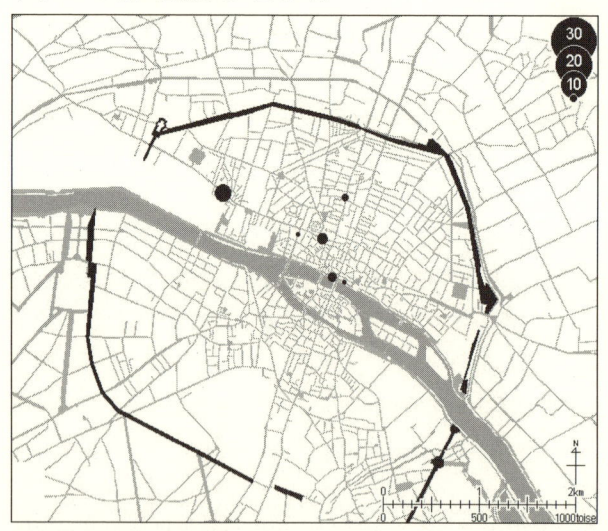

De Chantoiseau, *Essai* にもとづく。
以下，通りの中央をプロットし，店舗数に応じた大きさの円を描いてある。

第 2 章　モード商と服飾流行 ◆ 59

(11) モード商の店舗分布（1772 年）

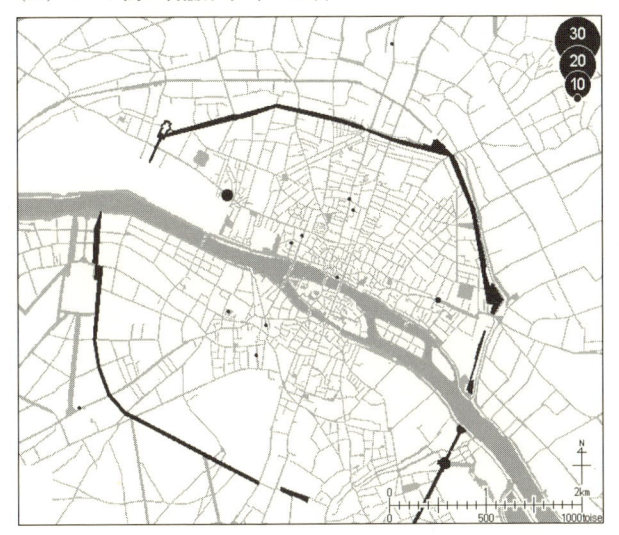

Almanach général, 1772 にもとづく。

(12) モード商の店舗分布（1774 年）

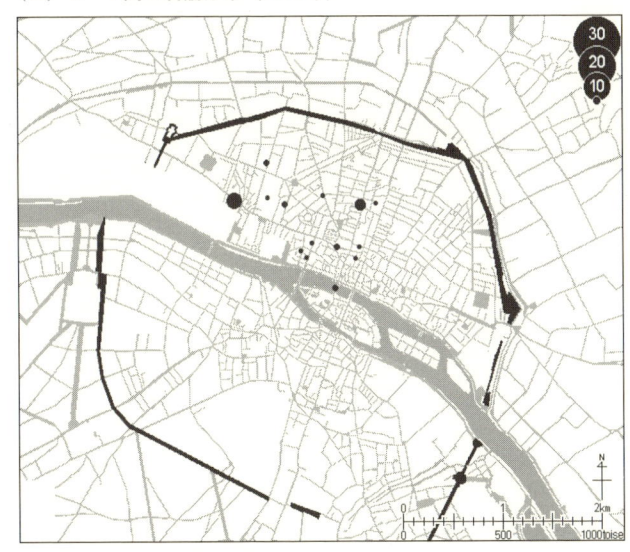

Almanach général, 1774 にもとづく。

(13) モード商の店舗分布（1775 年）

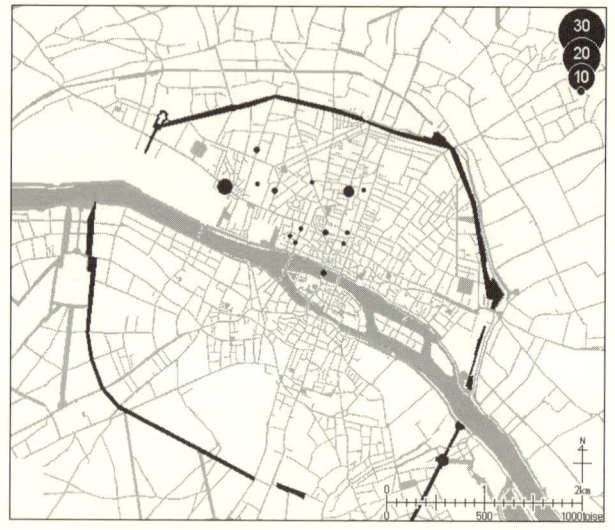

Almanach général, 1775 にもとづく。

(14) モード商の店舗分布（1779 年）

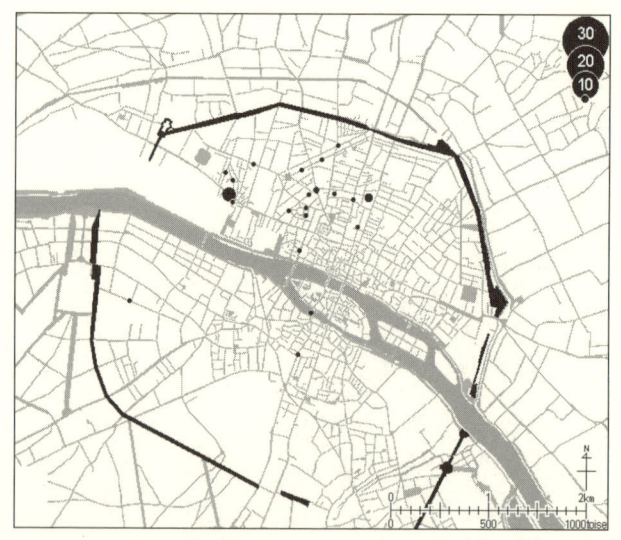

Almanach général, 1779 にもとづく。

(15) モード商の店舗分布（1781年）

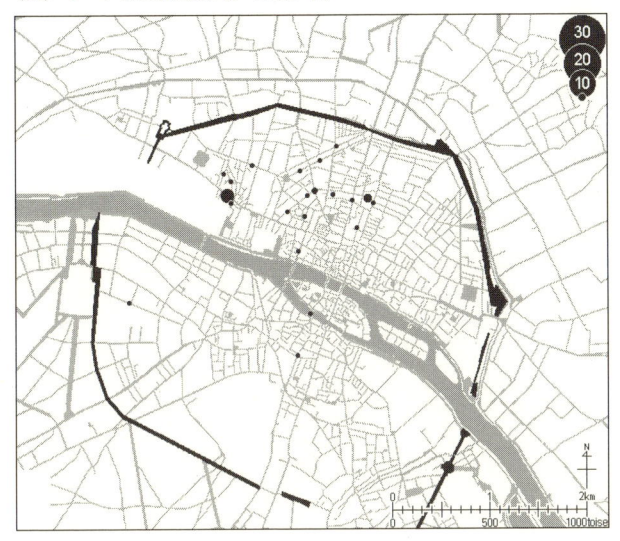

Almanach général, 1781 にもとづく。

(16) モード商の店舗分布（1798～1799年）

Almanach du commerce, 1798-1799 にもとづく。

(17) モード商の店舗分布（1799〜1800年）

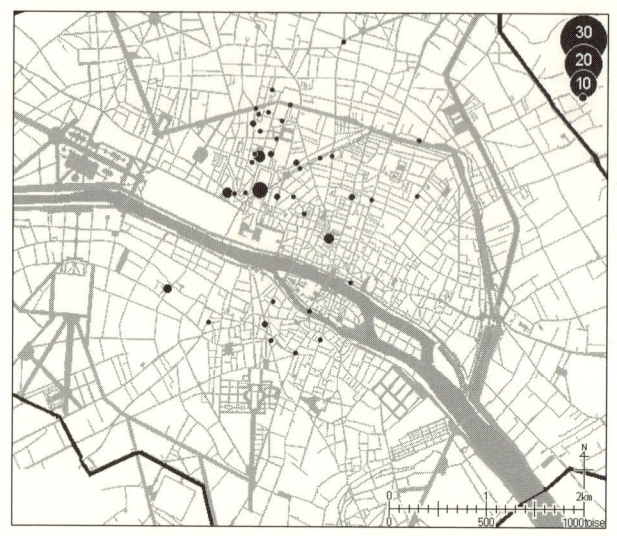

Duverneuil et De la Tynna, *Almanach du commerce*, 1799-1800 にもとづく。

(18) モード商の店舗分布（1800〜1801年）

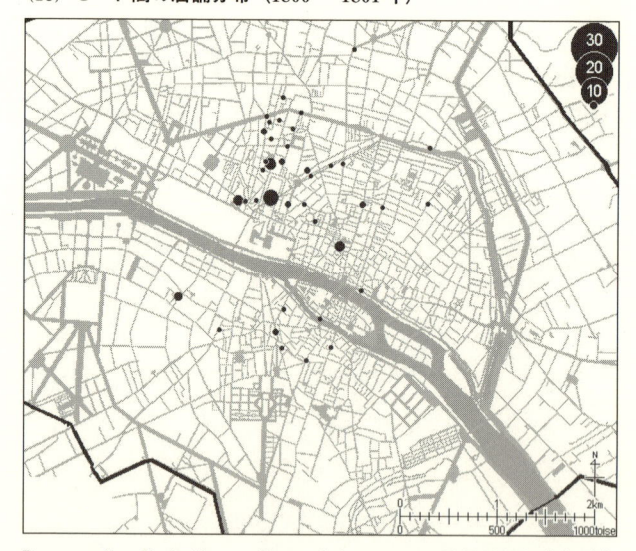

Duverneuil et De la Tynna, *Almanach du commerce*, 1800-1801 にもとづく。

(19) モード商の店舗分布（1802 年）

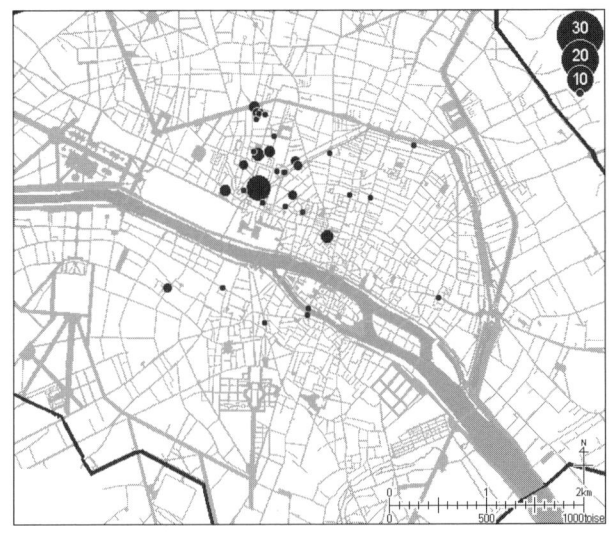

Duverneuil et De la Tynna, *Almanach du commerce*, 1802 にもとづく。

(20) モード商の店舗分布（1802 〜 1803 年）

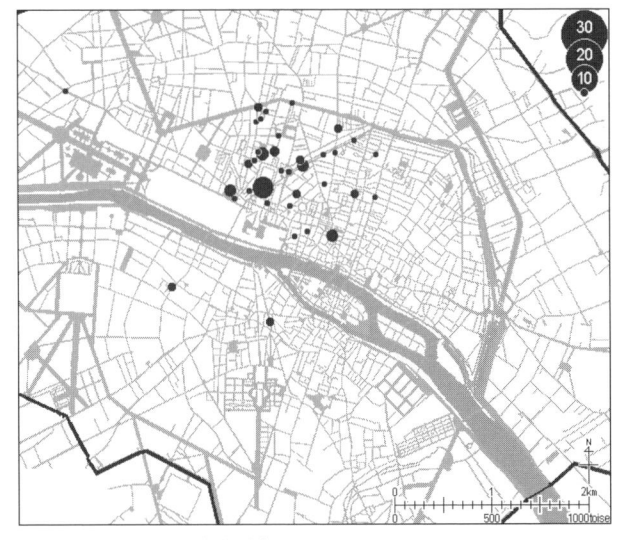

Annuaire, 1802-1803 にもとづく。

ここでモード商店舗の分布の変遷を見ておきたい。商業年鑑はすべての手工業者／小売商を掲載しているわけではないが，傾向はわかるだろう。(10)～(20)に見る通り，分布は右岸に大きく偏っている。当初はサン＝トノレ通りが最多で，次いでサン＝ドゥニ通りに多い。しかし18世紀末にはパレ・ロワイヤルが中心として取って代わり，サン＝トノレ通りからはいくぶん減るが，パレ・ロワイヤルに隣接するリシュリュ通りの店舗数は増える。また新たにレ・アル街区のフェロヌリ通り，同じくパレ・ロワイヤルに近いモンマルトル街区のヴィヴィエンヌ通りにも増加し，さらに左岸サン＝ジェルマン＝デ＝プレ街区からサン＝ジェルマン城外区を貫通するバック通りにも増えていく。さらに，数として多くはないが，右岸の環状並木通りを越え，城外区にまでその範囲は広がった。

(21) 革命期のパレ・ロワイヤルの見取り図

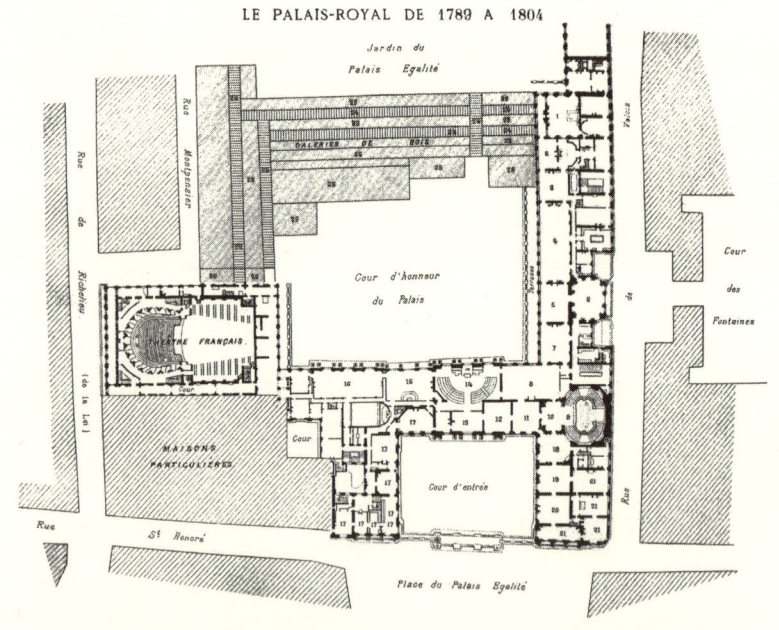

AD Paris, Plans 0125 : Lenotre, G., *Les quartiers de Paris pendant la Révolution 1789-1804 : Dessins Inédits de Demachy, Bélanger, Fragonard, Lallemand, Debucourt, L. Moreau, Schwebach, Ransonnette, Raffet, David, Primeur, Civeton, etc. etc.*, Paris : E. Bernard & Cie, Imprimeurs-Éditeurs, 1896, p. 55
この見取り図では石回廊とガラス回廊は明示されていない。

パレ・ロワイヤルは、後にフィリップ・エガリテと呼ばれることになるシャルトル公ルイ＝フィリップ・ドルレアンが所有した宮殿である。当時男性ファッション・リーダーとして知られていたシャルトル公は、1781年6月17日、国王から賃貸用の建物の建設許可を得、建築家ヴィクトル・ルイに計画を立てさせた。資金難や周辺住民の苦情などにより難航するが、1786年には4つの建物が完成する。(21)上中央あたりに見るように北側に木回廊が建てられ、次いで東側に石回廊、西側にガラス回廊が建設された。賃貸が始まるとすぐに宮殿内は店舗やカフェで溢れ、ボヴィリエ[168]が1787年にパレ・ロワイヤルに開いた飲食店はレストランの元祖だといわれている。このように新奇な店が生まれた場でもある。この木回廊、石回廊、ガラス回廊が1827年の大火の後の木回廊取り壊しなどを経て現存するモンパンシェ、ボジョレ、ヴァロワの3回廊の基礎となった[169]。

(22) 1790年のパレ・ロワイヤル景観

AD Paris, Plans 0125：p.49. 作者不明
おそらく現オルレアン回廊側から現ヴァロワ回廊を見た図。

(23) 現在のパレ・ロワイヤル（2010年4月30日筆者撮影）

左上から時計回りに，名誉の中庭，オルレアン回廊，ボジョレ回廊側から見た中庭，ヴァロワ回廊。オルレアン回廊付近を保全工事中だったため18世紀の図と同じ構図でヴァロワ回廊を撮影できなかった。現在のパレ・ロワイヤルの各回廊には国務院や文化省などの国家機関のほか，服飾・骨董・古書などの店舗やカフェが並び，石敷きの名誉の中庭とオルレアン回廊にはコンテンポラリ・アートのオブジェが飾られ，砂敷きの中庭部分には並木や噴水が備えられている。回廊の上階は民家が多い。

　パレ・ロワイヤルにモード商の店舗が集中したのは，(22)や(23)が示すように屋根があるために天候に左右されず，段差を均した石畳のおかげもあって路面に汚物が溜まりにくく，靴や服を汚さずに通行できたことが理由として考えられる。前述のような18世紀パリの一般的な街路の汚さを考えれば，このような路面状態の良さは買い物客にとって画期的なこと

だっただろう。

　分布の推移をまとめれば，1770年代の間に分布はやや分散しつつ拡大し，18世紀末に一旦かなり分散するが，19世紀に入ると再びまとまりを見せ，上記のようないくつかの通りへの集中度が激しくなるということになる。

　このうち1780年代初めまでのトポグラフィックな変化は，モード商という職業の確立と，それに伴う数の上での拡大を示すと考えられる。この間の1776年にモード商は同業組合として認可される。

　一方，18世紀末以降の再集中はなにを意味しているのか。人数は1798～1799年に73人，1802～1803年に70人と大きな変動はない。よって，モード商という職業の極度の拡大や衰退を示しているわけではない。この時期は執政政府期に当たり，貴族的な服飾流行が再生する時期である。革命期には，華美な服装が身の危険をもたらすことなり，服飾流行は一時休止といったありさまを示した。しかし総裁政府期に入ると服飾流行は古典主義の風潮の下で息を吹き返しはじめ，1797年には『ジュルナル・デ・ダム』誌が創刊される。そして執政政府期に入ると，1800年2月，ナポレオンはチュイルリ宮を復活させ，宮殿内には貴族女性が集い，宮殿外でも宮廷を真似たサロンが開かれるようになる。この貴族的服飾流行の復活に店舗の再集中の理由があるのではないか。左岸東側や城外区など庶民的な界隈に店舗を設けても，周辺住民は顧客になれず，新しい宮廷に出入りするような貴族層・富裕層も寄りつこうとはしないだろう。すでに流行の中心地と見なされ，富裕層が馴染んでいる界隈に店舗を持つほうが容易に顧客を集められる。新たに店舗数が増えたバック通りがあるサン＝ジェルマン＝デ・プレ街区は，左岸では例外的に貴族の館が多く，家賃も高かった界隈である。

　さらに，モード商の職業的・地理的な定着率も見ておきたい。各時期のモード商のリストと1789年の商業年鑑の言及[170]にもとづき，名前と住所から判断するなら，1769～1802年の約30年間，同じ場所に店舗を維持したモード商はいない。しかしこの間に複数年同じ場所に店舗を維持したことが確認できるモード商は181人いる。うち4年以上店舗を維持したのは次の17人である。さらに連続した史料がある1799～1803年に限れば，

62人が店舗を失い，59人が新たに参入している。

(24) 同一住所に店舗を維持したモード商（1769〜1803年）

姓	性別	住所	区	開業年	開業年数
ブイエ	女	シャバノワ通り	2	1799-1803	4
ヒッツ(ヒッツ＝デポ)	男	グラモン通り	2	1799-1803	4
ラミ	男	クール・デ・フォンテーヌ	2	1799-1803	4
ルコント	女	パレ・ロワイヤル	2	1799-1803	4
ヴィオレット	男	モンマルトル並木通り	2	1799-1803	4
フェロ	女	マーユ通り	3	1799-1803	4
アレクサンドル	女	モノワ通り	4	1774-81	7
アンドリュ	男	フェロヌリ通り	4	1799-1803	4
ベルトロ	女	サン＝トノレ通り	4	1769-81	12
デュボワ	男	フェロヌリ通り	4	1799-1803	4
ガニュ	女	フェロヌリ通り	4	1799-1803	4
アメル	女	ルール通り	4	1769-75	6
ルルダン	女	サン＝トノレ通り	4	1769-75	6
ボワイエ	男	サン＝ドゥニ通り	5	1769-75	6
エロン	男	サン＝ドゥニ通り	5	1799-1803	4
コロ	男	バック通り	10	1799-1803	4
トマ	男	フォッセ＝サン＝ジェルマン通り	11	1799-1803	4

(24)の通り，ヴィオレットの店舗があるモンマルトル並木通りは少し離れてはいるが，おおむねサン＝トノレ通りからパレ・ロワイヤル周辺とチュイルリ宮周辺に集まっており，例外のコロとトマは共にサン＝ジェルマ

ン=デ=プレ街区に店舗を持つ。このことは前述の店舗の再集中の理由の裏づけのひとつとなる。こうした流行の中心地と見なされる地域でなければ，店舗を長く維持することは難しかったのである。なお，モノワ通りのアレクサンドルは，前出アレクサンドル嬢と思われる。

　店舗は集中していたほうが顧客にとっては便利であり，従って，小売商にとっては戦略的に有利である。客層が貴族層・富裕層に限定されるなら，なおさら集中は双方に利益をもたらす。このようにして流行の中心地が形成され，形成されるに従って中心地として人を惹きつけるのである。

109　De Reiset, *Modes*, tome I, p. 6 ; p. 268 ; Roche, *La culture*, pp. 451-452 ; 内山・深井・金井監修『Revolution in Fashion』146 頁
110　Mercier, *Tableau*, tome I, chapitre premier : Coup-d'œuil général.
111　Roche, *La culture*, pp. 453-454.
112　Moreau, Jean-Michel et De la Bretonne, Restif, *Monument du costume : physique et moral de la fin du XVIIIe siècle, ou, Tableaux de la vie ornes de vingt-six figures dessinées et gravées,* Neuwied sur la Rhin : Chez la Société Typographique, 1789.
113　Roche, *La culture*, pp. 454-456.
114　1674 年まで『メルキュール・ガラン *Mercure galant*』誌。1674〜1677 年の中断後『新メルキュール・ガラン *Nouveau Mercure galant*』誌となり，1724 年にこの名となった。
115　Roche, *La culture*, pp. 456-460.
116　同誌は「フランスの流行に関する最初の定期刊行雑誌」(Gaudriault, *La gravure*, p.190) ではないが，ファッション・プレートを伴う流行雑誌としてはフランス初である (Kleinert, Le "*Journal*", p. 13 ; Tétard-Vittu, Françoise, « Presse et diffusion des modes françaises », *Modes & révolutions, 1780-1804*, Paris : Musée de la Mode et du Costume, 1989, p. 130) [以下同論文は « Presse » と略す]。
117　以上，Gaudriault, *Répertoire*, p. 190 ; p. 195 ; Tétard-Vittu, « Presse », p. 134.
118　*Cabinet des Modes*, 1er cahier, le 15 novembre 1785.
119　以上『マガザン・デ・モード』誌と『ジュルナル・ドゥ・ラ・モード・エ・デュ・グ』誌については，Gaudriault, *Répertoire*, p. 212. また，廃刊後にも，1793 年 2

月末と3月に計4枚の版画を含む号が，4月1日にも文章はなく版画だけの号が発刊されているようである。

120 Roche, « Apparences », p. 114 ; Kleinert, « La mode », p. 80 ; Kleinert, Le "Journal", p. 14.

121 以上，Kleinert, « La mode », p. 14 ; p. 70 ; p. 78 ; Roche, « Apparences », p. 118 ; Perrot, Les dessus, pp. 34-35.

122 以上，Kleinert, Le "Journal", pp. 314-315, pp. 319-321 ; Gaudriault, Répertoire, p. 232

123 Kleinert, Le "Journal", pp. 12-13.

124 Roche, La culture, pp. 462-464.

125 Diderot et d'Alembert, Encyclopédie, article : Mode.

126 De Garsault, Art du tailleur, p. 54.

127 Macquer et Jaubert, Dictionnaire, tome III, pp. 90-93. 語彙の使い方や用語の細かい説明などまでほぼ一致しているので，おそらく『工芸・職業案内』の説明を引き写したと考えられる。なお，モード商の同業組合は1776年に認可されている。その後1791年に同業組合制度は廃止されるが，この事典では各同業組合についてその時点で現存するものとして説明されている。よって，ここでモード商は同業組合を持たないとしているのは事実誤認である。

128 Mercier, Tableau, tome II, chapitre CLXXIII : Les Marchandes de Modes.

129 女性の頭飾の一種。大変巨大なもので，羽根飾りやリボンなどを使って満艦飾に結い上げる。ベルタンはとある型のプフを考案したことで一躍有名になったと言われている(De Reiset, Modes, tome I, p. 39)。

130 Voltaire, Œuvres complètes de Voltaire, tome 45, Paris : Imprimerie de la Société littéraire-typographique, 1785, p. 8.

131 ただし，ヴォルテールはいわゆる奢侈論争においては奢侈肯定派に立っている。奢侈を是とするかという論争は，18世紀初めにマンデヴィルが『蜂の寓話(原題：The Fables of the Bees: or, Private Vices, Public Benefits)』で個人の利己的な利益追求を肯定したことに始まり，ヴォルテールは肯定派，ルソーは否定派に立つなど様々な議論が起こり，またアダム・スミスは『国富論』でマンデヴィルに依拠した例を出すなど，経済政策にも影響を与えた。詳しくは Perrot, Le luxe ; 森村敏己『名誉と快楽：エルヴェシウスの功利主義』(法政大学出版局，1993年)；米田昇平『欲求と秩序：18世紀フランス経済学の展開』(昭和堂，2000年)などを参照。また，流行雑誌には流行やそれをめぐる奢侈を讃美する論が見られる。たとえば『カビネ・デ・モード』誌の1785年11月15日創刊

号は,「つまり奢侈は, 貧しい人々に不平等が失わせたものを返すのだ」として, 富裕層は流行品に金銭を費やさなくてはならないと説いている。

132 De Garsault, *Art du tailleur*, p. 54.
133 Mercier, *Tableau*, tome II, chapitre CLXXIII : Les Marchandes de Modes.
134 Mercier, *Tableau*, tome XI, chapitre : Coiffures.
135 Mercier, *Tableau*, tome VI, chapitre DXXXVI : Marchandes de Modes.
136 D'Oberkirch, *Mémoires*, p. 433. 1784年5月29日。
137 *Encyclopédie méthodique,* tome I, p. 135.
138 D'Oberkirch, *Mémoires*, p. 424. 1784年5月28日。
139 D'Oberkirch, *Mémoires*, p. 424. 1784年5月28日。
140 手工業者／小売商, その徒弟や店員による訪問販売については Coquery, *L'Hôtel*.
141 家内使用人らの店舗・工房への行き来については, Coquery, *L'Hôtel*, pp. 70-74。
142 早い例だと, 1787年7月28日には「ドゥ・シャトリュ夫人方プリ夫人」という記録がある (De Reiset, *Modes*, tome I, p. 133)。
143 De Reiset, *Modes*, tome I, p. 120. 椅子はおそらく背負い椅子のこと。ベルヴュにはアデライドら王の叔母たちが住む宮殿があった。
144 D'Oberkirch, *Mémoires*, p. 196. 1780年5月17日。
145 Sargentson, *Merchants*, p. 133.
146 *Cabinet des Modes*, 1er cahier, le 15 novembre 1785 など。
147 Mercier, *Tableau*, tome II, chapitre CLXXIII : Les Marchandes de Modes.
148 De Reiset, *Modes*, tome I, pp. 268-269.
149 De Reiset, *Modes*, tome II, p. 371 ; tome I, p. 6.
150 Sargentson, *Merchants*, p. 133.
151 Mercier, *Tableau*, tome VI, chapitre DXXXVI : Marchandes de Modes.
152 オーヌは布の長さの単位。パリでは, 1オーヌ＝3ピエ7プス10リーニュ5/6 ≒ 118.8 cm。ただし地域差が大きく, 1オーヌ＝4ピエ換算のほうが一般的。
153 *Cabinet des modes*, Vingt-quatrième cahier, 1er Novembre 1786. なお,『カビネ・デ・モード』誌には1786年4月15日第11号でもう一度だけモード商という単語が登場する。「［筆者注：ルイ16世期に髪飾りは完璧になったため］先の時代, また後代のモード商は劣化せざるを得ないだろう。我らのモード商は完璧に達しその極みにあるからだ」とある。
154 喜安『パリ』14-15頁。

155 Mercier, *Tableau*, tome I, chapitre LIII : Boulevards.

156 Mercier, *Tableau*, tome I, chapitre CLXX : Les Ecriteaux des rues.

157 Mercier, *Tableau*, tome IX, chapitre DCCLXI : La nouvelle Muraille.

158 Roche, *Le peuple*, p. 156 ; p. 148.

159 Coquery, *Hôtel*, p. 209.

160 Mercier, *Tableau*, tome III, chapitre CCCXXXVI : Ponts.

161 Mercier, *Tableau*, tome I, chapitre LI : Pont-Royal ; chapitre XXVI : De l'air vicié ; tome II, chapitre CXXIV : Ponts. 喜安『パリ』124 ; 136 頁.

162 De Chantoiseau, *Essai*, « Voitures publiques de la ville et fauxbourgs de Paris ».

163 上記のようなパリ市内の路面状況についてはメルシエがたびたび描写している。Mercier, *Tableau*, tome I, chapitre XL : Ruisseaux ; tome IV, chapitre XCIII : Boueurs ; tome XI, chapitre : Plaques ; chapitre : Les Gouttieres. また下水道が19世紀にどのように整備されていったかについては，喜安『パリ』141-146 頁にあらましが記述されている。

164 Mercier, *Tableau*, tome VI, chapitre CCCCLXXIX : Chaise-à-porteur.

165 この移転によってベルタンの店は « boutique » から « magasin » の規模へと拡大したという (Sapori, *Rose Bertin*, pp. 35-38)。

166 以上の店舗の所在については，Coquery, *L'Hôtel*, pp. 365-397 の表による。なお，ビュフォの店の名はベルタンがお針子をしていた店と原語の発音はほぼ同じだが，両者の関係はわからない。またこの店は後に「大トルコ人」と改名している。

167 Crowston, *Fabricating*, p. 135.

168 ボヴィリエについては，Spang, Rebecca L., *The invention of the restaurant: Paris and modern gastronomic culture*, Cambridge [MA] : Harvard University Press, 2000, p. 140.

169 以上パレ・ロワイヤルについて，De Moncan, Patrice, *Les passages couverts de Paris*, Paris : Les Éditions du Mécène, 2002, pp. 92-93 ［以下同書は *Les passages* と略す］; Bély, *Dictionnaire de l'Ancien Régime*, 2e édition, Paris : PUF, 2003, pp. 949-950 ［以下同書は *Dictionnaire* と略す］.

170 Gournay, *Tableau*. 数人のモード商の名が挙げられている。

第3章 モード商と同業組合

1. 概括・邦語表記

　フランスにおけるギルド，フランス語コルポラシオンは，一般的に同業組合と邦語訳される。コルポラシオンという語は当時一般的に使われていた語ではなく，公的にこの同業組合組織をコルポラシオンと呼んだのはその完全廃止を定めた1791年のル・シャプリエ法が最初とされる[171]。

　ギルド制度は全ヨーロッパで中世にさかのぼる歴史を持つが，中世のギルドは自助組織の色彩が濃く，各同業組合は親方の利益のために専門性を高めていった。しかしフランスでは1581年と1597年の王令によって全職業のギルド編成を目的とした宣誓ギルド制度の導入が図られる。宣誓ギルドとは王権が特許状を与えるギルドであり，自助組織というよりは王権による統制のための中間団体である。とはいえこの時点では宣誓ギルドはあまり普及しなかったが，17世紀末，財務総監コルベールは一連のコルベルティスム的政策の一環としてさらに強く宣誓ギルドを奨励し，同業組合への規制を強めた。

　パリ市および城外区の同業組合は中世期からいち早く宣誓ギルド化した。それにより，シャトレ裁判所を通じて王権に統制されると共に，法人格として印章や共有金や不動産の保有などの特権も与えられる。訴訟も親方から選ばれる宣誓ギルドの理事が担い，権利要求などは宣誓ギルドの単位で高等法院に対して提訴された。王国全体では，王権の統制を嫌って都市から特許状を受ける規制ギルドを選んだリヨンなどのほか，農村工業などはあえて無権利の自由職業に留まる[172]。

　パリの宣誓ギルドはさらに2種類に分けられる。特定の6つの同業組合が手工業／小売業団体（六大団体），それ以外は手工業／小売業共同体

と呼ばれる。それぞれ原語は Corps（Six Corps）と Communautés だが，どちらの語にも現在定訳がない。以上は筆者による試訳である。1625 年の王令で前者は毛織物業，香辛料業，雑貨業，毛皮業，ボンネット業，金細工業から成るとされた[173]。これら同業組合の職分，徒弟制度の詳細，親方試験の費用，親方が払う税額などは，特許状，国務会議裁決，王令，国王宣言によって定められた。たとえば，仕立工に毛織物製ボタンの使用を禁じたのは国王宣言である[174]。内部規約も理事と組合担当の警視によって作られ，警視総監とパリ高等法院の認可を必要とする。

　ただし，パリ市および城外区でも宣誓ギルドに所属せずに自宅内などで密かに手工業にたずさわる偽労働者と呼ばれる人々も数多く存在した。それが許可されていた区域も存在する。代表的なのがサン＝タントワーヌ城外区である。この区域には外国人や移民も多い。17 世紀後半にはタンプルやサン＝ジェルマン＝デ＝プレなどの修道院の囲い地も規制を免れるようになったが，これら狭い囲い地にも多くの店舗が存在した。ただし，サン＝タントワーヌ城外区内でも，宣誓ギルド理事らによって商品が押収されることもしばしばだった[175]。このように，パリ市および城外区では，手工業／小売業全般に王権による統制がなされていたのである。

　さて，ここで各組合を邦語でどう呼ぶか考えねばならない。日常語としてならともかく，同業組合としての各業種を考えるとき，製造のみ，あるいは小売のみにたずさわるのか，それとも製造小売業者なのかは重要な違いである。その区別はしばしば法で定められている。

　そこで，手工業者を「～工」，小売商を「～商」，双方を兼ねるものを「～工／商」と示すよう提案したい。なお，手工業者について「職人」という語を避けるのは親方制度の中の位階 compagnons の定訳になっているためである。厳密に原語に即した訳ではないし，日本語として不自然な訳語も出るのは否めないが，手工業については必要に応じて「製」を冠すなど日本語の用語に合わせつつ，以下この表記法で統一する。作り売る以外の技術職は基本的に「～師」とするが，適宜日本語での職名に合わせるのが妥当だろう。また各同業組合の職能は極力原語に即して訳し，実際の職分がわかりにくい場合は説明を付す。またフランス語で主に « -erie » を付して示される職業そのものを指す語は「～業」と訳すこととする。

2. 服飾品流通と同業組合

　1726年，雑貨商サヴァリの息子サヴァリ・デ・ブリュロンは124の同業組合を記録している[176]。1769年には100が数えられている[177]。後述する1776年までの間，パリの同業組合数は100前後にとどまった。そして各組合に所属する親方の数は1桁から2000人以上まで開きがあり，サヴァリ・デ・ブリュロンの記録では1000人以上の親方を擁する同業組合が7つある[178]。

　以下，商業年鑑に掲載された開業者数を同業組合別に見ていく。これは各同業組合に所属する親方の総数ではなく，自らの名で商業年鑑に住所を掲載している者の一覧である。

(25) 同業組合と開業者数 (1769年)

De Chantoiseau, *Essai* にもとづく。年鑑は前年末に翌年向けのものが発行されるので，掲載データ収集は前年以前と思われるが，正確な収集時期はわからないため，以下年鑑については発行年を基準に扱う。また創設年は Macquer et Jaubert, *Dictionnaire* ; Diderot et d'Alembert, *Encyclopédie* にもとづくが，宣誓ギルド創設年がわかるものはその年，わからない場合は開封王令によって認められた年か最初の規定が承認された年としている。王の名が記されている場合はその王の治世。不明の場合は空白。

業種	同業組合	Corps et Communautés	開業者数	創設年
食品・薬種 14	調理師，給仕および仕出師	Queux-Cuisiniers-Porte-chapes et Traiteurs	595[*1]	1599
	食酢工／商	Vinaigriers	295	1394
	香辛料商	Épiciers	208	1520
	ワイン商	Marchands de vin	94	
	レモネード工／商，蒸留工，蒸留酒商	Limonadiers-Distillateurs-Marchands d'eau-de-vie	91[*2]	1746
	製菓工／菓子商	Patissiers	64[*3]	1566
	製パン工／パン商	Boulangers	57	
	焼肉工／商	Rotisseurs	51	1258
	穀物商	Grainiers	45[*4]	
	醸造工／ビール商	Brasseurs	35[*5]	1268
	豚肉工／商	Chaircutiers [sic.]	33	ルイ11世期

業種	同業組合	Corps et Communautés	開業者数	創設年
	精肉工／商	Bouchers	23	1550
	果物商	Fruitiers	20	1412
	海水魚商および淡水魚商	Marchands et Vendeurs de poisson de mer et Poissoniers d'eau douce	4[*6]	13世紀 1416
建築 5	舗装工	Paveurs	68[*7]	1501
	屋根葺き工	Couvreurs	41	1566
	石工	Maçons	36	シャルル9世期
	大工	Charpentiers	35	1574
	鉛管工／商	Plombiers	21	1648
生地・服飾 19	ボンネット工／商	Bonnetiers	400	
	刺繍工	Brodeurs	169	
	毛織物商	Drapiers	137	1188
	製靴工／靴商 [*8]	Cordonniers	57	1645
	男性服仕立工および男性胴衣工	Tailleurs d'habit et Pourpointiers	54[*9]	1655
	生地工／商，リボン工／商	Tissutiers-Rubaniers	53[*10]	1403
	堅牢染色工	Teinturiers du grand teint	53	1669
	手袋工／商，香水工／商	Gantiers-Parfumeurs	46[*11]	1190 1594
	繊維工（女性）	Filassieres	45	1485
	リネン工／商（女性）	Lingères	43	1293
	製袋工／袋物商	Boursiers	38	
	ベルト工／商	Ceinturonniers	17	1263
	布地・カンヴァス地・リネン織工	Tisserands en toiles, canevas et linge	17[*12]	1586
	製帽工／帽子商	Chapeliers	14	1578
	羽根飾り工／商	Plumassiers	14	1599
	型切工[*13]，引切工[*14]	Découpeurs-Égratigneurs	4[*15]	
	剪毛工[*16]	Tondeurs	0	1477
	女性服仕立工（女性）	Couturières	不詳[*17]	1675
	古着商	Fripiers	不詳[*18]	1544

業種	同業組合	Corps et Communautés	開業者数	創設年
家具・雑貨 23	時計工／商	Horlogers	387	1483
	雑貨商	Merciers	338[*19]	1407
	ガラス工／商，ガラス絵師	Vitriers-Peintres sur verre	267	1467
	製鏡工／鏡商，眼鏡工／商	Miroitiers-Lunettiers	160[*20]	1716
	製板工／木製細工商	Tabletiers	91[*21]	1507?
	絨毯工／商 [*22]	Tapissiers	90	1621
	ガラス製品工／商，ファイアンス陶工／商	Verriers-Faïenciers	84[*23]	1706
	製蝋工／蝋燭商	Chandeliers	73	1450
	指物工／商	Menuisiers	69	1290
	錫器工／商および錫甲冑彫刻工／商	Potiers d'étain et Tailleurs d'armure sur étain	67[*24]	
	ポームボール工／商，ラケット工／商，エトゥフボール・ペロタボール・ボール工 [*25]	Paumiers-Raquetiers-Faiseurs de esteufs, pelottes & balles	59[*26]	1610
	柳籠工／商，金物工／商 [*27]	Vanniers-Quinquailliers	53[*28]	1467
	コルク栓工／商	Bouchonniers	49	
	楽器工／商	Faiseurs d'instruments de musique	43[*29]	1599
	扇工／商	Éventaillistes	39	1673
	樽工／商，ワイン荷卸し工	Tonneliers-Déchargeurs de vins	33[*30]	シャルル7世期
	製綱工／綱具商	Cordiers	29	1394
	ブラシ工／商	Brossiers	26[*31]	1485
	製陶工／陶器商	Potiers de terre	25	シャルル7世期
	ボワソー升商	Boisseliers	22	
	木箱工／商，小箱工／商	Layetiers-Ecrainiers	22[*32]	1518
	製函工／箱商，スーツケース工／商	Coffretiers-Malletiers	3	1596
	野鳥捕獲師／小鳥商	Oiseliers	3	1647
馬車・馬具 5	蹄鉄工	Maréchaux	159	1473以前
	馬車馬具工／商	Selliers-Bourreliers	58[*33]	

業種	同業組合	Corps et Communautés	開業者数	創設年
金属・武器 11	鞍工／商，鉄細工・四輪馬車工／商	Selliers-Lormiers-Carrossiers	48	1577
	車大工	Charrons	36	ルイ12世期
	鉄細工工／商，拍車工／商	Lormiers-Éperonniers	14*34	12世紀
	金属加工工，金属彫刻工	Tailleurs-Graveurs sur métaux	175*35	1623
	製鎧工／鎧商，製砲工／鉄砲商	Armuriers-Heaumiers	69*36	1409
	鍋釜工／商	Chauderonniers	56*37	シャルル6世期以前
	錠前工／商	Serruriers	53	1411
	鋳造工	Fondeurs	50*38	1281
	研磨工／刀剣商，刀剣・杖装飾工	Fourbisseurs & Garnisseurs d'épées & bâtons au fait d'armes	45*39	アンリ2世期以前
	刃付工具工／商 *40	Taillandiers	42*41	1572以前
	ピン工／商	Épingliers	37	
	刃物工／商	Couteliers	31	1505
	製釘工／釘商	Cloutiers	24	
	製衡工／秤商	Balanciers	9	
皮革 5*42	原皮処理工／皮商	Peaussiers	74	1357
	毛皮工／商 *43	Pelletiers-Haubaniers-Fourreurs	47*44	1586
	革仕上げ工	Corroyeurs	36	1692
	タンニン鞣し工	Tanneurs	36	1345
	鞘工／商，鞘袋工／商，煮沸革製品工	Gaîniers, Fourreliers, & ouvriers en cuir bouilli	26*45	1323
紙・印刷 4	印刷工および書籍商	Imprimeur et Libraires	263*46	1686
	色紙工／商	Papetiers-Colleurs	40	
	製本工，書籍金箔押工	Relieurs-Doreurs de livres	36	1686
	羊皮紙工／商	Parcheminiers	11	1545

第 3 章　モード商と同業組合 ◆ 79

業種	同業組合	Corps et Communautés	開業者数	創設年
宝貴飾金属・3	金細工工／商，宝石工／商，宝飾工／商	Orfèvres-Jouailliers-Bijoutiers	302[*47]	1290?
	金メッキ工	Doreurs[*48]	45	
	延金工／金細工商	Batteurs d'or	33	
非製造・非小売 6	助産師（女性）	Sages-femmes	298	
	ダンス教師および楽師	Maîtres de Danse et Joueurs d'instruments[*49]	175	1658
	文筆家	Maîtres Experts et jurés Ecrivains	145[*50]	
	理髪師，入浴業者，蒸し風呂業者，かつら工／商	Barbiers-Baigneurs-Etuvistes-Perruquiers	44	1656
	剣術師	Maîtres en fait d'armes	18	1759
	外科医師	Chirurgiens	3	1311?

*1　Traiteurs, aubergistes, et hôtels garnis の数。
*2　Distillateurs-Limonadiers の数。
*3　Patissiers (63 人)，Pain-d'épiciers (1 人) の合計。
*4　Grainiers-Fleuristes の数。
*5　Brasseurs de bière の数。
*6　Marchands de Marée の人数。海水魚と淡水魚は別組合だが各開業者数は不明。
*7　Paveurs (50 人)，Carreleurs (18 人) の合計。
*8　当時の cordonniers は靴直しではなく製靴に携わる。靴直しは靴修理師 savetiers の仕事。
*9　Tailleurs d'habit (52 人) と Chasubliers (2 人) の合計。
*10　Rubanniers (34 人)，Boutonniers (5 人)，Galonniers (14 人) の合計。
*11　Parfumeurs の数。
*12　Tisserands の数。
*13　Découpeurs は Diderot et d'Alembert, *Encyclopédie*, article : découpeur 及び planche : découpeur et gaufreur d'étoffes や Macquer et Jaubert, *Dictionnaire*, tome II, p. 13 によれば型付工 gaufreur と同じ職とされているため，原語も考慮して型切工と訳す。具体的には，生地に刃の付いた型を当て槌で叩いて型を抜く仕事。
*14　Égratigneurs については詳しいことがわからない。語源を考慮してこのように訳す。『小学館ロベール仏和大辞典』（小学館 1988 年）では「起毛職人」となっているが，これは起毛をする職業ではなく当てはまらない。
*15　Gauffreurs d'étoffes de laine et soie の数。
*16　縮絨が終わった毛織物の仕上げとして表面の毛を刈る職業。
*17　存在していたはずだが，記載がない。
*18　存在していたはずだが，記載がない。
*19　Merciers, jouailliers, bijoutiers, quincailliers, marchands de modes, de Toiles, de Dentell Dorures, Soyeries, &c. (337 人)，Bouquetiere [*sic*] (1 人) の合計。
*20　Miroitiers (154 人)，Opticients (6 人) の合計。
*21　Tabletiers (47 人)，Tourneurs (44 人) の合計。
*22　家具全般も扱う。
*23　Émailleurs, Fayanciers, Verrerier, &c. の数。

*24 Potiers d'étain の数。
*25 ポームはテニスの原型となった球戯。フランス革命の端緒となった球戯場の誓い(1789年)で知られる。エトゥフとペロタはポーム用ボールの一種。
*26 Paumiers-Raquetiers の数。
*27 なぜこの材料も製品も共通しない職業が1組合となっているのかは不明。
*28 Vanniers の人数。
*29 Luthiers et facteurs d'orgues(38人)、Maistres et marchands de Musique(5人)の合計。
*30 Tonneliers の数。
*31 Brossiers, Vergetiers, &c. の数。
*32 Layetiers の数。
*33 Bourreliers の数。
*34 Éperonniers の数。
*35 Graveurs sur métaux の数。
*36 Armurier, Arquebusier, &c. の数。
*37 Chaudronniers(42人)、Ferailleurs(14人)の合計。
*38 Fondeurs en métaux の数。
*39 Fourbisseurs の数。
*40 原語に則すと couteliers と区別しにくいため，taillandier の職分に基づきこのように訳した。
*41 Taillandier の項目はなかったが，Ferblantiers の数。
*42 皮革処理の工程順に並べると，Peaussiers → Tanneurs → Corroyeurs となる。靴用の革は Tanneurs から直接仕入れられ，ベルトや鞍には Corroyeurs の作業が終わった革が用いられる。
*43 Haubaniers は訳出が難しく，また Pelletiers と Fourreurs も訳し分けることができないためこのようにした。Haubaniers という語は，Diderot et d'Alembert, *Encyclopédie*, article : Pelletier によると「昔，定期市で商品を分配する権利を持つために王に支払われた税より。この権利を hauban と呼んだ」とある。
*44 Pelletiers の数。
*45 Gainiers の数。
*46 Libraires et imprimeurs(183人)、Imprimeurs en taille douce(39人)、Graveurs en taille douce(30人)、Fondeurs et graveurs de caractères d'imprimerie(11人)の合計。
*47 Orphévres, jouailliers-bijoutiers [*sic*.](257人)、Lapidaires(37人)、Tireurs & Fileurs d'or(8人)の合計。
*48 おそらく同業組合を持つので表に入れたが，存在の確認はできなかった。
*49 Maîtres de musique(117人)、Maîtres à danser(58人)の合計。
*50 Ecrivains jurés の人数。

これをグラフにまとめると(26)のようになるが，商業年鑑に女性服仕立工と古着商の項がないため，この数値にはこの2職業が含まれていない。それにもかかわらず，服飾関係業が同業組合数では20%と2番目に多く，開業者数についても15%を超え3番目と，無視できない割合を占めていたことがわかるだろう。ただし，当然のことながら，この比較では店舗規模については考慮できない。

―――――――――――――――――― 第3章　モード商と同業組合 ◆ 81

(26) 業種別同業組合数［左］・開業者数［右］（1769年）

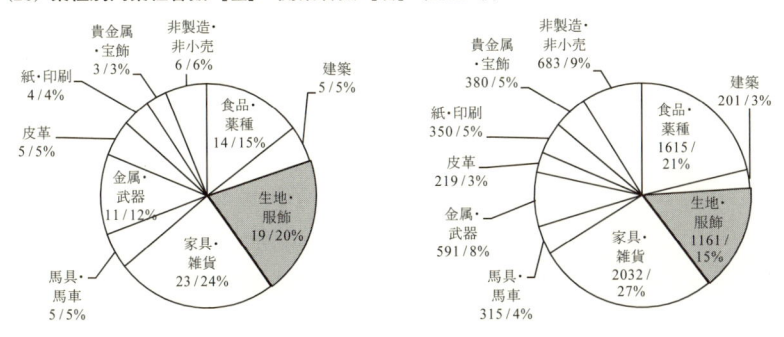

左の円グラフ:
- 貴金属・宝飾 3／3%
- 非製造・非小売 6／6%
- 紙・印刷 4／4%
- 皮革 5／5%
- 金属・武器 11／12%
- 馬具・馬車 5／5%
- 家具・雑貨 23／24%
- 生地・服飾 19／20%
- 食品・薬種 14／15%
- 建築 5／5%

右の円グラフ:
- 貴金属・宝飾 380／5%
- 非製造・非小売 683／9%
- 紙・印刷 350／5%
- 皮革 219／3%
- 金属・武器 591／8%
- 馬具・馬車 315／4%
- 家具・雑貨 2032／27%
- 生地・服飾 1161／15%
- 食品・薬種 1615／21%
- 建築 201／3%

(27) 服飾関係業の分業

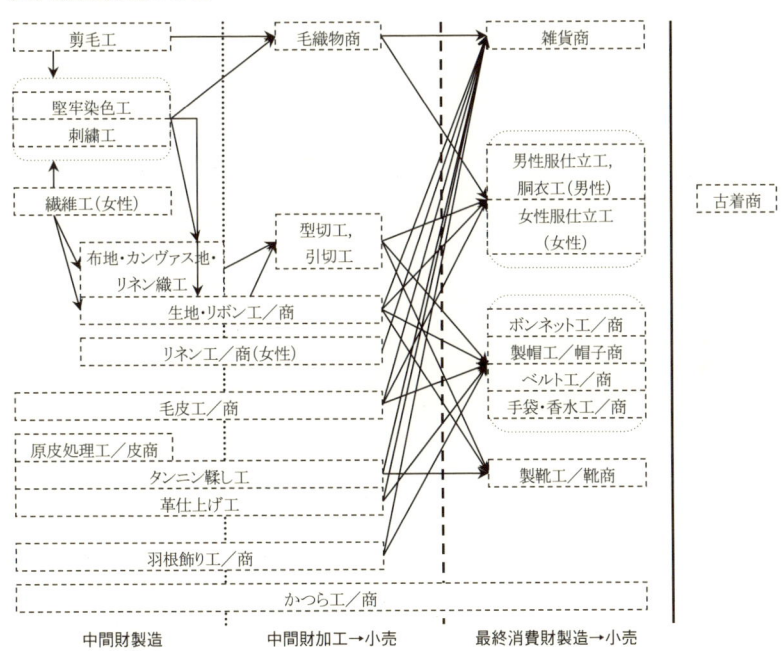

［図：服飾関係業の分業関係図］

中間財製造：剪毛工／堅牢染色工・刺繍工／繊維工（女性）／布地・カンヴァス地・リネン織工／生地・リボン工／商／リネン工／商（女性）／毛皮工／商／原皮処理工・皮商／タンニン鞣し工／革仕上げ工／羽根飾り工／商／かつら工／商

中間財加工→小売：毛織物商／型切工，引切工

最終消費財製造→小売：雑貨商／男性服仕立工，胴衣工（男性），女性服仕立工（女性）／ボンネット工／製帽工／帽子商／ベルト工／商／手袋・香水工／商／製靴工／靴商／古着商

堅牢染色工と刺繍工，仕立工2種などをまとめて細かい点線の枠線で囲ったのは矢印を減らして見やすくする便宜のため。

　そして組合数の多さは分業の細かさを意味する。(27)に見るように，分業とはいえ生産過程と流通過程は分かれていない。製造工・小売商やその

徒弟・店員が各過程を繋ぐことも多い[179]。また雑貨商は中間財と最終消費財とを問わずあらゆる小売品を扱うため，各手工業者／小売商らを仲介する役割も担う。

具体的な雑貨商の取扱品目は以下が定められている[180]。

- 金，銀，絹（各地方産）。毛織物，各種織物（フランス産・外国産問わず）。
- 麻，リネン，各種繊維（染色済み・未染色問わず）。
- 帽子用ビーバー毛皮，羊毛（繊維状・非繊維状，染色済み・未染色問わず），ボンネット，帽子，布製靴下，キャミソール，綿（繊維状・非繊維状）。
- モロッコ革，レヴァント産革，シャモワ革，水牛革，水牛・牛革，子山羊革，子牛革，羊皮，白なめし革，他皮革。
- 毛皮，手袋，ミット手袋。
- タペストリ，ズック，刺し子，カタルーニャ他産毛布。
- 房飾り，布製品，レース，編み紐，刺し子レース，リボン，徽章，金ボタン，絹ボタン，ボタン，馬毛ボタン，他各種布地。
- 金・銀・宝石・真珠細工品，金・銀他貴金属宝飾品，珊瑚，瑪瑙，玉髄，水晶，琥珀，アメジスト他宝石・貴石（カット済み・未カット問わず），ロザリオ用珠。
- 薬品，スパイス，スオウ，パステル，コチニール，紅色動物染料，アカネ他染料。
- 鉄，鋼，銅，青銅，真鍮（精錬済み・未精錬，新旧問わず）。真鍮針金，メダル。
- 剣，短剣，短刀，鎧板，刀鍔，刀鍔飾り。拍車，鐙，轡，蹄鉄，釘，ハサミ，ピンセット，ペーパーナイフ，カミソリ，小刀，針。
- ベルト，刀吊り帯，串，スポンジ，飾り紐。錠前，南京錠，扉，窓，箱，棚。
- 真鍮製品，手術用具，刃物類，他銅・鉄・鋳鉄・鋼などの製品，金属製品。
- 鏡，絵画，レリーフ，時祷書，教理問答書他祈祷に関する書物。羽根，鞘，容器，箱，矢立て他類似製品。

しかし，こうした中間商人を介して手工業者／小売商同士が取引するより，消費者である顧客自らが製造過程を仲介するのが一般的である。それは顧客が生地商とも仕立工とも取引しているところから窺える[181]。つまり，製造過程の間の流通に消費者がかかわらねばならず，最終消費者に徹することができないのである。この分業の複雑さは服飾関係業において特に顕著だった。当時のパリでは食品でも日用雑貨でも，たいていのものは最終消費財を小売する職業があったが，既製服が存在しないため，衣服については古着以外にすぐ身に付けられるものを手に入れる方法はなかった。

　この複雑な構造は同業組合間の抗争を呼ぶ。その中で最も長びいたのが女性服仕立をめぐる問題である。従来，仕立は男性仕立工の専業だったが，実際には非合法に女性服仕立を行う女性が存在した。彼女らの要求に応えて，1675年，ルイ14世は女性の女性服仕立工の同業組合を認可し，男性と子供の衣服は男性服仕立工が，女性の衣服は女性服仕立工が仕立てることになった。しかし胴部については芯にするクジラヒゲの加工に腕力が必要だとして男性服仕立工の職分とされ，女性服仕立工に許されたのはスカート部分の仕立のみだった。女性服仕立工は女性服すべての仕立を担えるよう約1世紀にわたって要求を続け，革命直前の1781年になってついに認められる[182]。

　編み靴下をめぐっても長い抗争があった。従来一般的だった布地を縫製して作った布靴下は毛織物商が扱っており，正式には「毛織物商，ショース工／商」[183]という同業組合名だった。しかし15世紀から布靴下は廃れて編み靴下が主流となり，編み靴下工組合が創設されたが，毛織物商は権利を主張し続けた。さらに雑貨商と布製品全般を扱うボンネット工／商も名乗りを上げ，主にこの三者の間で権利が争われたが，1608年，編み靴下工／商組合がボンネット工／商組合に統合され決着した。以降ボンネット工／商はその組合章にボンネットと靴下の絵柄を並べるようになる[184]。

　こうした抗争は金物関係や飲料関係など他分野でも起きていたが，服飾分野で最も激しかった。流行によって商品が移ろいやすいためだろう。靴下をめぐる争いが好例である。また服飾品には高価な奢侈品が多く，一品目の取り扱いが商売の趨勢を大きく左右したことも考えられる。

しかし一方で，品目が多様で変動が激しい商品を扱うからこそ，法による規定が行き届かず，非合法な仕事もはびこりやすかった。たとえば，商品の性質上，闇取引や盗みなどの非合法活動が発生しやすい古着に関しては，古着商組合に見つかれば没収されるものの，資格なしに街路で堂々と古着を売り歩く者も存在した[185]。女性服仕立工の認可も長きにわたる非合法活動あってのことである。

このような非合法に活動する製造工・小売商が現れ，職分を広げるための争いがたびたび起きるのは，その商品や作業の需要があったためにほかならない。つまり，複雑な分業体制は消費者の需要に即したものではなく，したがって消費者と直接接する小売商にも不都合が多く，それゆえ職分拡大のための争いが頻発していたのである。

3.制度再編成

1776年1月，財務総監チュルゴは，同業組合廃止を含む改革の六王令を提議し，反対するパリ高等法院に対し，3月に親臨法廷を開いて強制登録させた。こうして宣誓ギルド制度は廃止されたが，5月に王はチュルゴを罷免し，8月，後任のクリュニがチュルゴの王令すべてを廃止した。そのうち，同業組合廃止を撤回する王令は8月28日に高等法院で登録された。

しかし，100を超える全同業組合が復活したわけではない。大幅な再編成が行われた。主に製品か材料が重複する組合が統合される。六大団体は，雑貨商と毛織物商が統合，ボンネット工／商と毛皮工／商は製帽工／帽子商を加えて統合され，新たに生地・ガーゼ地製造工及び織物工／商及びリボン工／商とワイン商が加わった。手工業／小売業共同体は大統合で44に減る。さらに親方資格なしで活動できる21の自由職業が定められた。

(28) 同業組合と親方数（1776年）
AD Paris, D4Z1, Archives juridiques de la ville de Paris, Arts et métiers, Registre 2501 にもとづく。国王評定官でパリ市警視総監のルノワールの手になる史料の写しである。数字は親方数であり，店舗数ではない。取扱品目・作業と他組合との競合については *Recueil de réglemens*, 1779, pp. 58-64 ; pp. 96-100 にもとづく。

第3章　モード商と同業組合　◆ 85

	手工業／小売業団体	Corps	取扱品目・作業 他組合との競合	親方数
1	毛織物商，雑貨商	Drapiers-Merciers	他組合と競合するものも含め，すべての種類の商品を扱う。ただし商品の製造・加工は装飾の域であっても禁止	141
2	香辛料商	Épiciers	実験を伴わない単純な薬品の販売。醸造酒・リキュールの小売を含むが，店舗内飲用のものは禁止。穀物も扱う 食酢工／商：食酢 レモネード工／商：焙煎・豆・粉末コーヒー 穀物商：穀物	21
3	ボンネット工／商，毛皮工／商，製帽工／帽子商	Bonnetiers, Pelletiers, Chapeliers	毛皮を扱える唯一の職業	49[*1]
4	金細工工／商，延金工，金線引き工	Orfèvres, Batteurs d'or, Tireurs d'or	宝石細工工／商：宝石加工	30[*2]
5	生地・ガーゼ地製造工，織物工／商，リボン工／商	Fabricants d'étoffes et de gazes, tissutiers, rubaniers	画工／商：ガーゼとリボンの絵付	67
6	ワイン商	Marchands de vins		15

	手工業／小売業共同体	Communautés	取扱品目・作業 他組合との競合	親方数
1	デンプン工／商	Amidonniers		4
2	製砲工／鉄砲商，研磨工／刀剣商，刃物工／商	Arquebusiers, Fourbisseurs, Couteliers	鋼鉄製品の製造・研磨	27
3	精肉工／商	Bouchers	製菓工／菓子商：バター・牛乳・卵入りパイの扱い	7
4	製パン工／パン商	Boulangers		43
5	醸造工／ビール商	Brasseurs		1
6	刺繍工，飾り紐工／商，ボタン工／商	Brodeurs, Passementiers, Boutonniers		39
7	トランプ工／商	Cartiers		0

	手工業／小売業共同体	Communautés	取扱品目・作業他組合との競合	親方数
8	豚肉工／商	Charcutiers		6
9	製蝋工／蝋燭商	Chandeliers		7
10	大工	Charpentiers		4
11	車大工／馬車商	Charrons		14
12	鍋釜工／商，製衡工／秤商，錫器工／商	Chaudronniers, Balanciers, Potiers d'étain		47*3
13	製函工／箱商，鞘工／商	Coffretiers, Gaîniers	鞍工／商：椅子・四輪馬車の牛革部分とトランク部分製造・装飾	4
14	製靴工／靴商	Cordonniers		265
15	女性服仕立工，型切工（女性）	Couturières, Découpeuses	モード工：ドレス装飾男性服仕立工：女性・子供用胴部	26
16	屋根葺き工，鉛管工，タイル張り工／タイル商，舗装工	Couvreurs, Plombiers, Carreleurs, Paveurs	陶器はファイアンス陶工／商が扱う	2
17	文筆家	Écrivains		13
18	モード商／製造工，羽根飾り工／商（女性）	Faiseuses et marchandes de modes, Plumassières	刺繍工：刺繍女性服仕立工：型切*4	30
19	ファイアンス陶工／商，ガラス工／商，製陶工／陶器商	Faïenciers, Vitriers, Potiers de terre	雑貨商：磁器，陶器	16
20	屑鉄工／商，製釘工／商，ピン工／商	Férrailleurs, Cloutiers, Épingliers	雑貨商：店舗ではなく露店または陳列台での小型金物販売	44
21	鋳造工，メッキ工，金属彫刻工	Fondeurs, Doreurs, Graveurs sur métaux	雑貨商：鉄の鋳物	8
22	果物・オレンジ商，穀物商	Fruitiers orangers, Grainiers	雑貨商：穀物の販売	9
23	手袋工／商，製袋工／袋物商，ベルト工／商	Gantiers, Boursiers, Ceinturiers		41*5
24	時計工／商	Horlogers		35
25	銅版印刷工	Imprimeurs en taille-douce		1

第3章 モード商と同業組合 ◆ 87

	手工業／小売業 共同体	Communautés	取扱品目・作業 他組合との競合	親方数
26	宝石細工工／商	Lapidaires	金細工工／商：上等品の加工。模造品については専用	20
27	レモネード工／商，食酢工／商	Limonadiers, Vinaigriers	香辛料商，製菓工／菓子商：ジャム製造・販売 香辛料商：食酢販売，醸造酒・リキュール販売（小売・卸売） 醸造工／ビール商：ビール小売 シードルと，店舗内飲用のための販売は専用	88[6]
28	リネン工／商（女性）	Lingères		18
29	石工	Maçons		4
30	剣術師	Maîtres en fait d'armes		0
31	蹄鉄工，拍車工／商	Maréchaux-ferrants, Éperonniers		1
32	指物工／商，黒檀家具工／商，旋盤木工工／商，木箱工／商	Menuisiers-Ébénistes, Tourneurs, Layetiers		118
33	ポームボール工／商	Paumiers		2
34	画工／商[7]，彫刻工／商	Peintres, sculpteurs	雑貨商，絨毯工／商：ニス塗り仕上げ・大理石の建物・馬車・家具，絵画の販売 香辛料商：絵具の販売	38
35	製本工，色紙・壁紙工／商	Relieurs, Papetiers-colleurs et en meubles	雑貨商：すべての書かれた・描かれたものの販売 画工／商：絵画・エナメル紙	3
36	鞍工／商，馬車馬具工／商	Selliers, Bourreliers	錠前工／商：日よけの製造・取付，馬車扉の取付	15
37	錠前工／商，刃付工具・ブリキ金物工／商，大型金物工／商	Serruriers, Taillandiers-Ferblantiers, Maréchaux grossiers		70
38	製板工／木製細工商，リュート工／商，扇工／商	Tabletiers, Luthiers, Éventaillistes	画工／商，彫刻工／商：絵画・エナメル製品	91

	手工業／小売業 共同体	Communautés	取扱品目・作業 他組合との競合	親方数
39	タンニンなめし工／商，ハンガリー革なめし工／商，革仕上げ工，白なめし工，羊皮紙工／商	Tanneurs, Hogroyeurs, Corroyeurs, Peuassiers, Mégissiers, Parcheminisers		3
40	男性服仕立工，店舗または露店での衣装・衣服古着商	Tailleurs, Fripiers d'habits et de vêtements, en boutique ou échoppe	飾り紐工／商，ボタン工／商：布地へのボタン付け	151
41	絨毯工／商，古家具・古道具商，製鏡工／鏡商	Tapissiers, Fripiers en meubles et ustensiles, Miroitiers	古着商は男性服仕立工に統合	19
42	絹等高堅牢・低堅牢染色工	Teinturiers en soie, etc., du grand teint, du petit teint		5
43	樽工／商，ボワソー升商	Tonneliers, Boisseliers		10
44	仕出師，焼肉工／商，製菓工／菓子商	Traiteurs, Rôtisseurs, Patissiers	香辛料商，レモネード工／商：ジャムの製造・販売	23*8

自由職業	Professions rendues libres
ブーケ商（女性）*9	Bouquetières
ブラシ工／商	Brossiers
ガット弦工	Boyaudiers
毛・綿梳毛工	Cardeurs de laine et coton
女性向け結髪師（女性）	Coiffeuses de femmes
製綱工／綱具商	Cordiers
街路・市等不定地で売買する古着商，古物商	Fripiers-brocanteurs, achetant et vendant dans les rues, halles et marchés, et non en place fixe
鞭製造工	Faiseurs de fouets
庭師	Jardiniers
亜麻糸工／商，繊維工／商	Linières filassières
ダンス教師	Maîtres de danse
ござ工／商	Nattiers

自由職業	Professions rendues libres
野鳥捕獲師／小鳥商	Oiseleurs
菓子パン工／商	Pain-d'épiciers
ロザリオ玉工／商，コルク栓工／商	Patenôtriers-Bouchonniers
竿釣り師	Pêcheurs à verge
漁具釣り師	Pêcheurs à engin
靴修理師	Savetiers
織工	Tisserands
柳籠工／商	Vanniers
汲み取り師	Vidangeurs

*1 Fourreurs と Fourreurs Selletiers を含めた数。
*2 Fondeurs ciseleurs を含めた数。
*3 Quincailliers を含めた数。
*4 原語は La Découpure となっている。Découpeuses と競合すると思われる。
*5 Parfumeurs を含めた数。
*6 Distillateurs を含めた数。
*7 当時の peintres は一般的に，芸術家というよりも絵画を家具の一種として扱う手工業者である。そのため画工／商と訳す。彫刻についても同様。
*8 Marchands de vin traiteurs を含めた数。
*9 Diderot et d'Alembert, *Encyclopédie*, article : Bouquetiere によれば，生花のブーケ。

(29) 業種別同業組合数［左］・親方数［右］（1776年）

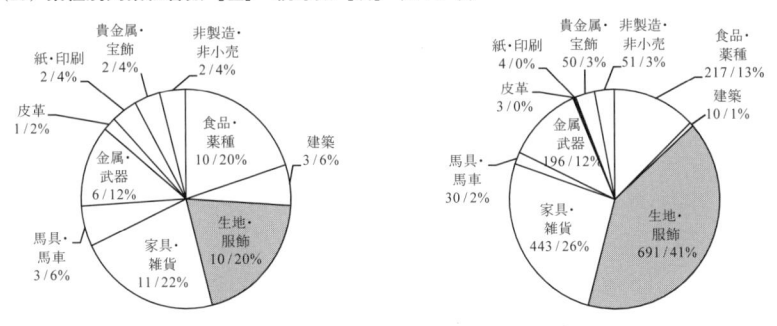

［左の円グラフ］
- 貴金属・宝飾 2/4%
- 非製造・非小売 2/4%
- 紙・印刷 2/4%
- 皮革 1/2%
- 金属・武器 6/12%
- 馬具・馬車 3/6%
- 家具・雑貨 11/22%
- 生地・服飾 10/20%
- 食品・薬種 10/20%
- 建築 3/6%

［右の円グラフ］
- 貴金属・宝飾 50/3%
- 非製造・非小売 51/3%
- 紙・印刷 4/0%
- 皮革 3/0%
- 金属・武器 196/12%
- 馬具・馬車 30/2%
- 家具・雑貨 443/26%
- 生地・服飾 691/41%
- 食品・薬種 217/13%
- 建築 10/1%

この時点では毛織物商の登録がないため，雑貨商は「家具・雑貨」に含めた。

　こうした再編成時の同業組合の統廃合について表にまとめたのが(28)，グラフにしたのが(29)である。(29)を1769年の(26)と比較すると，服飾関係組合数の割合は1769年とほぼ同じだが，六大団体のうち3つが服飾関連となり，重要性が増している。人数については(26)は開業者数，こち

らは親方数なので単純比較はできないが，1776年時点の割合だけを見ても，服飾関係業の親方数の比率は高い。ただし，1776年の記録による親方数の合計は1695人となり，1769年の開業者数7079に比べて明らかに少ない。1769年の商業年鑑によれば複数店舗を持つ者はごくわずかなため，店舗数は親方資格を持つ者の数より少なくなるはずである。それにもかかわらずこのような逆転が起きている。自由職業の登場を考えても説明し切れない少なさであり，廃止以前に親方資格を得ていた者全員が1776年中に再登録したわけではない，という理解が妥当と思われる[186]。そこでさらに先の数値も確認しておきたい。

(30) 業種別開業者数（1769年，1798～1799年）

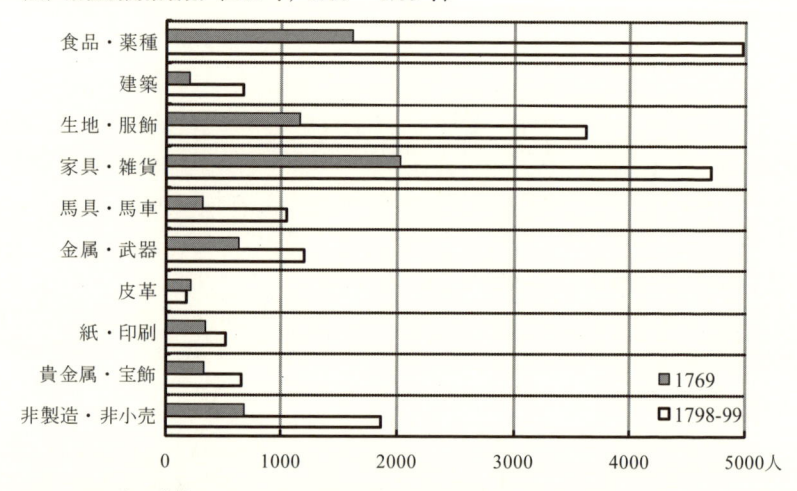

1798～1799年の数値は *Almanach du commerce*, 1798-1799 にもとづく。

　(30)の1798～1799年の数値は同業組合制度廃止後のもので，全般的に開業者数は増えている。しかし1769年と1798～1799年とで多寡は近い傾向を示しているが，食品・薬種，紙・印刷，建築，生地・服飾の比率など，(29)に挙げた1776年の比率とは異なっている。つまり1776年の数はおそらく実際に開業している親方の数を反映してはいない。だが再編成時に服飾関係業者がいち早く公的認可を求めた証拠とはなっている。

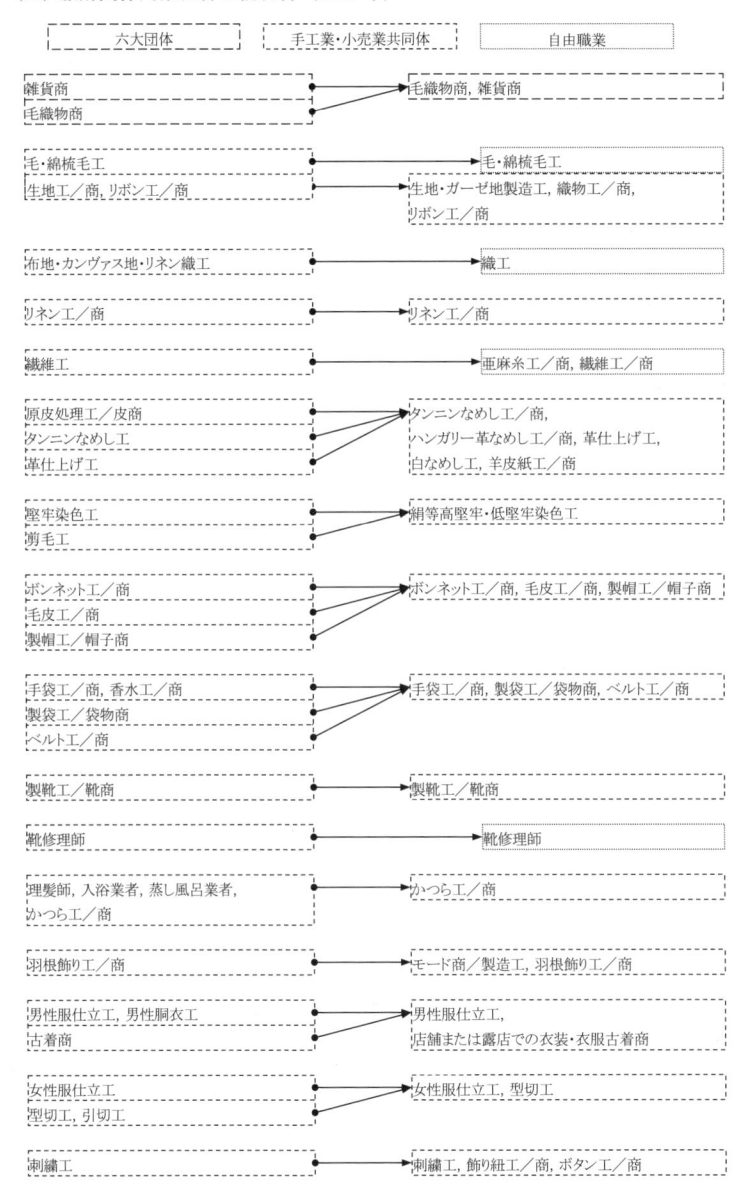

(31) 服飾関係同業組合の統廃合（1776年）

| 六大団体 | 手工業・小売業共同体 | 自由職業 |

- 雑貨商
- 毛織物商
  → 毛織物商, 雑貨商

- 毛・綿梳毛工
  → 毛・綿梳毛工
- 生地工／商, リボン工／商
  → 生地・ガーゼ地製造工, 織物工／商, リボン工／商

- 布地・カンヴァス地・リネン織工
  → 織工

- リネン工／商
  → リネン工／商

- 繊維工
  → 亜麻糸工／商, 繊維工／商

- 原皮処理工／皮商
- タンニンなめし工
- 革仕上げ工
  → タンニンなめし工／商, ハンガリー革なめし工／商, 革仕上げ工, 白なめし工, 羊皮紙工／商

- 堅牢染色工
- 剪毛工
  → 絹等高堅牢・低堅牢染色工

- ボンネット工／商
- 毛皮工／商
- 製帽工／帽子商
  → ボンネット工／商, 毛皮工／商, 製帽工／帽子商

- 手袋工／商, 香水工／商
- 製袋工／袋物商
- ベルト工／商
  → 手袋工／商, 製袋工, 袋物商, ベルト工／商

- 製靴工／靴商
  → 製靴工／靴商

- 靴修理師
  → 靴修理師

- 理髪師, 入浴業者, 蒸し風呂業者, かつら工／商
  → かつら工／商

- 羽根飾り工／商
  → モード商／製造工, 羽根飾り工／商

- 男性服仕立工, 男性胴衣工
- 古着商
  → 男性服仕立工, 店舗または露店での衣装・衣服古着商

- 女性服仕立工
- 型切工, 引切工
  → 女性服仕立工, 型切工

- 刺繡工
  → 刺繡工, 飾り紐工／商, ボタン工／商

Recueil de réglemens, 1779, pp. 172-174 にもとづく。なお、この規定は1777年4月25日付の国務会議裁決による。

服飾関係の同業組合の具体的な統合状況は(31)の通りである。毛織物商は同じく毛織物小売の権利を持つ雑貨商と統合された。皮革関係はすべてまとめられ1組合となる。ボンネット工／商は製帽工／帽子商，さらに毛皮工／商と統合された。伝統的に毛皮は製帽工／帽子商が扱うとされていたためである[187]。革を扱う手袋工／商，製袋工／袋物商，ベルト工／商は1組合となる。古着商は売る前に古着を手直しするため，技術的に近い男性服仕立工と統合される。刺繍工，飾り紐工／商，ボタン工／商もまとめられた。当時のボタンの多くは表面に刺繍をほどこした布ボタンであり，また刺繍には飾り紐がよく縫い込まれていたためである。このように材料や作業が共通する組合が統合された。

　メルシエは再編成を「奇妙な足枷は除かれた。商業にはいっそうの自由がもたらされた。互いに類似点がありながらも，これまでは際限のない訴訟にかまけて，金がかかる馬鹿げた議論で法廷を疲弊させていた各種の職業が統合された」[188]と讃えている。統廃合により隣接業種の同業組合間の争いが減るのは確実だっただろう。

　また親方資格獲得のために必要な税・上納金の額も再編成によって変化した。再編成前の親方資格獲得税は0～3240リーヴル，平均784リーヴル，再編成後の親方資格獲得料金は0～1000リーヴル，平均478リーヴルで，大きく下がった[189]。メルシエは前述に続けて「産業の扉は働きたいと望むすべての者に開かれた」[190]と語っているが，親方昇進費用低減は，多くの者に門戸を開くという点で特に大きな意味を持つ。宣誓ギルド制制定以来，親方昇進の難しさのために親方層と職人層の経済的乖離が広がっており，18世紀の段階で，前者は小ブルジョワジーに成長し得た一方，後者は賃金労働者に転落していた。さらに被雇用者にはならない親方だけを見ても，それぞれの収入には大きな差があった。この格差をメルシエは，「この製靴工は黒服を身にまとい，かつらにはよく髪粉［筆者注：髪を金髪に見せ掛けるために掛ける粉。小麦粉製が一般的］をかけてある。上着は絹製だ。裁判所書記といった風である。／彼の同業者たちはタールを手にし，擦り切れたかつらをかぶり，粗末で汚い下着を着けている。しかし彼らは庶民のために働いているのだ。麗しい侯爵夫人に靴を履かせてさし上げることなど決してなく，彼らが作るのは野暮な靴だけだ」[191]と描いている。

再編成はこうした状況に一石を投じるものだったと言えるだろう。

カプランによるシャトレ裁判所検事記録の分析によれば，1736 年に 94 同業組合が 1012 人の加入者を受け入れているが，うち親方子弟が 31.4%，親方女婿と親方未亡人が 6%，親方資格試験合格者が 34.5% である。1748 年には 32 同業組合が 84 人を受け入れ，うち親方子弟が 25.5%，親方女婿と親方未亡人が 8.3%，親方資格試験合格者が 34.2% を占める。1762 年には 84 同業組合が 1035 人を受け入れ，うち親方子弟が 23.4%，婚姻による加入者が 6.5%，親方資格試験合格者が 39.1% を占める。このように，同業組合制度下では，試験を経ずに家族関係によって親方となる者が無視できない割合を占めていた。

同業組合再編成後については，1785 年に 25 同業組合が 1741 人を受け入れており，うち女性が 18% である。1786 年には 24 同業組合が 1653 人を受け入れ，うち女性が 17.3% である。また女性のうち 81 人は，組合名が男性形で示される基本的に男性専業種とされる同業組合に加入している[192]。基本的に女性専業種とされる 3 同業組合（女性服仕立工，リネン工／商，モード商）の 1776 年時点の親方数は合計 75 人であり，それ以外には女性が自ら親方となれる職業は少なかったため，再編成後に女性の同業組合加入者は増加したと思われる。これは家族関係によらない同業組合加入者の増加を意味しているだろう。親方資格獲得費用の低減もこの変化に貢献した可能性もある。

とはいえ，だからこそ，旧来の親方層は再編成を快く受け入れなかった。そして六大団体は六大団体として，あるいは個別に，特権を守るべく活動した。たとえば雑貨商らは錠前工／商とモード商の活動を制限するための変更を要求する[193]。

4. モード商同業組合

さて，1776 年の再編成で初めてモード商の同業組合が認可された。

再編成前に存在しなかった同業組合はモード商とデンプン工／商のものだけである。デンプンの製法は 1730 年代に発見されたため，この時期の同業組合認可に不思議はない[194]。一方，モード商は 18 世紀半ば，おそら

く1760年代頃から人口に膾炙するようになった新しい職業である。認可前にモード商として名を馳せていた人々の中には，王室に出入りし，王妃を顧客としていたベルタンやボラールなど，王権としても無視できない存在があった。彼らの存在もこの認可に影響しただろう。「モード親方商，羽根飾り工／商同業組合の代表に先日任命されたマリ＝ジャンヌ・ベルタン嬢」[195] はモード商の中で最も早く，1776年10月11日付で親方資格を得ている。

モード商の組合は，再編成直後はモード製造工／商，羽根飾り工／商と呼ばれ，1777年12月の開封王書で，モード製造工／商，羽根飾り工／商，造花工／商と変更された[196]。この同業組合名は注目に値する。まず，すべて女性形である。女性形で示される組合には他に女性服仕立工，型切工とリネン工／商があるが，1777年には各2名の男性親方を受け入れることになるとはいえ，基本的に両者とも女性しか所属を認められていない[197]。男性が多数所属するにもかかわらず女性形で示されるのはモード商とリネン工／商だけである。女性の発言権の強さを感じさせる。実際，先の引用の通りベルタンは組合成立前に代表に選ばれていたが，組合成立後の理事もほぼすべて女性だった[198]。さらに，製造工と小売商と2業務が併記され，生産・流通双方にたずさわる職と定義されている。小売商を冠した職業は他にワイン商のみで，また1品目について併記する例はほかにない。なお，羽根飾り工／商は1769年に14人と少ないため独立させておくわけにはいかず，帽子装飾などで羽根飾りをよく扱うモード商と統合されたと思われる。

これはなにを意味するのか。服飾関係の分業の中でモード商が占める位置を見てみよう。再編成後の状況を示す(32)を再編成以前のそれを示す(27)と比べると，全体に効率化され，特に中間財製造から加工・小売の過程にかかわる分業が統合されている。この中でモード商が特異なのは，中間財加工・小売と最終消費財製造・小売双方にたずさわる点である。製造小売の形態自体はごく一般的だが，中間財と最終消費財両方を同店舗内で扱うのが例外的なのである。

これは消費者にとって重大な革新である。新しい服を求めるとき，生地もボタンもリボンも同じ店で買い，仕立も頼めるなら，一店舗ですべてが

(32) 同業組合再編成後の服飾関係業の分業

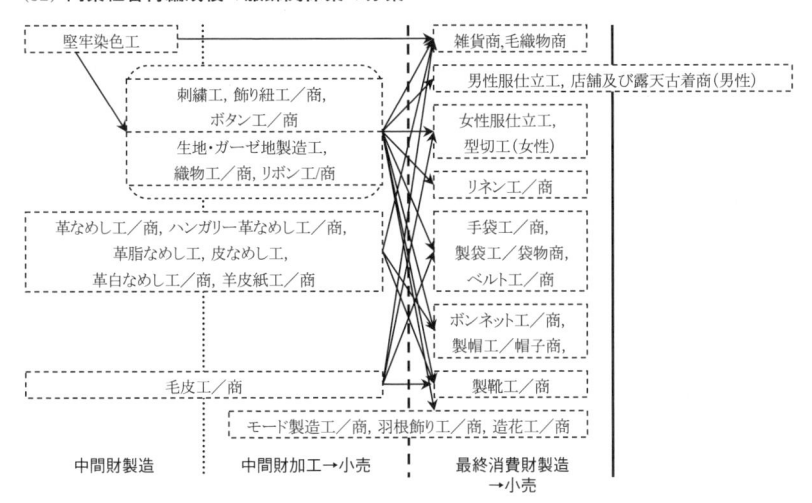

図中の枠内（左から右へ）：
- 堅牢染色工
- 雑貨商,毛織物商
- 刺繍工,飾り紐工／商,ボタン工／商
- 男性服仕立工,店舗及び露天古着商（男性）
- 生地・ガーゼ地製造工,織物工／商,リボン工／商
- 女性服仕立工,型切工（女性）
- リネン工／商
- 革なめし工／商,ハンガリー革なめし工／商,革脂なめし工,皮なめし工,革白なめし工／商,羊皮紙工／商
- 手袋工／商,製袋工／袋物商,ベルト工／商
- ボンネット工／商,製帽工／帽子商,
- 毛皮工／商
- 製靴工／商
- モード製造工／商,羽根飾り工／商,造花工／商

中間財製造　　中間財加工→小売　　最終消費財製造→小売

毛皮工／商とボンネット工／商,製帽工／帽子商は同じ同業組合だが，図に表しにくいため分けた．刺繍工等と生地関係の手工業者／小売商をまとめて細かい点線の枠線で囲ったのは矢印を減らして見やすくする便宜のため．

済む．これは仕立工の生地在庫保有を厳しく禁じた従来の状況ではあり得なかった効率化である．ここまで来れば，既製服が広まり，消費者が最終消費者に徹するようになるまではあと一歩である．要するに，モード商は，同業組合の形態としても，中間財小売と最終消費財小売を分断する従来の分業体制を超えた特異な性格を持っていたのである．

また，1777年8月27日付国務会議裁決によれば，モード商同業組合代表らは流行品製造の権利独占を求め，雑貨商およびその妻・未亡人らにはそれを禁じるよう訴える覚え書を提出している．これに対抗し，旧来流行品を扱っていた雑貨商らもその販売継続の権利があるとして覚え書を提出した．両者の要求に対する国王国務会議裁決は以下の通りである．

国王国務会議裁決（1777年8月27日）[199]
　国王は，国務会議に出席されると，モード製造工／商,羽根飾り工／商,造花工／商同業組合代表らと補佐らおよび元雑貨商ら［筆者注：1776年の同業組合廃止以前に雑貨商の資格を得た者ら］の個々の要求はいっさい

顧慮されることなく，1776年8月付王令がその形式と文面通りに執行される旨，以前命じられたのと同様，このたびも命じられる。かくして，モード製造工／商その他の同業組合に対し，彼らに付与された前述の商売および職業を営む独占的な権利は維持し守られること。そして，すべての者に対し，彼らへの妨害措置を禁ずると共に，前述の同業組合に受け入れられていないすべての個人に対し，前述の職業に従事することを禁じる。

こうしてモード商には流行品を扱う独占的特権が認められる。規約原本は現在所在不明だが，19世紀の引用によれば，より詳しくこの特権について定められたらしい。

モード商同業組合規約[200]
彼ら［筆者注：モード商ら］の規約の第7項により，彼らには「ボンネット，帽子，パラティーヌ［筆者注：毛皮のストール］，フィシュ［筆者注：スカーフの一種］，マントレ，マンティーリャ，袖飾り，プリス，ベルトなどのあらゆる種類の女性の身繕い品を扱い，作成し，装飾し，華美なものにし，販売する」独占的権利が与えられている。彼女らは，「あらゆる種類のドレス装飾品を作成できるものの，ドレスの共布を使って作られる，女性服仕立工によってのみ作成され，縫い付けられるものは除外される」，等々。

それら［筆者注：＝規約］により，彼ら［筆者注：モード商ら］は，「羽根飾り工／商の職業に関係するすべてのものを製作し，華美にし，染色し，着色し，販売する」権利を認められている。また造花を製造する権利も認められており，その中には服装に付随する造花もアパルトマンを飾るための造花も含む。彼女たちはクラヴァットや剣の下げ緒や，「あらゆる種類の女性の装飾品」を販売することができる。その装飾品の中には頭と首を守るためのものが特別に指定されている。

再編成時の王令に従えばそもそもモード商側に理があることとはいえ，雑貨商が六大団体の筆頭を占めること，多数の親方を擁していたことなど

をかんがみると、主張が容易に通ったのは注目すべきことである。前述の通り、モード商同業組合の創設そのものに宮廷への影響力が関係していた可能性があるが、その後のこうした流れについても同じ可能性を考慮するべきだろう。

なお、モード商同業組合での親方資格獲得のための上納金は300リーヴルで、前述の全同業組合の平均値478.4リーヴルと比べると安めである[201]。

さらにモード商同業組合は、パリの無償王立画学校に出資もしていた。この学校はセーヴルの陶器マニュファクチュアの指導者でもあった画家ジャン＝ジャック・バシュリエが1764〜1765年頃に開いたが、フランス国立美術学校の前身であり、生地に柄を描く絵師を育てていた[202]。

5.制度廃止とモード商

わずかな廃止期間があったものの、アンシャン・レジーム期には存続した同業組合制度だが、1789年を経て1791年3月、「すべてのエード税および親方資格・宣誓ギルドの廃止と、営業税確立を定める政令」、いわゆるアラルド法が憲法制定議会で通り、4月に発効し、宣誓ギルドが廃止された。そして続く6月14日、すべての同業組合の組織を禁じるル・シャプリエ法が制定される。これにより中世以来の伝統を持つ同業組合制度はフランスから消滅した。

では、服飾関係業に同業組合制度とその廃止はどう影響したのだろうか。

宣誓ギルドの形を取るパリの同業組合制度が、財産保有や出廷の権利などにより、親方らの活動を守った面は否定できない。職分は各親方間ではなく同業組合間で争われ、一度ある組合に権利が認められれば、所属親方全員にその権利が与えられる。そうした争いのための費用も、同業組合制度によって共有しておくことができた。

そうした過程を経て18世紀になると、パリの同業組合制度は、親方らを守る側面を持ちつつも、手工業／小売業の自由な発展を許さず、消費者の需要に応えられなくなっていた。いみじくもメルシエは、チュルゴを「賢明にも賦役と同業組合を破壊し、常に有害で悪弊だらけの『特権』の敵と

自ら宣言した大臣」[203]と呼び，前述の通り再編成を讃えたが，「しかし［筆者注：同業組合加入には］まだ金がかかる。この金は同業組合に行くわけではない。誰に渡るのだろう？　国庫である。すべては密かにこの単一の器に流れ込む」[204]とも述べている。(30)が示すように，同業組合制度廃止後の1798〜1799年の時点でパリの手工業者／小売商の数は飛躍的に増えている。同業組合がなくなれば，パリの手工業／小売業は少なくとも数の上でこれだけ急発展する余地があったのである。

　特に服飾関係業に関しては，同業組合制度によって中間財・最終消費財の生産・流通過程が分断され，不合理な分業を強いられていたのも否めない。この状況が消費者の需要に合わなかったからこそ，当初同業組合を持たない形でモード商という中間財・最終消費財を共に小売する職種が発展し，その形のまま同業組合として認可されたのである。

　ここで，同業組合認可前から制度廃止後までのモード商の人数の推移を見てみたい。

(33) モード商の人数（1769〜1803年）

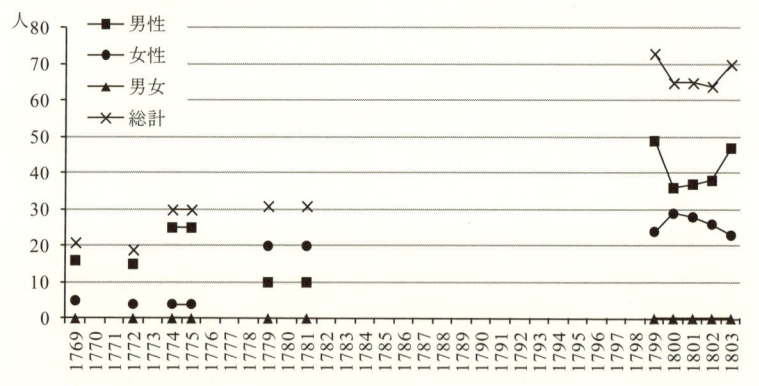

データは各年の商業年鑑と，1776年の総計については前出 AD Paris, D4Z1, Archives juridiques de la ville de Paris, Arts et métiers, Registre 2501 にもとづく。革命暦施行中の年鑑は革命暦にもとづいて発行されているため西暦だと2年にまたがるが，以下経年変化を追う場合は後のほうの年のデータとして集計する（たとえば革命暦1年なら1793年）。またマーカーがない年はデータなし。

　1769年の時点ではモード商は同業組合を持っておらず，この数値はモー

ド商を名乗る雑貨商の人数である[205]。同業組合廃止後の数値は当然自らの申告にもとづく。1776年の数値についても，同業組合再編成直後に認可を求めた服飾関係業種の親方が他業種に比べて明らかに多いことを考えると，このグラフの数値は「モード商」を自ら名乗って開業する者の実数を反映したものと言えるだろう。

　1780～1790年代のデータがほぼ欠けているため明確なことは言えないものの，認可後の1776年，1779年，1781年の総数と比べると，18世紀末から19世紀初頭の総数は確かに増えているが，漸次的増加としてあり得ないというほどの数ではない。つまりモード商は，同業組合認可・同業組合制度廃止によって，少なくとも総数の上では大きな影響を受けなかったと言えよう。

　しかし男女比は逆転し，18世紀末のモード商ははっきりと女性専業種ではなくなる。この変化については，19世紀を扱う第5章で詳述する。

171　ただし，Diderot et d'Alembert, *Encyclopédie*, article : Six corps des marchands は項目名を Corporation と言い換えている。

172　Bély, *Dictionnaire*, p. 339. 柴田三千雄・樺山紘一・福井憲彦編『フランス史2』（山川出版社 1996年）195-196頁では métiers libres が「自由ギルド」とされているが，この場合は自由職業と訳すほうが適切だろう。また，リヨンにおいても絹織物業同業組合は宣誓ギルドとなった。なお，18世紀に入るとリヨンでは絹織物業ギルドにおける親方商人の優遇を定めた規約が成立し，親方労働者は抗議運動を展開した。王権はこの運動を軍事力により取り締まる。（鹿住「18世紀前半のフランスにおけるギルドと王権の経済政策」）

173　当時の épicerie は香辛料や砂糖を扱う職だったため，原語に即して香辛料商と訳すのが適切だろう（*Dictionnaire de l'Académie Française*, 1762, article : épicerie）。薬種を扱う薬種商と兼業の者や，同業組合として統合されている時期も多い。Mercerie は小間物業と訳されることが多いが，mercier の職分は広く，小売品すべてを扱う業種である。より広く雑貨とするほうが適切だろう（Article XII, Ordonnance de Louis XIII servant de statuts aux Marchands Merciers, Grossiers, Joailliers de cette ville de Paris, Janvier 1613. Sargentson, *Merchants*, p. 148 ; Macquer et Jaubert, *Dictionnaire*, tome III, pp. 133-134)。

Bonneterie はメリヤス業とされていることがあるが(柴田・樺山・福井『フランス史2』195頁など)，当時の定義ではボンネット，靴下，その他似たような商品を作り売る者とされる(*Dictionnaire de l'Académie Française*, 1762, article : bonnetier)。実際には布製品を手広く扱う職種だった。しかしその一つ一つを職種の名として挙げることは難しいため，語源に即してボンネット業とする。Orfèvrerie は語源に即して訳したが，銀も扱う。実質は金銀細工業である。

174 De Lespinasse, *Les métiers*, tome III, p. 202.
175 以上，Thillay, *Le Faubourg*, p. 89 ; pp. 166-172 ; 喜安『パリ』27-28頁。
176 Savary des Bruslons, *Dictionnaire*, tome I, pp. 1332-1334.
177 De Chantoiseau, *Essai*. ただし，明らかに同業組合も親方も存在しているにもかかわらず記載されていない女性服仕立工と古着商の2組合を含める。また，おそらく他にも欠落があると思われる。
178 Savary des Bruslons, *Dictionnaire*, tome I, pp. 1332-1334.
179 Coquery, *L'Hôtel*, pp. 76-77.
180 Macquer et Jaubert, *Dictionnaire*, tome III, pp. 133-134 に引用されている雑貨商同業組合規約第12条よりまとめた。
181 Coquery, *L'Hôtel*, pp. 365-397.
182 以上，De Lespinasse, *Les métiers*, tome III, pp. 231-239.
183 ショースは男性が下半身に身に付ける衣服。当時はタイツ状のもの。
184 以上，Macquer et Jaubert, *Dictionnaire*, tome I, pp. 211-223 ; De Lespinasse, *Les métiers*, tome III, p. 241.
185 Mercier, *Tableau*, tome VII, chapitre DLXXVI : Saisies.
186 AnF, Y 9394A によれば，複数の親方が集団で再登録した組合も1人ずつ登録している組合もある。
187 Macquer et Jaubert, *Dictionnaire*, tome I, pp. 454-455.
188 Mercier, *Tableau*, tome III, chapitre CCXCII : Communautés.
189 *Recueil de réglemens*, 1779, pp. 71-74.
190 Mercier, *Tableau*, tome III, chapitre CCXCII : Communautés.
191 Mercier, *Tableau*, tome XI, chapitre : Cordonnier.
192 以上，Kaplan, *La fin*, pp. 215-218 ; pp. 229-230.
193 Kaplan, *La fin*, p. 113.
194 Macquer et Jaubert, *Dictionnaire*, tome I, pp. 69-70.
195 AnF, Y 9394A, le 11 8bre 1776. « D^{lle} Marie Jeanne Bertin cydevant nommé syndic de la C^{omté} des M^{sses} et m^{des} de modes plumassieres » とある。

196 *Recueil de réglemens*, 1779, pp. 92-102. ただしこの開封王令に含まれる 2 つの同業組合リストのうち片方では Fleuristes の部分がない。なお，順に，原語では，« Faiseuses et Marchandes de modes, Plumassières »，« Faiseuses et Marchandes de modes, Plumassières-Fleuristes »。Fleuristes は通常は生花商を指すが，モード商の業務内容からしてこのように訳した。

197 Kaplan, *La fin*, p. 229.

198 AnF, Y 9332, 9333, 9334 の理事リストより。

199 *Recueil de réglemens*, 1779, pp. 201-204.

200 Franklin, *La vie privée*, tome XVII, p. 235 ; p. 239. カギ括弧内が規約原文の引用と思われるが，規約原本は現在所在不明（おそらく破棄）のため詳細は不明。

201 *Recueil de réglemens*, 1779, pp. 65-66.

202 Sapori, *Rose Bertin*, p. 287, note 19.

203 Mercier, *Tableau*, tome II, chapitre LXXXIII : Voitures publiques.

204 Mercier, *Tableau*, tome III, chapitre CCXCII : Communautés.

205 具体的には，De Chantoiseau, *Essai*, « Merciers, Jouailliers, Bijoutiers, Quincailliers, Marchands de modes, de toiles, de dentelle dorures, Soyeries, &c. de la ville et fauxbourgs de Paris » のリストの中で，« Marchande de Modes »，« Tient magasin de Modes » などと注記がある者の数。

第4章 モード商の営業活動

1. 帳簿

　18世紀の簿記は，手工業者／小売商レヴェルでは整備されておらず，複式簿記は原始的な段階にとどまっている。しかしその中では比較的様式が似通っており，また商品や顧客の情報が詳しく書かれるのが仕訳日記帳である。これは当時の簿記で最初に作られる帳簿で，日々の取引すべてが，出納の性質による区分をせず時系列に沿って記録されており，通常借方・貸方は分かれていない。ただし，18世紀パリの手工業者／小売商の仕訳日記帳は基本的に売上帳であり，仕入帳は別に作られる。また，現在の総勘定元帳 grand livre は全取引を複式簿記で記録するものだが，近世期には貸方・借方を分けて記した帳簿全般を grand livre と呼ぶため，顧客別仕訳帳が grand livre と呼ばれていることが多く，それにも注意が必要である。この顧客別仕訳帳は，通常借方・貸方に分かれてはいるが，複式簿記は徹底されておらず，文字通りの意味で顧客から見た借方と貸方を左手・右手に割り振っただけであることが多い。つまり，左手1行目に「X氏借方」，右手1行目に「X氏貸方」などと書かれ，左手に売掛金，右手に決済を記録するが，現代の複式簿記と違って数字を行ごとに一致させる形式ではない。ときには左手と右手が逆になり，自分から見た借方を左手，貸方を右手に割り振っている例もある。一般に商品の内容などは詳しく書かない。

　以上をふまえて，パリ市文書館所蔵のモード商の帳簿の中から，1770～1780年代の2年間以上の期間にわたり，仕訳日記帳または顧客別仕訳帳で，激しい破損がなく，書字の可読性が高いものを以下の通り選択した。他に数冊候補があったが，それらは2010年以降，保存状態悪化により閲

覧停止となってしまい，分析対象にできなかった。

(34) 利用する帳簿

史料番号	商人名	職名	年代	帳簿の種類	住所
D5B6 1295	モロ嬢ジャンヌ＝ヴィクトワール	marchande de modes (modiste et couturière)	1778-81	仕訳日記帳	モノワ通り
D5B6 2226	ラ・ヴィレット	mercier-modiste	1778-80	仕訳日記帳	ブルドネ通り
D5B6 2289	レヴェックとブルノワール両夫妻	Modiste	1782-85	仕訳日記帳	マザリヌ通り
D5B6 2848	ブナール	marchand de modes	1780-83	仕訳日記帳	
D5B6 3140	ドゥラフォス嬢ら	marchandes de modes	1777-87	顧客別仕訳帳	
D5B6 3882	ペステル氏フランソワ	mercier et marchande de modes	1776-89	仕訳日記帳 買掛金元帳	
D5B6 4839	ドゥフォルジュ嬢	marchande de modes suivant la Cour	1772-79	仕入帳	ヴェルサイユ
—	エロフ夫人	marchande de modes suivant la Cour	1787-93	仕訳日記帳	ヴェルサイユ

以降，レヴェックらはレヴェックの名で代表して呼び，ドゥラフォス嬢らも単にドゥラフォスと呼ぶ。

(35) モロの仕訳日記帳 (AD Paris D5B6 1295)

白紙帳面のうち303ページ分が帳簿として使用されている。書き手が交代したのか途中で書体や書き方が変わるが，標準的な仕訳日記帳。左欄外の数字はおそらく顧客別仕訳帳の参照ページ。書字はどちらの書き手でも整っており，綴りのばらつきも少ない。商品や作業の説明もそれなりに詳しい。各項目に支払い済みかどうかのチェックはなく，それは売上帳で一括して管理していたものと思われる。

D5B6 2344もモロの仕訳日記帳で，1782～1784年と1295より後の時期のものだが，虫食いで大部分が失われており，判読不可能。またD5B6 2670は1778～1781年についての顧客別仕訳帳で，補完のため参照する。

さらに，D4B6 C. 83 D. 5564は1781年12月12日付のモロの破産文書で，住所などの身元情報や未払い分の記載がある。

(36) ラ・ヴィレットの仕訳日記帳（AD Paris D5B6 2226）

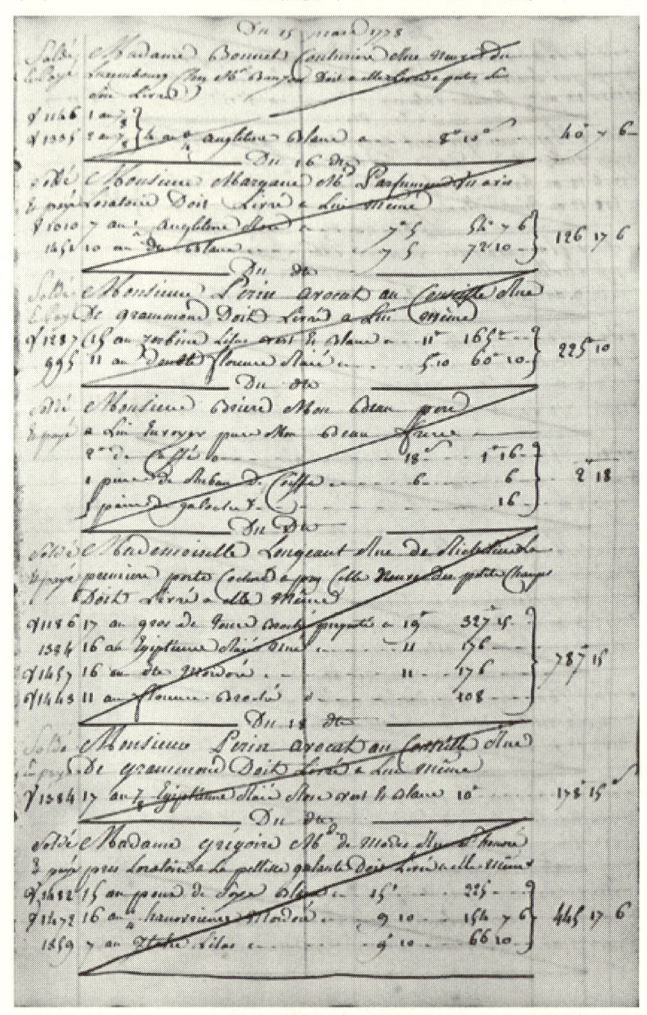

罫入り帳面のうち119ページ分が帳簿として使用されている。標準的な仕訳日記帳。書き手は1人。左欄外の数字はおそらく顧客別仕訳帳の参照ページ。書字は整っており，綴りのばらつきも少ない。商品や作業の説明はあまり詳しくない。支払い済みの項目は斜線で打ち消してある。D5B6 1943はラ・ヴィレットの1774〜1778年についての下書き帳簿だが，未見。

(37) レヴェックの仕訳日記帳（AD Paris D5B6 2289）

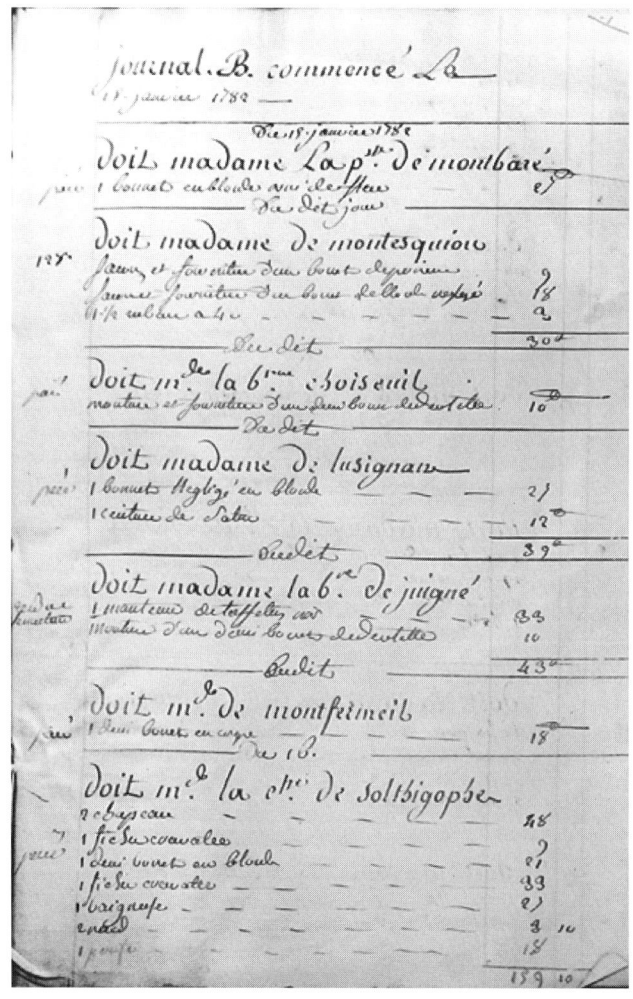

白紙帳面のうち 388 ページ分が帳簿として使用されている。標準的な仕訳日記帳。レヴェック氏がロンドン旅行中との注釈付きで短期間書き手が変わっているが，基本的に書き手は 1 人。書字は整っており，綴りのばらつきも少ない。商品や作業の説明はあまり詳しくない。支払い済みの項目は左欄外に « Payé » などと書いてあり，未払いの場合おそらく顧客別仕訳帳の参照ページと思われる数字が記してある。
D5B6 2511 ; 946 はそれぞれレヴェックの 1774 ～ 1782 年，1785 ～ 1791 年についての仕訳日記帳，D5B6 4103 は決済仕訳帳だが未見。D5B6 230 は 1774 ～ 1791 年についての顧客別仕訳帳で，補完のため参照した。
D4B6 C. 113 D. 8051 はレヴェックの破産文書で，住所など身元情報について参照した。

(38) ブナールの仕訳日記帳（AD Paris D5B6 2848）

白紙帳面のうち途中の白紙ページも含め58ページ分が帳簿として使用されている。58ページに，重複ページがいくつか加わる。書き手が2人いて書き方が少し異なるが，標準的な仕訳日記帳。1人は書字が雑で，また2人とも綴りの間違いが非常に多い。商品や作業の説明はあまり詳しくない。支払い済みの項目は斜線で打ち消してある。

第 4 章　モード商の営業活動 ◆ 109

(39) ドゥラフォスの顧客別仕訳帳（AD Paris D5B6 3140）

罫入り帳面のうち 168 ページ分が帳簿として使用されている。見開きで左手側と右手側に原始的に分かれた顧客別仕訳帳。書き手は 1 人。左手側に « Doit » としてドゥラフォスから見た借方，右手側に « Avoir » としてドゥラフォスから見た貸方が記載されている。この左手・右手の割り振りの考え方は現在とは逆で，当時でも一般的ではないのに注意が必要である。書字は整っていて綴りのばらつきも少ない。商品や作業の説明はほぼなく，支払い方法も「現金で」,「手形で」などと簡単に書いてあるのみ。

D5B6 3141 はドゥラフォスの顧客名簿で，そちらも名前の確認などに利用する。

(40) ペステルの仕訳日記帳・買掛金元帳 (AD Paris D5B6 3882)

白紙帳面のうち47ページ分が仕訳日記帳として，8ページ分が買掛金元帳として使用されている。同じ帳面の上下をひっくり返して前後から使っているため，各ページの上下に反転したページナンバーが書かれている。仕訳日記帳・買掛金元帳共に標準的なタイプ。書き手は1人。書字はやや雑で，綴りのばらつきも多い。商品や作業の説明はあまり詳しくないが，各項目に負債発生日，決済期限，手形払いの場合は手形の決済期限なども詳しく書かれている。各項目に支払い済みかどうかのチェックはない。

(41) ドゥフォルジュの仕入帳（AD Paris D5B6 4839）

罫入り帳面のうち12ページ分が帳簿として使用されている。標準的な仕入帳。書き手は1人。書字は整っており，綴りのばらつきも少ない。商品の説明は詳しくない。各項目に支払い済みかどうかのチェックはない。

D5B6 4657 もドゥフォルジュの仕入帳だが，未見。

なお，パリ市文書館所蔵のモード商の帳簿に仕入帳はごく少ない。現時点で諸条件に合い，閲覧可能なものはこれだけである。1つだけ扱うのは史料の代表性の問題があるため，この仕入帳は補助的に使うのみとする。

この他に出版されているエロフの帳簿を利用するが，これは標準的な仕訳日記帳形式で，日付・顧客名・個数および商品名と詳細・単価・小計，そして顧客別に日別の合計が羅列される。支払い済みかどうかは，書籍化されたものからうかがえる範囲では記載がない。元の帳簿は字が汚なく綴りの間違いも多かったようだが，それをドゥ・レゼが出版時に修正している[206]。

　これら帳簿に記載された情報をデータ化するが，参考までに入力データの例を挙げておく。全ページを Microsoft Office Excel で以下のように入力した後，関数処理をほどこして利用する。

(42) レヴェックの仕訳日記帳1頁の入力データ

頁	払	年月日	別	顧客	個数	単位	商品・作業	単価			小計			顧客別日別合計		
1	p	17820115	D	madame la Princesse de Montbarrey	1.000		bonnet	27	0	0	27	0	0.000	27	0	0.000
1	n	17820115	D	madame la Baronne de Montesquieu	1.000		façon et fourniture d'un bonnet	9	0	0	9	0	0.000	30	0	0.000
1	n	17820115	D	madame la Baronne de Montesquieu	1.000		façon et fourniture d'un bonnet	18	0	0	18	0	0.000	30	0	0.000
1	n	17820115	D	madame la Baronne de Montesquieu	1.500	aune	ruban	0	40	0	3	0	0.000	30	0	0.000
1	p	17820115	D	madame la Baronne de Choiseul	1.000		monture et fourniture d'un bonnet	10	0	0	10	0	0.000	10	0	0.000
1	p	17820115	D	madame de Lusignan	1.000		bonnet	21	0	0	21	0	0.000	33	0	0.000
1	p	17820115	D	madame de Lusignan	1.000		ceinture	12	0	0	12	0	0.000	33	0	0.000
1	r	17820115	D	madame la Baronne de Juigné	1.000		manteau	33	0	0	33	0	0.000	43	0	0.000

頁	払	年月日	別	顧客	個数	単位	商品・作業	単価			小計			顧客別日別合計		
1	p	17820115	D	madame la Baronne de Juigné	1.000		monture de bonnet	10	0	0	10	0	0.000	43	0	0.000
1	p	17820115	D	madame de Montfermeil	1.000		bonnet	18	0	0	18	0	0.000	18	0	0.000
1	p	17820116	D	madame la Comtesse de Saltykov	2.000		chapeau	24	0	0	48	0	0.000	221	6	0.000
1	p	17820116	D	madame la Comtesse de Saltykov	1.000		fichu	9	0	0	9	0	0.000	221	6	0.000
1	p	17820116	D	madame la Comtesse de Saltykov	1.000		bonnet	21	0	0	21	0	0.000	221	6	0.000
1	p	17820116	D	madame la Comtesse de Saltykov	1.000		fichu	33	0	0	33	0	0.000	221	6	0.000
1	p	17820116	D	madame la Comtesse de Saltykov	1.000		bonnet	27	0	0	27	0	0.000	221	6	0.000
1	p	17820116	D	madame la Comtesse de Saltykov	2.000		nœud	1	15	0	3	10	0.000	221	6	0.000
1	p	17820116	D	madame la Comtesse de Saltykov	1.000		pouf	18	0	0	18	0	0.000	221	6	0.000

「払」列は支払いに関する列で，pは支払い済み，nは未払い，rは返品を指す。「別」は借方・貸方の区別で，Dは借方，この例にはないがAは貸方。「個数」は8分の1オーヌといった記録に対応するため，小数点以下3桁まで取る。「商品・作業」は元の記述を簡略化してある。各項の金額は各列左からリーヴル，ソル，ドゥニエで，最終列は年月日別・顧客別の合計額である。帳簿によっては商品の詳細や支払い済みかどうかの記載がなく，入力ができない。
なお，1リーヴル=20ソル=240ドゥニエ。またオーヌは布の長さの単位で，地域によって差異があるが，パリでは1オーヌ=3ピエ7プス10リーニュ5/6≒118.8 cm。ただし1オーヌ=4ピエ換算のほうが一般的。

　こうした帳簿に登場する値を以降扱っていくが，その前に，金額についての具体的な感覚をつかんでおきたい。パリの庶民層の日常生活についてのロッシュの分析，同時代人であるメルシエの証言などから，当時の庶民

層の住居や食にまつわる費用と賃金を見ておく。

　住居費については，1774〜1791年には家賃60〜80リーヴルの住宅が最も多く，27%を占める。次いで80〜100リーヴルの21.6%，40〜60リーヴルの12%で，他はほぼ10%以下となる[207]。さらにメルシエによれば，50エキュの賃貸には申し込みが殺到するが1万2000リーヴルの館には借り手がつかないという不均衡があるとのことで，1万リーヴルを超える家賃は相当な高額と感じられたようである[208]。食については，メルシエによればパン4〜5個は重さにして4リーヴル（約2kg），値段は30〜40ソル，子供の1週間分の食料に相当したという[209]。大人は1日にパンを最低400g強，通常は500〜700g食べると考えられていたため[210]，これで大人なら3〜4日分になる。また当時，レストランの元祖と呼べるレストラトゥールが出現していたが，これはかなり高価で，メルシエによれば6リーヴル出しても満足に食べられず，うっかりすればわずかな量で24リーヴルも取られ，賃金労働者層はもちろん，手工業者／小売商にもなかなか手の出るものではなかった。一方，安い食事付き宿屋オーベルジュでは36ソルで満腹になり，ガルゴットと呼ばれる安食堂では22ソルで食事ができた。家に暖炉がひとつしかなく調理もままならない貧しい人々のためには，製菓工がかまどで肉を焼くサーヴィスがあり，焼き賃は2ソルだった[211]。こうした数値を参考にすると，庶民層の1日1人あたりの生活費は，家族構成などにより違ってはくるが，家賃・食費を合わせて1リーヴルから数リーヴルといったところだろう。賃金労働者層での1770〜1790年の日給は20〜25ソル[212]，つまり1リーヴルから1リーヴル強で，これでどうにか生きてはいけるというところになる。

2. 取引と経営方法

　モード商は実際にどのような営業活動をしていたのだろうか。以下，帳簿にもとづき，7人のモード商の活動を比較してみる。

第4章　モード商の営業活動 ◆ 115

(43) モード商の月平均延べ取引日数

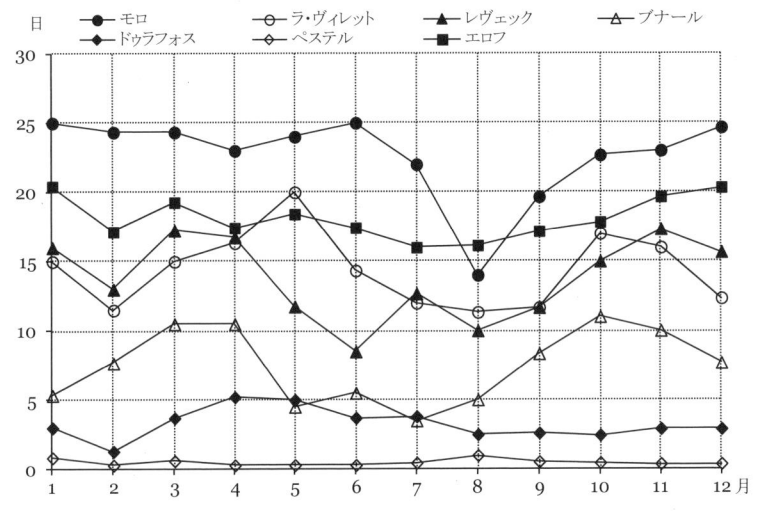

凡例: モロ、ラ・ヴィレット、レヴェック、ブナール、ドゥラフォス、ペステル、エロフ

決済のみの取引日は含まない。

(44) モード商の月平均延べ取引人数

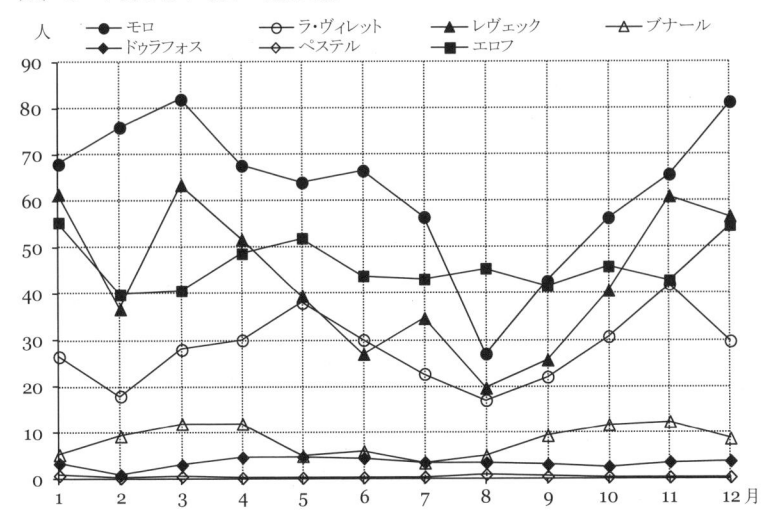

凡例: モロ、ラ・ヴィレット、レヴェック、ブナール、ドゥラフォス、ペステル、エロフ

(45) モード商の月平均売上高

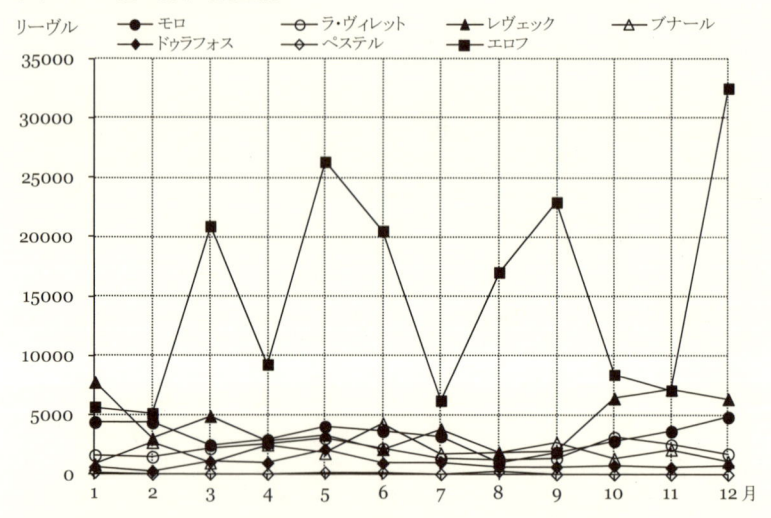

売上高とは現金払いの現金と売掛金の合計を指す。
エロフの1787年1〜3月の王妃及び王族女性との取引については個別の記録がなく、3月末に発行された請求書を元に計算しているため、おそらく1〜2月の売上高は少なめ、3月は多めになっている。

(46) モード商の月平均売上高（拡大）

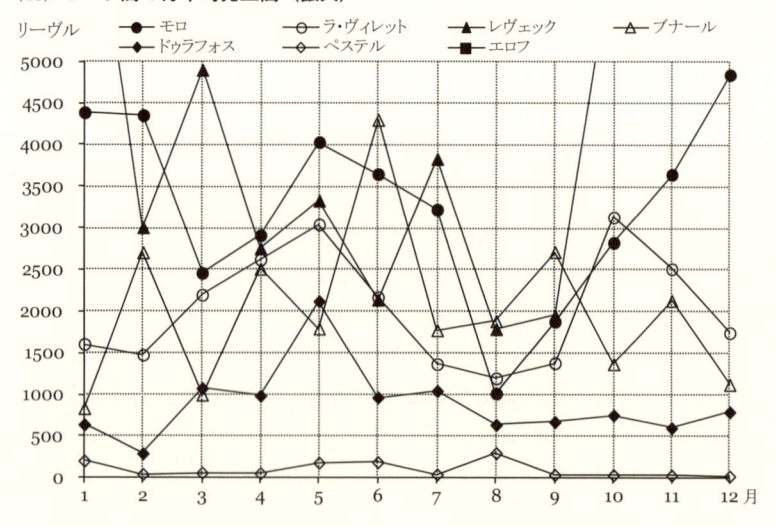

(47) モード商の月平均取引毎売上高

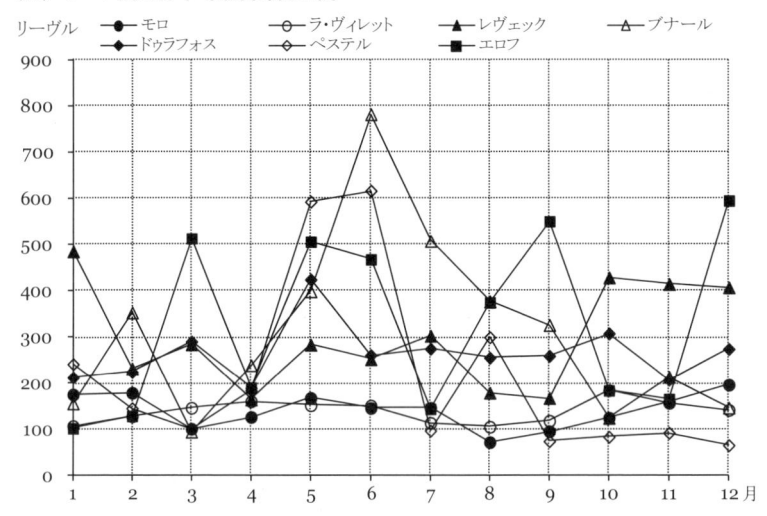

凡例: リーヴル　モロ　ラ・ヴィレット　レヴェック　ブナール　ドゥラフォス　ペステル　エロフ

　モード商により微妙に時期は異なるものの，(43)の取引日数も(44)の取引人数も(45)〜(47)の売上高も6〜8月の夏期に落ち込む傾向にある。また2月は日数が少ないせいもあり下がりがちである。取引が盛んな月はそれぞれ異なるが，エロフとモロを除けば取引日数と取引人数は11月がピークで，一部は1月と春にもやや上がる。エロフは12〜1月，モロは12月にピークが来る。レヴェックでもピークではないものの12月がやや多めである。(45)〜(47)の売上高については傾向がはっきりしないが，取引人数とやや似た動きになっている。なおブナールの6月の値は，全体値が小さい分，1回の特異な数値に引きずられて全体に上がっている[213]。

　季節変動の原因は顧客の社交活動にあるだろう。春・秋は社交シーズンで新しい服飾品が必要になる。8月は富裕層の避暑などでパリから人が減るため，購買活動が落ち込む。一般に服飾関係業では夏に仕事がなく困窮する手工業者／小売商も多かった。ある女性服仕立工は1年間に仕事がない日が約100日あったという[214]。ブナール，ドゥラフォス，ペステルは，おそらくそれよりもさらに仕事がなかっただろう。

　さらに，エロフ，モロ，レヴェックは，次節で詳しく見るように宮廷関係者の顧客が多く，彼らの取引には宮廷行事も強く影響している。1月と

12月は新年やクリスマスの行事がある他,エロフの5月の数値は1789年5月の全国三部会の準備によって引き上げられている。王の叔母アデライドとヴィクトワール,ルイ・ドゥ・ナルボンヌ伯夫人,セスヴァル=ラスティック伯夫人,ブルソンヌ伯夫人,シメ公夫人,レジュクール侯夫人,フェロネ伯夫人,セスヴァル・ドゥ・ルール侯夫人の7人の宮廷女官と,フォシニ伯夫人という1人の宮廷貴族女性が全国三部会用と明記された取引をしている。このように,モード商の取引は顧客の社交や社会生活の活発度に対応している。

(48) モード商の取引実施率

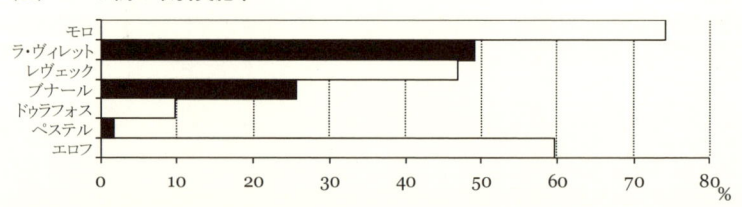

営業日数を帳簿掲載期間の総日数で除算。

(49) モード商の年平均顧客数

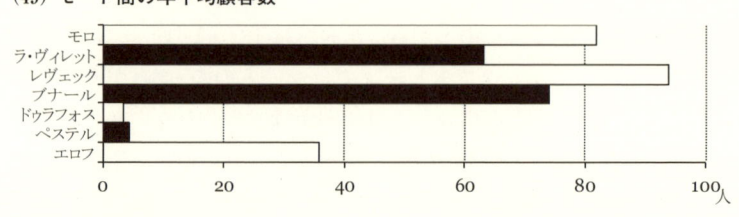

延べ人数ではない。

(50) モード商の顧客別平均取引回数

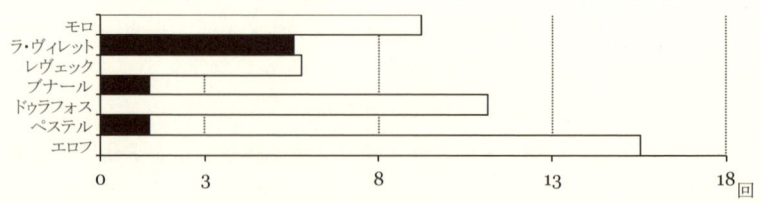

次に，モード商の取引や支払い方法について見ていく。(48)の取引実施率から読み取れるモロやエロフの店の繁盛ぶりは相当のものがある。エロフについては60%，1年間に4日間3人としか取引がなかった1793年の数値を差し引いて計算すると65%以上となる。実際には注文品の製作や仕入だけを行う日もあっただろうから，それを考えるとかなりの忙しさである。エロフとレヴェックはクリスマスである12月25日も休まず取引をしているし，年始も1月1日から記録が残っている。モロとラ・ヴィレットはクリスマスには取引をしていないものの，エロフやレヴェック同様，教会法上は商売をしてはならないはずの日曜日にも記録がある。一方，ブナール，ドゥラフォス，ペステルは取引をした日のほうが少なく，特にペステルは経営が成り立つとは思えないほど取引日が少ない。

取引実施率は(49)の顧客数にも関係する。取引実施率が高ければ取引人数も増える傾向があるが，延べ人数ではなく純粋な顧客数を考えるなら，(50)に示す顧客1人当たりの取引回数も重要である。顧客1人当たりの取引回数が多ければ顧客の定着率が高く，少なければ一見の客中心ということになる。この回数はエロフやモロの数値が大きいが，取引実施率の低いドゥラフォスの数値も大きいのが見逃せない。ドゥラフォスは数少ない顧客を相手に，限られた日に集中して取引をしていたということになる。

(51) モード商の年平均売上高

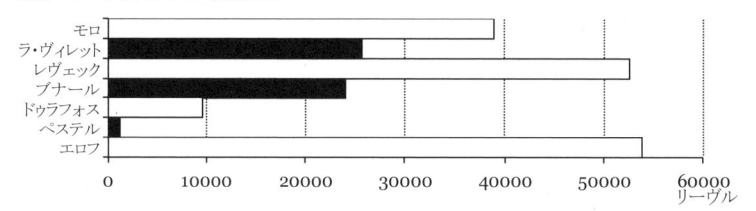

(52) モード商の売上決済率

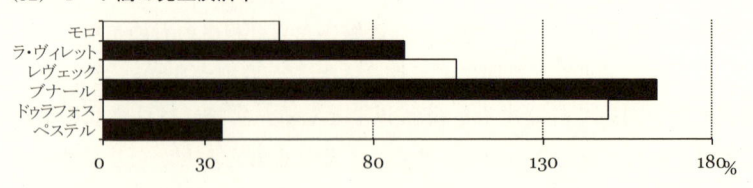

```
          0    30      80      130    180%
モロ
ラ・ヴィレット
レヴェック
ブナール
ドゥラフォス
ペステル
```

エロフの帳簿には決済に関する記録がほとんどないため，決済率は計れない。決済額についても同様。

(53) モード商の年平均決済額

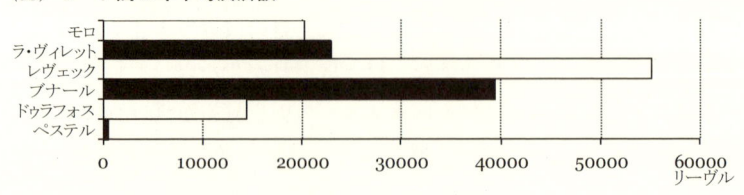

```
       0   10000  20000  30000  40000  50000  60000
                                              リーヴル
モロ
ラ・ヴィレット
レヴェック
ブナール
ドゥラフォス
ペステル
```

　(51)の売上高はモロ，レヴェック，エロフが高い。ただしこれは売掛金を含む額であり，すべて回収できたとは限らない。そこで(52)が示す決済率を見てみると，エロフについては情報が欠けているが，売上高では下回るラ・ヴィレットやブナールやドゥラフォスのほうが高くなっている。ただしブナールは1783年2月に突如盛んに売掛金を回収し，その後記録が途絶えるため，閉店を決めたときに回収に回り，この高率になったと考えられる。なお，レヴェックとブナールとドゥラフォスでは100％を上回っているが，レヴェックは帳簿掲載時期より以前から開業しており，以前の未払い分の繰り越し決済を含んでいるためである。ブナールとドゥラフォスについては理由がわからないが，レヴェックと同様に以前から開業していた可能性と，利子を加算した可能性，帳簿に記載漏れがあった可能性がある。これについては明確には言えない。いずれにせよこの決済率の差の結果，売上高がモロより劣るラ・ヴィレットとブナールが(53)の決済額では上回っている。

　支払い方法についてより詳しく見ていきたい。メルシエが「下級裁判所は，借り物に身を包んで装いを凝らした，それもばっちり凝らした洒落者

がどれほどいるかわかっている。仕立工がしている掛け売りのおかげであちらこちらで公共の品位が保たれており，彼らの大いなる便宜がなかったら公共の品位は損なわれていたことだろう」[215] と言っているように，当時は小売では掛け売りが一般的で，特に服飾品については掛け売り中心だったとされている[216]。実際，モロの店ではほとんどが掛け売りである。顧客が買い物に来た際に支払い，残金があってもまた掛け売りで買い物をしている例が多く，決済に一定の期限は見られない。ラ・ヴィレットは即日払いだとその旨を記録していないようなので正確にはわからないが，逆に記録がないものは即日払いと推測されるので，大部分が即日払いということになる。支払い方法はほとんど記録がないのでわからない。ただし，ラ・ヴィレットの顧客には8人しか貴族がいないが，この数少ない貴族顧客のうちポワソネ伯，ソラール侯夫人，シャルトル公は一度も売掛金を精算していない。なお，このシャルトル公とはパレ・ロワイヤルの主であった後のフィリップ・エガリテと思われる。

　レヴェックの顧客は概ねモロの顧客と同じように買い物のついでにたまに支払いをしているが，モロの例よりは即日払いが多い。また決済記録だけが並ぶ日があるため，自ら赴くか店員を使いに出すなどして直接まとめて売掛金回収に回る日があったのだろう。支払い方法は明記されていないことが多いが，まれに手形払いがあり，その場合たいていは地方から来た服飾関係業者と思われる顧客が大量の買い物をし，複数の手形で支払っている。

　ブナールには即日現金払いの例が多く，顧客名も記録せず，ただ現金払いとのみ記していることもたびたびある。閉店前の急な売掛金回収以外にも，こうした日頃の即日払いの多さが決済率の高さに結びついている。

　ドゥラフォスについては即日払いや数日以内の支払いが多く，手形払いの例も少ない。さらにドゥラフォスには，相手から商品を受け取ることにより支払いの一部に代えている例が複数ある。たとえばダリッサン氏との1785年1月12日の取引では，左手側に「商品で」として9リーヴル，右手側に同じく「商品で」として32リーヴルが記録されている。こうした現物払いをしている顧客はおそらく服飾関係業者で，取引回数も多い。顧客が購入時に品物を持ってきて交換したということだろう。

ペステルは取引ごとに支払期限を非常に詳しく書き留めており，期限の設定はまちまちだが，負債発生後3ヵ月～半年程度の例が比較的多い。しかし1年近いものもある。手形払いは少ないが，そのほとんどは貴族顧客である。なお，ペステルが扱う手形はすべて約束手形で，手形決済期限も記録されている。

　エロフの場合はおそらくほとんどが掛け売りである。王妃を含め王族には3月，6月，9月，12月末と3ヵ月ごとに，宮廷女官に対しては不規則ではあるが，おおむね2～6ヵ月ごとに請求書を作っている。他の顧客は数ヵ月に一度，買い物の折に支払っている例が多い。未払いも非常に多く，1787～1788年の間は1年以上の未払いの例もまれではない。たとえば1788年12月30日，マリ＝アントワネット付女官だったオサン伯夫人は，エロフが店を継ぐ前の1784年の売掛金を決済している[217]。オサンはそれ以前にもたびたび未払いのまま買い物をしており，この決済後も3023リーヴル18ソルが未払いのままである。このような例は枚挙に暇がない。まれには夫が妻のために精算する支払いをすることもある。1791年4月10日，ロタンジュ伯が夫人の未払い分の一部を精算している[218]。しかし革命に伴う貴族層の亡命に際しても多くは未払いのまま放置されており，対策としてか，エロフは1789年7月以降，王族に対して即日払いを求めるようになっている。またその前の未払い分のためか，ラヴァル公夫人とオサン伯夫人の要求でエロフは1792年4月と8月に王妃宛とアデライド宛の請求書を作成しているが，国王夫妻と王太子と王女および王妹エリザベトは8月にタンプル塔に移されたため，これも未払いで終わったと思われる。記録上はっきりしないが，1789年7月を境に売掛金の請求記録が激減するため，おそらく他の顧客に対しても即日払いを求めるようになったのだろう。

　まとめれば，エロフ，モロ，レヴェックのように王族や宮廷貴族の顧客層を持つモード商のほうが基本的には顧客定着率が良く，売上も良かったと考えられ，特にエロフは後段で見るように王妃からの売上の大きさにより多額の売上を出している。しかし宮廷貴族らを含め貴族層相手だと掛け売りが多く，直接回収にでも行かなくては未払いも頻発したため，ラ・ヴィレットのように，売上高は比較的小規模でも即日払いを原則とすれば決済

額は貴族層を相手にするより多額になることもある。

　ただしここで忘れてはならないのは、エロフは革命が始まるまでは非常に成功したモード商だったが、他6人は全員革命前に破産しているということである。この差はどのような要因によるのだろうか。おそらくは、単純に商売の規模の違いだろう。つまり、王族、特に王妃を顧客に持つのが革命前のモード商にとって最も当てになる商売のやり方だったのである。しかしそれでも、即日払いにより確実に決済率を上げる取引方法がこの業種にも導入されていたのは見過ごされるべきではない。

　さて、ここで別の新しい取引のやり方に注目したい。モロは頻繁に返品を受け付けている。1778年には返品の記録はないが、1779年には多くの例がある。たとえば1779年4月25日にはショワズル・デルクール伯夫人から「半覆いボンネット1つ」の返品を受け、24リーヴルを払い戻している。またときには裁断した布地の返品も受けている。ドゥ・ブローニュ・ドゥ・プレナンヴィル夫人は1778年9月30日、同月27日に購入した「タフタ18オーヌ」を返品して126リーヴルを払い戻されている。かなり前に購入した商品の返品を受けている例もある。ナルボンヌ子爵夫人は「黒ガーゼ製大マント」24リーヴルを1781年2月7日に買い、3月8日に返品している。さらに、生地だけ売って他の者が仕立てた商品の返品まで受けている。ロカンベール伯夫人は1780年6月14日に「ガーゼ10オーヌ、1オーヌ当たり10リーヴル」を計100リーヴルで購入し、23日に「ガーゼ製ドレス」を100リーヴルで返品している。このように、払戻額は購入時の金額と常にまったく同じで、手数料などを取っている形跡はない。またドゥラフォスの場合も左手側に「返品で」と記している例が頻繁にあり、返品を受け付けていたことがわかる。

　返品が制度として確立されたのは19世紀の百貨店ボン・マルシェにおいてだとされている。創業者ブシコは快く買い物をしてもらえるよう返品制度を打ち出し、この制度はすぐに普及した[219]。失敗を怖れずに買い物ができると思えば客は安心して入店でき、結果として売る側にもより多くの利益をもたらすだろう。こうした良心的な経営方法は18世紀の小売商の慣行にはなかったと言われてきたが、上記の通り、制度とは呼べなくても返品は18世紀からすでに受け入れられていたのである。

ただし，この返品の受け入れは，高い社会層の顧客を相手にするがゆえにモード商の側が力関係の上で弱く，顧客側に押し切られざるを得なかったということかも知れない。つまり，ボン・マルシェで採用されたような良心的な経営方法としての返品制度ではなく，あくまでアンシャン・レジーム的な身分関係によるやむを得ない選択だったということも考えられる。しかし，ドゥラフォスが返品を受け入れている相手は服飾関係業者や素性不明の男性であり，立場上ドゥラフォスの側が特に弱かったとも受け取れない。また王妃をはじめ最も錚々たる顔ぶれの顧客を持つエロフが返品を記録したのはただ1度で[220]，比較的貴族顧客が多いレヴェックは一度も記録していない。

　いずれにせよこれは制度としての返品受け入れではなく，顧客の都合に合わせた散発的なものではあったが，こうしたところで顧客側が返品の便利さと安心感を知り，モード商の側もそれを受け入れることに利益があることを知ったなら，それがボン・マルシェの返品制度へのなにがしかのヒントになった可能性はある。

3.顧客層と取引

　次に顧客層の面から帳簿の分析を進めるが，帳簿に記録された顧客の素性を同定するのは非常に難しい。著名な貴族なら手段があるし，顧客名に爵位が付記されていることも多いが，非貴族については同定の手段がほとんどない。また同一人物と思しき顧客についても幾通りもの綴りで書かれ，どれが正確かわからないことも多い。しかしそのような状況でも，一部の帳簿には顧客の素性や住所などが記されているし，取引の頻度や内容から素性を推測できることもある。とはいえある程度の素性が知れたとしても社会層の分類には困難がつきまとうが，宮廷を中心に活動する王族・貴族か，主にパリに居住する富裕層・エリート層か，モード商にとって同業者である服飾関係業者かという点を特に重視し，以下の19種類に顧客を分類した。この3つの立場に注目することにより，各モード商が，宮廷に依存するのか，パリのエリート層に依存するのか，同業者と取引する中間商人的性格を持つのかが明らかになる。

- 王妃・王族女性

  王妃マリ＝アントワネット，マダムこと王弟妃プロヴァンス伯夫人，もう1人の王弟妃アルトワ伯夫人，王の叔母たちなど。

- 宮廷女官[221]

  王妃付貴婦人，あるいはその他王族女性付貴婦人，着付係貴婦人，宮殿貴婦人など王族女性の周辺に侍る手当付きの役職に任命された貴族女性，あるいはさらにそれらの貴族女性付の役職に任命された貴族女性。

- 宮廷貴族既婚女性

  宮廷女官以外で，宮廷入りが記録にある貴族既婚女性。帳簿掲載時にはまだ宮廷入りしていなくても便宜上ここに分類している。

- 宮廷使用人女性

  部屋係，衣装係など，宮廷で雇われている非貴族女性。既婚・未婚を問わない。非貴族で王族女性の身の回りの仕事に携わる部屋係など。王妃マリ＝アントワネットの司書なども兼任したカンパン夫人など，ある程度重要な役職にある非貴族女性も含む。

- 公職・法曹関係者夫人

  高等法院などの役職者の夫人。一般的に法服貴族と呼ばれる家門の既婚女性も含む。

- 他貴族・聖職既婚女性

  爵位または修道院長などの聖職を付して記録されている既婚女性。聖職女性は未婚の可能性が高いが，« Madame »の肩書きが付されているため，ここに分類する。実際に登場するのは，ショワズル女子大修道院長とサン＝ルイ女子大修道院長の2人。爵位の記録がなくてもドゥ・レゼの解説または他の文献から貴族と確認できる既婚女性もここに分類している。実際には宮廷入りしている貴族や法服貴族も含まれている可能性がある。

- 服飾関係業女性

  モード商，女性服仕立工など。既婚・未婚は問わない。職業が帳簿に記載されていて確実と言える例は少ないが，取引の内容などからそう判断できる者も含む。

- 手工業／小売業女性
 既婚・未婚は問わない。ラ・ヴィレットのみ職名を詳しく記録しているため，そこから同定できる者。よって他のモード商の顧客にはここに分類できる者はいない。
- 他既婚女性
 « Madame » という肩書きから既婚女性と知れるが，他の情報がない者。
- 公職・法曹関係者娘
 高等法院などの役職者の娘。一般的に法服貴族と呼ばれる家門の未婚女性も含む。
- 他貴族未婚女性
 爵位を付して記録されている未婚女性。爵位の記録がなくてもドゥ・レゼの解説または他の文献から貴族だと確認できる未婚女性はここに分類している。実際には宮廷入りしている貴族や法服貴族も含まれている可能性がある。
- 他未婚女性
 « Mademoiselle » という肩書きから未婚女性と知れるが，他の情報がない者。
- 宮廷貴族男性
 宮廷入りが記録にある貴族男性。帳簿掲載時にはまだ宮廷入りしていなくても便宜上ここに分類している。
- 公職・法曹関係者
 高等法院などの役職者，警察などの役職者，弁護士・公証人など法曹関係者，また厳密には公職とは言えないが，便宜的に徴税請負人もここに分類している。一般的に法服貴族と呼ばれる一族の男性も含む。
- 他貴族・聖職男性
 爵位または神父 Abbé などの聖職を付して記録されている男性。爵位の記録がなくてもドゥ・レゼの解説または他の文献から貴族だと確認できる男性はここに分類している。実際には宮廷入りしている貴族や法服貴族も含まれている可能性がある。

第４章　モード商の営業活動 ◆ 127

- 服飾関係業男性

  男性服仕立工など。職業が帳簿に記載されていて確実と言える例は少ないが，取引の内容などからそう判断できる者も含む。

- 手工業／小売業男性

  ラ・ヴィレットのみ職名を詳しく記録しているため，そこから同定できる者。よって他のモード商の顧客にはここに分類できる者はいない。

- 他男性

  « Monsieur » という肩書きから男性と知れるが，他の情報がない者。

- 不明

  肩書きなどの記録がなく，性別・身分・職業などいっさいの素性がわからない者。

(54) モード商の顧客分類別年平均延べ登場人数

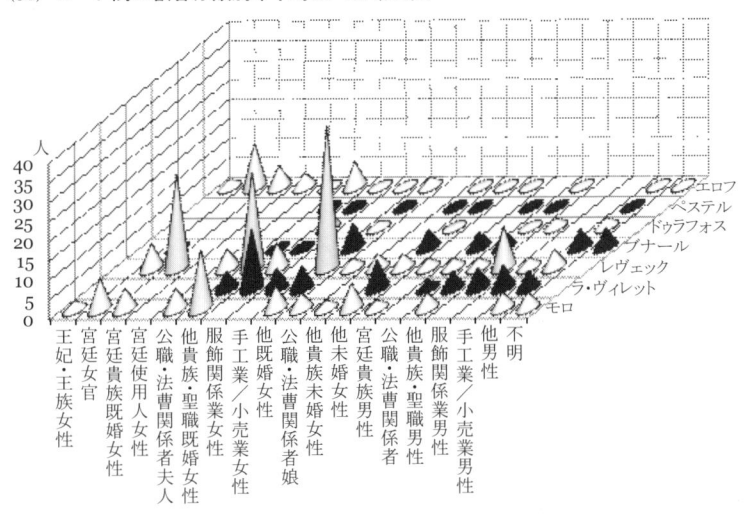

(55) モード商の顧客分類別年平均延べ登場日数

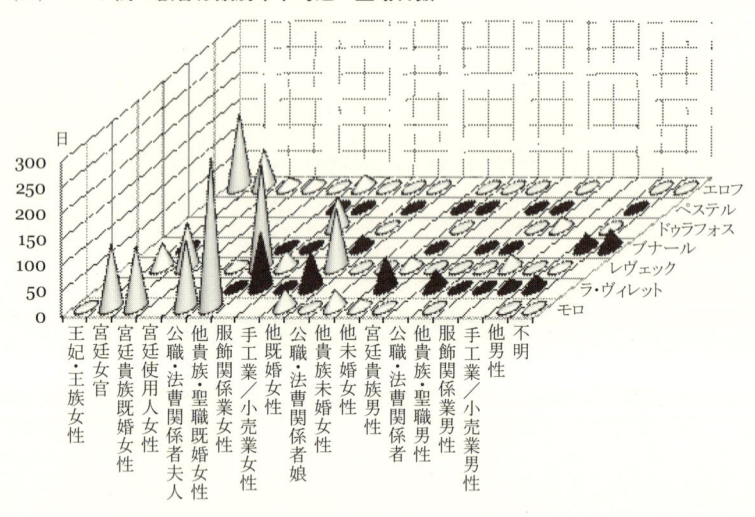

(56) モード商の顧客分類別年平均売上高

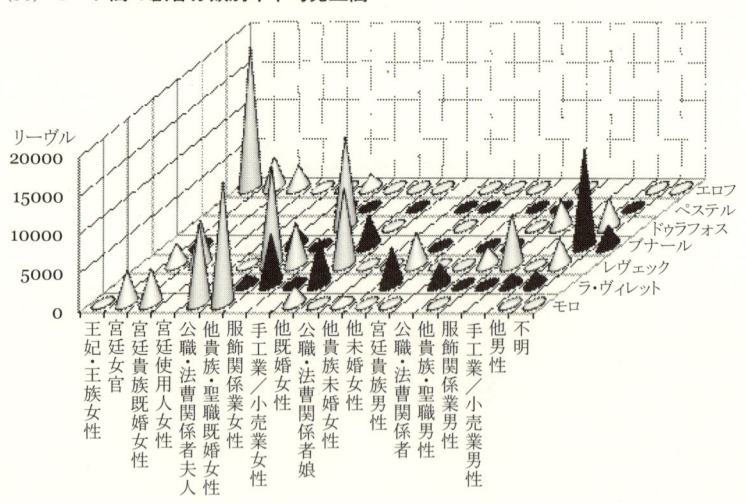

　この分類にもとづいた各モード商の顧客分類別登場回数と売上高の年平均値を見てみると，王妃・王族女性に関しては母数がきわめて少ないので別とすれば，大まかに(54)の延べ登場人数，(55)の延べ登場日数，(56)

の売上高には相関がある。全体に女性が多く，登場日数も売上高も多い。未婚女性は職に就いている者以外，既婚女性と比べて少なめである。特に貴族層の未婚女性は，母親と同じ日に続けて記録がある例が多い。つまり母親と共に来店していたのだろう。

モロとレヴェックとエロフは比較的貴族層に偏っているが，それぞれ特徴はある。モロの帳簿に登場する王族女性は王の叔母アデライドと，シャルトル公の妹にあたるブルボン公夫人の2人で，全体に宮廷関係者らの値はさほど大きくはないものの，貴族層の占める割合は圧倒的に大きい。特に他と比べると公職・法曹関係者夫人の割合の大きさが無視できない。その中では法服貴族として活躍し高等法院長も輩出したラモワニョン一族の女性たちや，ドゥ・ブローニュ・ドゥ・プレナンヴィル夫人，ドゥ・シャンプラトリュ夫人が特に目立つ存在で，とりわけドゥ・フレーヌ・ドゥ・ラモワニョン夫人とドゥ・ブローニュ夫人とは，1779年にはほぼ週に1度は取引している。

レヴェックはその他の非貴族層とも一定の取引を保っている。人数では服飾関係業者が目立つが，登場日数と売上高は低く，他非貴族層のほうが大きな値となる。エロフの王妃・王族女性偏重ははなはだしく，王妃マリ＝アントワネット，王弟妃プロヴァンス伯夫人，王弟妃アルトワ伯夫人，王の叔母アデライド，王の叔母ヴィクトワールの5人が帳簿に登場し，彼女らからの売上高で全体の65％以上を占めている。また宮廷使用人女性らもおそらくは王妃・王族女性の使いである。これに宮廷女官を加えると売上高の80％以上となる。エロフの宮廷への依存度がはっきりとわかる。

ラ・ヴィレットは全体に非貴族層に偏り，中でも服飾関係業者の値の大きさが目立つ。具体的にはモード商が多く，またモード商はすべて女性だが，中でもゴドフラン嬢，グレゴワル夫人，ル・セック夫人とは平均して月に1度以上取引している。ただしゴドフラン嬢は1779年5月以来支払いをしておらず，また1780年5月を最後に登場しなくなる。男性服仕立工の顧客もおり，そのうちフュジエ氏は，仕立工が生地の在庫を持つのは禁じられていたにもかかわらず，男性服によく用いられるグログランやラシャを頻繁に購入している。自分の顧客の代わりに買いに来ていたのかも知れない。ドゥラフォスにも服飾関係業者の顧客が多い。男性が多いのも

特徴的で，4分の1以上を占める。ブナール，ペステルでも，それぞれの数値が小さくわかりにくいが，非貴族層への偏りが見られる。

(57) モード商の顧客分類別年平均1人当たり売上高

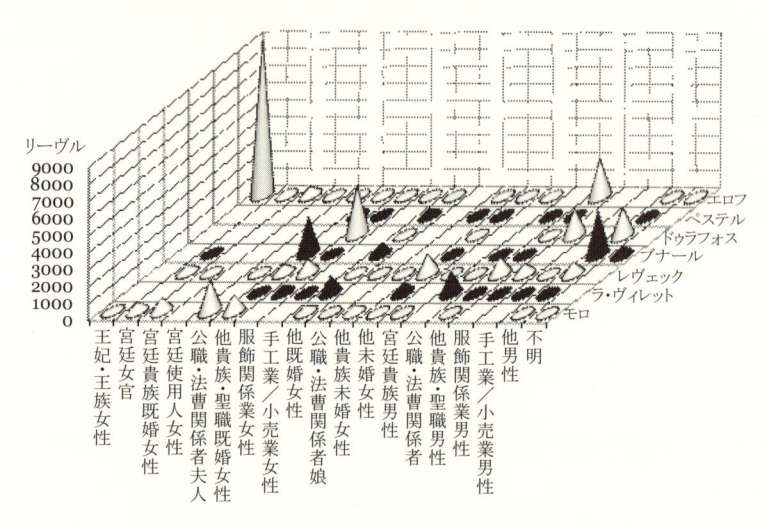

(58) モード商の顧客分類別年平均1人当たり売上高（拡大）

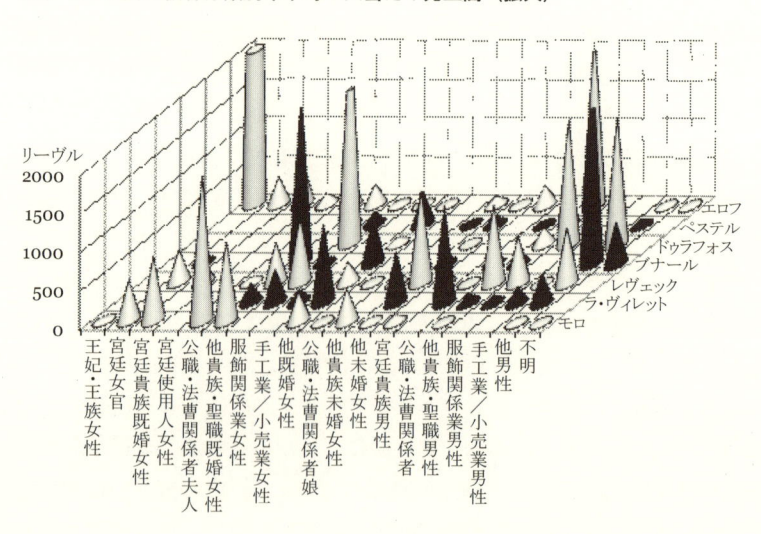

次に，顧客別売上高を見てみる。(57)，(58)のように，顧客 1 人当たりの売上高では女性に偏った傾向は薄まり，レヴェックやドゥラフォスではむしろ男性に偏る。しかしモロの貴族層への偏り，エロフの王妃・王族女性への偏り，ラ・ヴィレットとドゥラフォスの非貴族層への偏りは変わりない。

　詳しく見ると，モロでは全体の売上高と大差ない傾向で，公職・法曹関係者夫人が大きい値を示している。ラ・ヴィレットは非貴族層偏重の中でも，女性では素性不明の非貴族女性，男性では公職・法曹関係者が目立つ。具体的には，シャトレ裁判所検事バレ氏，公証人ブレ氏，顧問弁護士ペラン氏，警部キドール氏，徴税請負人ヴァロシュ氏などが上得意である[222]。レヴェックでは貴族既婚女性層の値がかなり下がり，次に値が大きかった服飾関係業者など非貴族層が上回る。ブナールでは貴族・聖職既婚女性と素性不明非貴族男性の値が大きいが，前者についてはシャルトンシナン伯夫人の1780 年 9 月 22 日1822 リーヴル，1781 年 4 月 24 日2370 リーヴルの 2 回の買い物，後者についてはベルジェール氏の1782 年 6 月 11 日5670 リーヴル 10 ソルの 1 回の買い物が大きく値を引き上げているためである。ドゥラフォスの非貴族層偏重の傾向は変わらず，特に服飾関係業者の値がきわめて大きい。そのため，ドゥラフォスの場合，素性不明男性の中にも服飾関係業者が含まれている可能性が高い。ペステルでは法服貴族層の値が大きいが，全体の取引数がかなり少ないため，傾向を判定するのは危険である。エロフは王妃・王族女性への激しい偏重が一目瞭然である。特に王妃は 1787 ～ 1790 年には年 140 日以上登場し，売上高が単独で全体の 13.4% を占めているほどで，値を大きく押し上げている。

　さらに(59)，(60)で取引当たり売上高を見るが，このデータは例が少ないと極端な値に引きずられやすいことに注意が必要である。ペステルについては全般にそれが言える。ブナールで宮廷女官の値が大きいのは，この層の顧客がロルジュ公夫人しかおらず，この 1 人の値が全体を引き上げているためである。エロフの貴族・聖職男性の値も極端に高いが，マルコネ子爵が 1787 年 6 月 16 日に 2190 リーヴル 19 ソルで「結婚の籠」と呼ばれる婚約の贈り物を購入[223]しているのが唯一の例で，それがそのまま反映されている。宮廷貴族男性も例が少ないため極端な値になっている。

(59) モード商の顧客分類別年平均取引当たり売上高

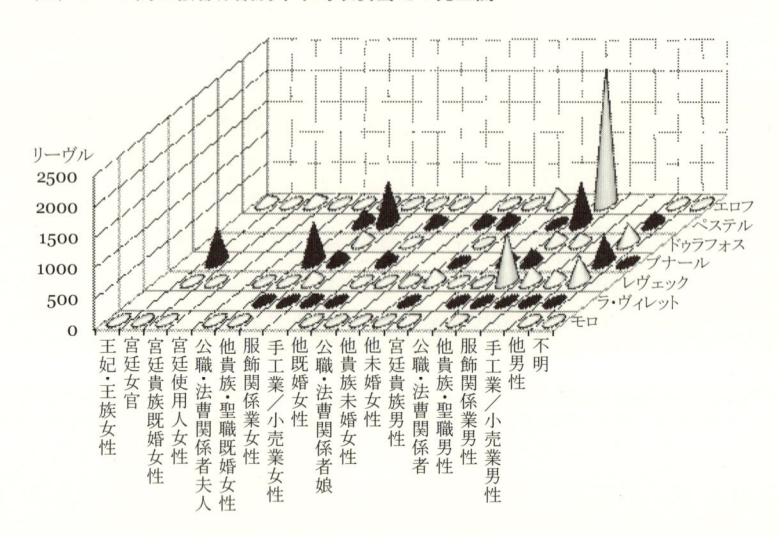

(60) モード商の顧客分類別年平均取引当たり売上高（拡大）

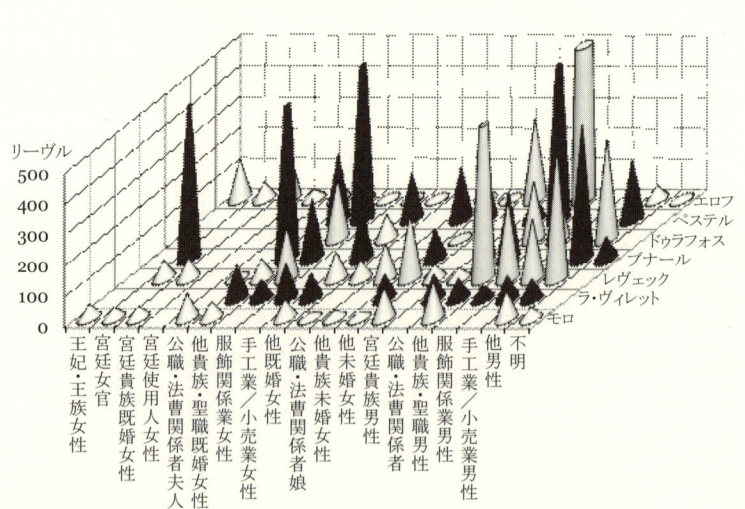

こうした極端な値を除外すると，モロについては，男性の取引別売上が高めになっている。男性客は頻繁には来店しないが，一度に大量にまとめ買いすることが多い。ラ・ヴィレットでは，顧客別売上高では目立っていた服飾関係業者が後退する。彼らは小額の買い物のために頻繁に来店していたことがわかる。レヴェック，ブナール，ドゥラフォスについては，前述の例外を除けば顧客別売上高と大差ない。エロフについては，王妃・王族女性の値が売上総額の突出ぶりに比べると顕著に小さい。これは前述の王妃の登場回数に見るように，取引回数がきわめて多いのが原因である。

(61) モード商エロフの顧客分類別延べ登場人数

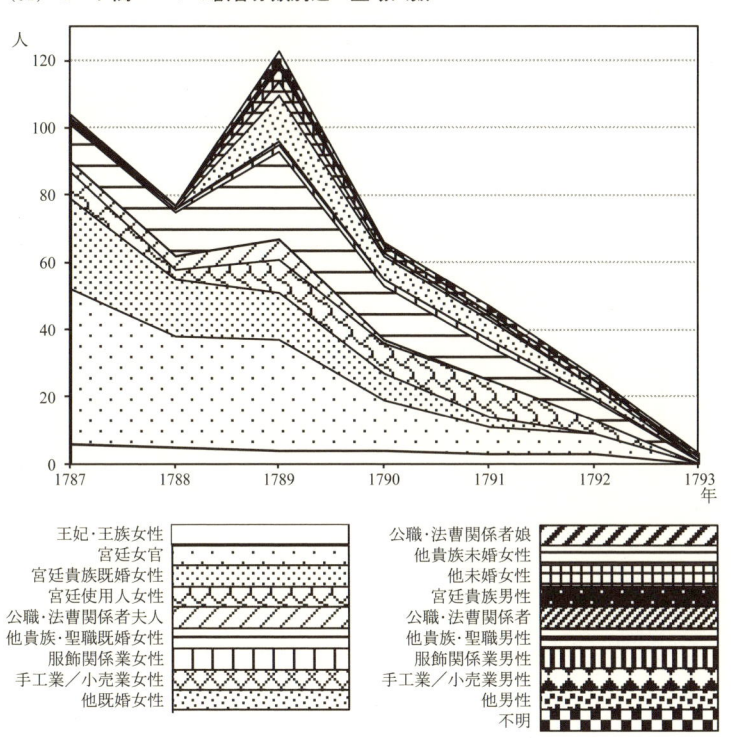

王妃・王族女性	公職・法曹関係者娘
宮廷女官	他貴族未婚女性
宮廷貴族既婚女性	他未婚女性
宮廷使用人女性	宮廷貴族男性
公職・法曹関係者夫人	公職・法曹関係者
他貴族・聖職既婚女性	他貴族・聖職男性
服飾関係業女性	服飾関係業男性
手工業／小売業女性	手工業／小売業男性
他既婚女性	他男性
	不明

(62) モード商エロフの顧客分類別延べ登場日数

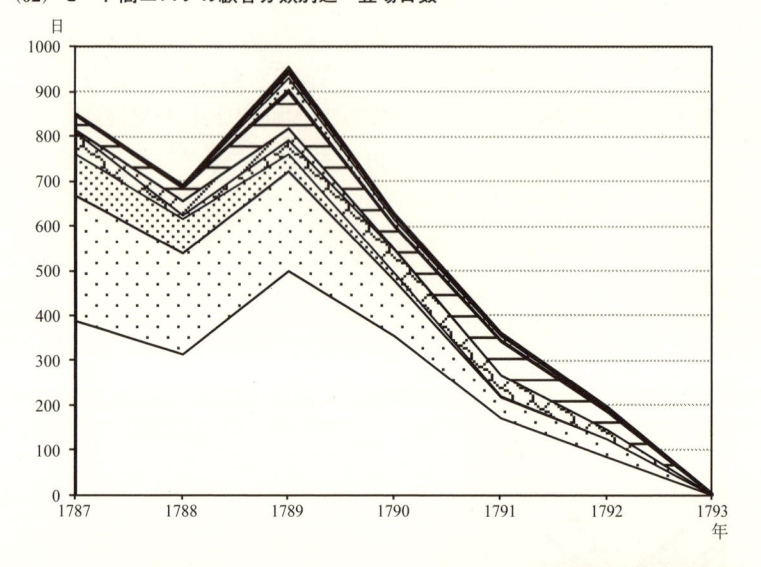

凡例	
王妃・王族女性	公職・法曹関係者娘
宮廷女官	他貴族未婚女性
宮廷貴族既婚女性	他未婚女性
宮廷使用人女性	宮廷貴族男性
公職・法曹関係者夫人	公職・法曹関係者
他貴族・聖職既婚女性	他貴族・聖職男性
服飾関係業女性	服飾関係業男性
手工業／小売業女性	手工業／小売業男性
他既婚女性	他男性
	不明

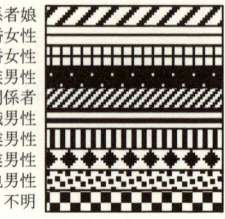

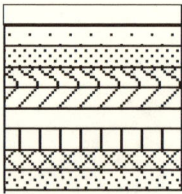

(63) モード商エロフの顧客分類別売上高

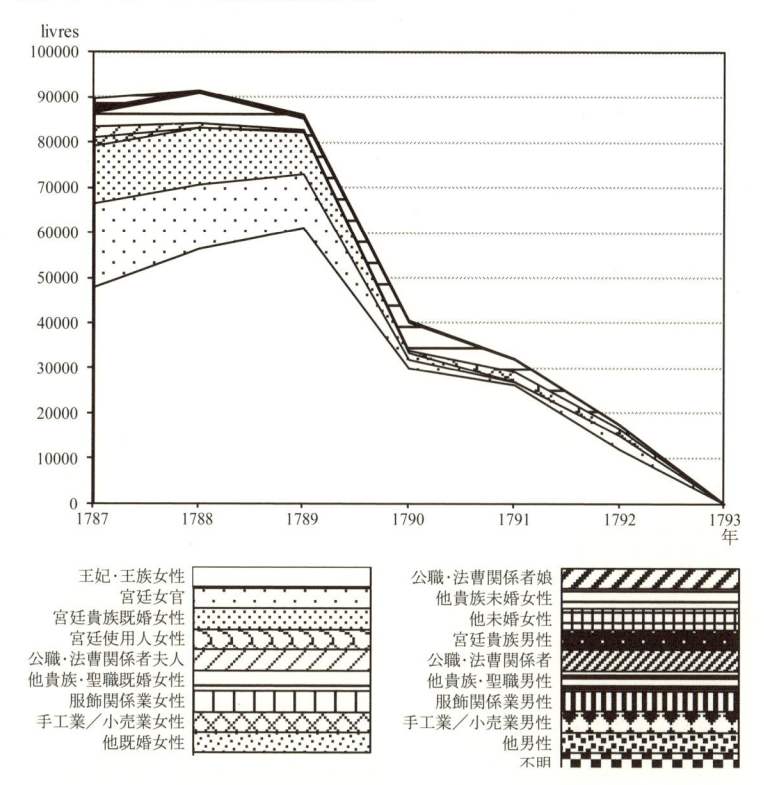

凡例:
- 王妃・王族女性
- 宮廷女官
- 宮廷貴族既婚女性
- 宮廷使用人女性
- 公職・法曹関係者夫人
- 他貴族・聖職既婚女性
- 服飾関係業女性
- 手工業／小売業女性
- 他既婚女性
- 公職・法曹関係者娘
- 他貴族未婚女性
- 他未婚女性
- 宮廷貴族男性
- 公職・法曹関係者
- 他貴族・聖職男性
- 服飾関係業男性
- 手工業／小売業男性
- 他男性
- 不明

　ここでエロフの顧客層や売上高について経年的に見てみよう。エロフが王妃をはじめとした王族らに強く依存していることは前述の通りだが，1789年をピークに取引回数が落ち込んでいき，記録がある最後の年，1793年には4月17日と7月25日のメリニ侯夫人，5月13日デルロン氏，8月10日性別不明ジュイヤールの3人，計4回の取引記録しかない。

　全国三部会のために多くの宮廷関係者の衣装を準備したことにより1789年に(61)の登場人数と(62)の登場日数でピークが来ているのだが，この年を境に貴族層の顧客が激減している。これは革命勃発に伴う貴族層の亡命が原因である。これに伴う自衛策として，王族らに即日決済を求めるようにはなったが，実際に取引回数や売上高が減るのは防ぎようがな

かった。王の叔母アデライドとヴィクトワールは1791年2月のローマ亡命後もエロフに注文を続けているが、他にそのような例はない。アデライドが亡命した2月以降、代わってパリでの用を足す係として、エロフの帳簿に記録された使用人に新しい顔ぶれが加わっている。またアデライドらの亡命の後、同年6月に国王一家は亡命に失敗してチュイルリ宮に移され、おそらく王妃との直接取引は難しくなっただろう。こうしたことで1791年に王妃やアデライドらの使いである宮廷使用人との取引が増え、売上高も増す。

　一方、同じく1789年には非貴族層・非宮廷関係者の顧客が初めて出現し、1790年以降数の上で安定する。1789年7～8月頃、政治的な立場を示すために徽章や徽章用のリボンを求める初見の非貴族顧客がにわかに増え、その中からしだいに固定客が現れるためである。彼らはあまり高額の買い物をしないが、人数的にも売上高の面でも変動は少ない。しかし彼らからの売上は貴族層顧客からかつて得られた売上にはとうてい匹敵せず、経営は破綻する。

　以上の顧客層別データから各モード商の顧客層の特徴をまとめると次のようになる。

- モロ
  法服貴族を含む公職・法曹関係者夫人や宮廷外貴族の女性顧客が多い。モノワ通りというパリ中心地に店舗があることからしても、モロは真にパリのモード商であり、パリ在住の貴族を主な商売相手としている。
- ラ・ヴィレット
  服飾関係業者を中心とした非貴族層の顧客が多く、彼らは小額の買い物のために頻繁に来店する。
- レヴェック
  最も幅広い顧客層を持つ。人数や登場回数ではやや貴族層に偏っているが、非貴族の顧客はそれぞれが比較的大きな買い物をしている。
- ブナール
  貴族顧客が少なく、非貴族層の顧客に偏る。男性顧客が比率的に多め。

- ドゥラフォス
  顧客はほぼ非貴族層で，特に額の大きい取引相手はほぼ服飾関係業者である。
- ペステル
  顧客の大半は非貴族層だが，非貴族層の中での偏りの有無を考えるには全体の取引回数・売上高共に少なすぎる。
- エロフ
  王妃をはじめとした王族女性らに強く依存しており，ほかも宮廷に関係した貴族女性の顧客が非常に多く，革命勃発以降は貴族層の亡命によって経営が困難になる。逆に革命勃発後非貴族層の顧客を初めて持つようになるが，経営不振を補うことはできなかった。

4.顧客層と流通段階

　このように各モード商の顧客層にはそれぞれ違いがあったが，それぞれの顧客層には具体的にどのような特色があったのだろうか。
　モード商の顧客層は，相互にかなりの重複が見られる。非貴族層については完全な同定が難しいが，エロフ，モロ，レヴェックは貴族，特に宮廷貴族層の顧客を多く共有している。また，貴族層の顧客が多いこの三者には特に言えることだが，各モード商の顧客内部の繋がりも様々にある。エロフの顧客の宮廷女官らは互いに知り合いだっただろうし，前述の母が娘と共に来店している例のほか，妻と夫がそれぞれ顧客になっている例，親類がたびたび共に来店している例などがある。たとえば，モロの店では，前述ドゥ・シャンプラトリュ夫人に加えその夫，ドゥ・ナンプ夫妻，ドゥ・フォワシュ夫妻が共に顧客となっている。また前述ラモワニョン一族では，ドゥ・ラモワニョン夫人とドゥ・フレーヌ・ドゥ・ラモワニョン夫人が頻繁に共に来店している。それぞれ娘を連れていることもある。レヴェックの顧客にはデュロ伯夫妻と侯夫人，ジニェ侯夫人と男爵夫人など親類関係にある顧客や，高等法院長ジルベール・ドゥ・ヴォワザンの妻と娘など多くの母子がいる。ほかにもおそらく親戚，友人，知人の関係にあったと思われる顧客は多く見られる。

つまり，貴族層の顧客は互いに繋がりを持ちつつ，複数のモード商の顧客になっていたのである。顧客の立場から具体的に考えれば，紹介や口コミなどでモード商を選んでいたのだと思われる。

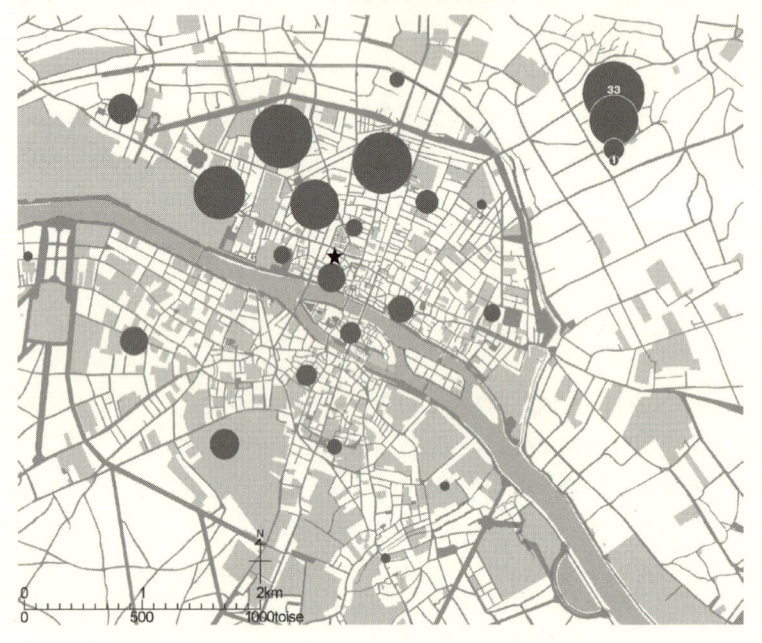

(64) モード商ラ・ヴィレットのパリ市内街区別顧客分布（1778～1780年）

顧客の地域的な広がりも見てみよう。ラ・ヴィレットの店は★印，ル・ルーヴル街区のブルドネ通りにある。小額の買い物のために頻繁に店に通う服飾関係業者を中心とした非貴族層が主な顧客であり，交通手段はほとんどが徒歩だったと考えられるが，近隣のル・ルーヴル街区よりもやや離れた北西部に住む者が多い。モンマルトル街区の顧客が最も多く，33人に上る。サン＝ドゥニ街区の31人，パレ・ロワイヤル街区の24人，サン＝チュスタシュ街区の20人がそれに続く。特にモンマルトル通りのヌーヴ・サン＝チュスタシュ通り，サン＝ドゥニ街区のポワソニエール通り，パレ・ロワイヤル街区のリシュリュ通りとサン＝トノレ通り，サン＝チュスタシュ街区のクロワ・デ・プティ＝シャン通りに集中している。

この顧客分布はモード商の地理的分布とほぼ重なっており、これらの通りは服飾品関係業の中心地である。主に同業者を相手に商売をしていたラ・ヴィレットの顧客層の特色が強く出た分布と言えよう。
　ラ・ヴィレットの顧客は全員がパリ在住者だが、他のモード商はどうだろうか。
　ドゥラフォスの顧客はフランス全土に散らばっている。地方からの顧客の比率は多くはないが、企業顧客4社のうち3社が在リヨンで、他にも服飾関係業者と思われる顧客の中に地方からの者が多い。具体的には、ノルマンディ地方のカン、ピカルディ地方のシャンティ、王家所有の城があるパリ近郊のマルリなどから来ている顧客がいる[224]。こうした地方都市の服飾関係業者はパリから仕入れた品を地元で売っていたと思われる。中でもリヨンは16世紀頃から盛んになっていった絹織物業が17世紀末から18世紀中にかけて大発展をとげ、イタリアに代わって高級絹織物の産地としてヨーロッパ絹織物市場を席巻した街である。同時にフランス第二の人口を持つ大都市でもあり、流行服飾品の需要は大きかっただろう[225]。ドゥラフォスの顧客38人のうち18人が服飾関係業者、うち11人は売り手兼買い手であり、ラ・ヴィレットと同様に同業者間の商売という色彩が強いのだが、このようにして地方の服飾関係業者とも取引していたのである。

(65) モード商レヴェックの地方・国別顧客分布（1782〜1785年）

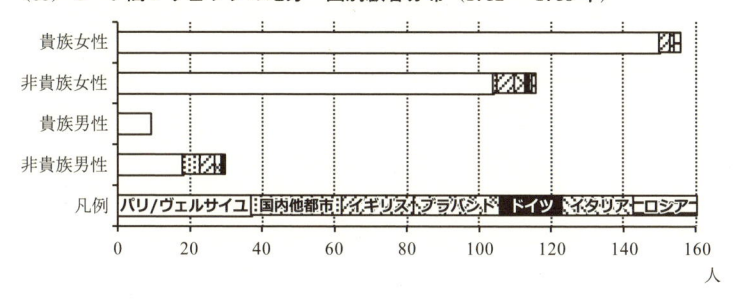

　さらに、モード商の顧客の範囲はフランス国内にとどまらない。レヴェックにおいても、特に貴族層はパリまたはヴェルサイユ在住の顧客が多いの

だが，非貴族層，とりわけ男性に占めるパリ外在住者の多さは注目に値する。非貴族層の男性には服飾関係業者が多いが，国外からも買い付けに来る業者がいたのである。夫妻が交互に来ている例も多い。なお，夫妻や親子については，帳簿上別会計にしている例とまとめて扱っている例がある。別にしている場合は各1人ずつ，まとめている場合は来店頻度が高いほうの分類で1人として数えている。パリ外非貴族層としては，国内ではストラスブール2人，ボルドー，クルテイユ，ディジョン，ルアンが各1人，国外では，ロンドンから4夫妻と3男性，ブリュッセルから2夫妻と1女性，ケルンから1未婚女性，ハンブルクから1男性，トリノから1未婚女性が顧客となっている[226]。ただしこれら海外在住者についてもフランス語風の名前が多いが，フランス出身なのか，レヴェックが外国名をフランス語風に記したのかはわからない。貴族層では，ロシアの1母子，イギリス人と思われる3女性，ナポリの1女性がいる[227]。こうした各地から来訪した顧客は一度に多額の取引をすることが多い。レヴェックには一度に1000リーヴル以上の取引が4年間で20回あるが，うち11回が国外・地方都市在住者との取引である[228]。国外などからたまに来店して大量にまとめ買いをする固定客，特に服飾関係業者の顧客を持っていたのである。

このように一部のモード商は，中間商人として，地方や国外に向けてパリの服飾品を輸出する役割を担っていた。これはヴェルサイユに店舗を持ち宮廷に強く依存するエロフや，パリの宮廷外貴族層を主な顧客とするモロにはない特徴である。

こうして輸出された商品は各都市で小売される。たとえば，アムステルダムには小間物商と呼ばれる商品別専門商が存在し，パリの流行服飾品を販売していた。この職業はオランダ語でgalanteriewinkelと呼ばれるが，galanterieはフランス語の雑貨・小間物mercerie，winkelは小売商marchandに相当し，英語で言うhabardasherに近い職業である[229]。

つまり，少なくとも2種類のそれぞれ異なる流通段階にたずさわるモード商が存在していたということになる。富裕層を中心とした最終消費者への小売のみを行うモード商と，小売のみならず同業者を相手とした中間商人的な役割も持つモード商である。前者は顧客同士の紹介や口コミによって顧客層を維持・拡大する。一方，後者はときに国外にまでパリの流行服

飾品を伝播させる役割を担っていたのである。

5.商品・作業

　続いて，扱う商品や作業の面から詳しく分析していくが，それに先立ち，当時の服飾の実際について概略を見ておきたい。
　富裕層の衣服については実物も残され，研究がよく進んでいるが，庶民層の衣服についての手掛かりは乏しい。とはいえ，モード商が扱う商品を実際に身に付けるのは富裕層であり，ここで富裕層の服飾を中心に見ても大きな差し障りはないだろう。また，登場するのはほとんどが女性用の服飾品であるため，女性服飾を中心に見ていく。

(66) ローブ・ア・ラ・フランセーズ（1778 年）

Galerie des modes, 1778（文化学園大学図書館所蔵）
ローブ・ア・ラ・フランセーズ。頭飾はプフまたはボンネット。王妃マリ＝アントワネットがモデル。

　富裕層の女性はまずコルセットを着ける。宮廷用衣装としては(66)のようなパニエという張り骨を入れて膨らませたドレス，ローブ・ア・ラ・フランセーズが一般的である。パニエではなく，後ろに突き出したトゥルニュルという腰当てを入れるドレスもある。ドレスの素材は通常は絹で，レー

スやリボンなどによる様々な装飾が付く。こうしたドレスにはプフという高く結い上げた髪型・頭飾が合わせられたが，特に1770年代以降巨大化し，かもじやクッションを入れてかさを増し，金髪に見せるため小麦粉製の髪粉を振りかけ，リボンや花飾りのみならず船の模型や風景のパノラマ，ばね仕掛けの人形を載せるなど奇矯さを極め，しばしば風刺画の対象にされた。このプフは流行の最重要要素とされる。ベルタンもある型のプフを考案したことで知られるようになった。

(67) カラコ (1778年) [左] ／シュミーズ・ア・ラ・レーヌ (1784年) [右]

左：*Galerie des modes*, 1778（文化学園大学図書館所蔵）
カラコとスカートの組み合わせ。胸元をフィシュで覆っている。

右：*Galerie des modes*, 1784（文化学園大学図書館所蔵）
王妃風シュミーズ。

このように過度に人工的な装飾が目立つ一方で，歩行の便を図るため紐でスカートを持ち上げ，後ろ腰に3つの襞を作るローブ・ア・ラ・ポロネーズや，パニエを付けずにギャザーなどで膨らませたローブ・ア・ラングレーズが生まれ，ローブ・ア・ラ・フランセーズは儀礼用などの限られた用途に押しやられていく。加えて，前面でホック留めするため人手を借りずに

着られる(67)左の上着カラコなど，さらに簡便な衣服も現れる。

　当時のドレスは袖が細い点からもわかるように縫いつけながら着るもので，襟，袖，袖飾りなどは本体とは別に作ってあり，着脱のたびにお針子の手が必要とされた。そのため，モード商も襟，袖などを衣服とは別に販売している。さらに，袖先にレースの袖飾りを付けることも多いが，これは袖ともまた別に作り，やはり着るときに縫いつける。このように，当時の衣服は纏って形を成すものが多い。当時は男性用シュミーズ類などは毎日洗濯しないことが多かったため，上着を着ても外から見える袖飾りだけを取り替えて幾日，幾週も同じものを着続けることもあった[230]。

　そのような状況では，緩い袖が身頃と一体化した上着はきわめて機能的と感じられただろう。こうした機能的な上着には様々なヴァリエーションが生まれ，ペチコートと組み合わせて独立した胴衣として着用されるようになる[231]。ドレス自体も簡略化され，前見頃が前開きになった着脱しやすい型も現れる[232]。また胴衣とスカート部分は別に仕立てるものだったが，身頃がスカートに吸収されたワンピース形式に移行していく。こうした上着やスカートの素材は一般的に絹だったが，さらにパニエを付けず，リボン等で高めの位置に腰をマークし，パフ・スリーヴを付けた白い木綿製のドレスも，王妃マリ＝アントワネットが着たことから流行し，(67)右にあるように王妃風シュミーズと呼ばれた。ただし，簡素化とは言っても，高価な絹地や輸入品の木綿地をふんだんに使い，刺繍やレースやリボンによる装飾をほどこした費用のかかる衣装である。また，(67)左に見られるように，広く開いた胸元はフィシュと呼ばれるスカーフで覆うことが多かった。このフィシュは当時の女性にとってきわめて基本的な服飾品であり，素材や細工は違っても，庶民層も身に付けるものである。

(68) 料理女（1778年）

Galerie des modes, 1778（文化学園大学図書館所蔵）
「新たに地方から出てきてパリの優雅な空気を身に付けつつある料理女」と説明がある。カザカンと呼ばれる機能的な上着とスカートを身に付け，エプロンをしている。胸元のフィシュはモスリン地。

　(68)の庶民女性も，胸元は富裕層と同様にフィシュで覆っている。庶民層では，女性は分かれた上着とスカートを着用する。富裕層の衣服とのシルエット上の違いは，踝より上というスカート丈の短さである[233]。また通常パニエは付けないが，当時の女性下着にはズボン状のものがなく，ペチコートを複数重ねるため，それでもスカートのシルエットは量感を持つ。素材は木綿やウールが中心で，1789年の遺産目録にもとづく分析によれば，貴族層の衣服はウール製18％，木綿製25％，絹製38％だが，他の社会層はまとめるとそれぞれ26％，34％，20％となり，特に絹製衣服の所持率の差が目立つ[234]。この素材の違いと装飾の少なさが富裕層の衣服との最大の差である。

(69) 喪服用ピエロ（1789年）[左] ／憲法制定議会風に装った女性（1790年）[右]

左：*Magasin des modes*, 11^e cahier, le 11 mars 1789, Pl. 1（文化学園大学図書館所蔵）喪服。ピエロと呼ばれるカラコの一種とスカートの組み合わせ。上着もスカートもマフも白黒の縦縞柄。襟元にはレースのフィシュ。

右：*Journal de la mode*, 6^e cahier, le 15 avril 1790（文化学園大学図書館所蔵）「憲法制定議会風」の装い。トリコロールのインド更紗地のドレス。胸部全体をリネン製フィシュで覆う。

　革命期に入っても当初は全体に大きな変化がないが，政治的立場を表す服飾品として徽章が流行する[235]。王党派は白の徽章，革命賛同派は三色徽章を付けることになっていた。前者については伝統的にフランス王室の色は白とされてきたからだが，三色徽章はパリ民兵隊の色である青と赤，民衆蜂起に荷担したフランス衛兵隊の制服の色だった白にもとづき，この三色がラファイエットにより新たに創設された国民衛兵隊の色とされ，現在のフランス国旗まで続く青白赤のトリコロールとなる。衣服でも(69)右のようなトリコロールのドレスがよく見られる。また従来は忌避されていた縞柄が革命期には自由と解放の象徴とされ流行した。三色旗が縦縞柄なのもこの発想にもとづく[236]。この縞柄も，(69)左のように，さっそくドレスに取り入れられた。

(70) ローブ・シュミーズ（1799年）[左] ／宮廷用ドレス（1811年）[右]

左：Schefer (éd.), *Documents*, tome IV. Par La Mésangère, *Journal des dames et des modes*, An VII (1789)
ローブ・シュミーズ，ガーゼ地。頭飾は田舎風ボンネット。

右：Schefer (éd.), *Documents*, tome V. Par La Mésangère, *Journal des dames et des modes*, 1811
宮廷用ドレス，リヨン製ブロケード地。皇后マリ＝ルイーズがモデル。

　そして，総裁政府期から富裕層女性の衣服は大きく変わる。革命以前から人気が出始めていた薄いモスリン地を用いた(70)左のようなドレスが大流行した。革命前にもシュミーズ・ア・ラ・レーヌのようなパニエなしのドレスはあったが，ここに至ってコルセットが放棄されたのである。このドレスはあまりに薄地だったため，1803年の冬には多くの女性が肺炎で死亡したというが，スリップ様の下着を着て身体が透けないようにするのが普通だった。イギリス製モスリン地の大流行により絹織物産地リヨンは大打撃を受けたが，ナポレオンが第一執政となるとイギリス製モスリン地の着用を禁じ，リヨンの絹織物産業を振興した。しかし妻ジョゼフィーヌさえモスリンのドレスを手放さなかったという。ナポレオンは，1802年

のアミアン条約後にはチュイルリ宮での儀礼時の服装を，男性はキュロットに白い絹靴下，女性は華麗なものとし，1811年には男女ともに公式儀礼時の絹着用を定めるなど豪華な服装を宮廷に復活させ，ハイ・ウェストのシルエットは続いているものの，(70) 右のような華やかなドレスが着られるようになった[237]。

こうした当時の服飾の実際をふまえ，モード商の帳簿に登場する商品・作業を17項目に分類する。こうした商品・作業は，文章で詳しく説明的に記録されている例もあれば，単語だけが記された例もある。たとえばボンネットについて，単に「ボンネット1つ」と書いてあることもあれば，「田舎風1つ」などと種類を書いてあることも，それらに加え詳しく素材や色，さらに縁取りは何色で飾りのリボンの素材は何で，などといった説明があることもある。多様な記述を元に，具体的になにを指しているかを同定し，分類を定めた。

- 生地・リボン・糸

  各種レース地，リボン，絹地，サテン地，クレープ地，タフタ地，モスリン地，リノン地，ヴェルヴェット地，ライン・ストーン地，綿地，ラシャ地など布地。レース地には，単にレース地と書かれているものの他，ガーゼ地，ブロンド，イギリス編なども含む。他の布地はフィレンツェ織，トゥール・グログラン，南京木綿など産地名や通称で書かれていることもある。裏地，中綿などもここに分類[238]。端切れ以外は基本的にオーヌ売り。

- 飾り紐・造花・ボタン・スパンコール・羽根飾り類

  飾り紐，花綱，縁飾り，フリンジ，花飾り，造花，枝造花，造花ブーケ，結びリボン，房，下げ緒，ボタン，ピン，スパンコール，羽根，羽根飾りなど[239]。飾り紐には様々な種類があり，オーヌ売りのことも短く作られたタイプの個数・ダース売りのこともある。造花は細かく縫い付けるための小花が数百個セットのこともあれば，大きな花1輪ということもある。ボタン類・スパンコール類は比較的扱いが少ない。羽根飾りは基本的に頭飾用。

- 衣服

  衣服一式（女性用の場合，おそらく上下がセパレートだが共布で作られているもの），ドレス（上下が繋がったワンピース型のもの），スカート（上下が分かれた女性用衣服のスカート部分），ペチコート，シャツ（これは例外的に，男性用と明記されていることもある），各種上着（カラコなど），各種マント（マント，マントレ，マンティーリャ）など[240]。なお，ドレスに関しては，帳簿ではローブ・ア・ラ・フランセーズ，ローブ・ア・ラングレーズ，ローブ・ア・ラ・ポロネーズなどといった呼び名は使われていない。これらの呼び名は衣服そのものというより着装法に対するものであるためと思われる。

- 衣服パーツ

  袖，袖飾り，襟，襟飾り（コルレット，フレーズなど），胸当て，コルセット，パニエなど。また，なにを指しているのか明確にはわからないこともあるが，ドレス部分，ドレス巻など成句的に衣服の一部として記録されているもの[241]。

- 衣服・パーツ装飾品

  呼び名がある衣服パーツではなく，衣服の呼び名を付して「〜装飾品」[242]とあるもの。

- 頭飾・パーツ

  頭飾全般とそのパーツ。帽子，ボンネットに加え，プフもこれに分類。ボンネットは田舎風，半覆いなど，様々な型の通称で記録されていることも多い。パーツは帽子の鍔など。取り扱いが多いため他の服飾品とは別に項目を立てた[243]。

- 服飾品・パーツ

  スカーフ類，靴類，腕輪，その他装飾品など，衣服と頭部装飾以外の各種服飾品とそのパーツ。スカーフ類は，代表的なのはフィシュで，他，マフラー，クラヴァット（ほとんどが女性用）など。靴類は，サボ（木靴ではなく踵に覆いや留め金がない突っかけ状の靴全般を指す。モード商の帳簿に登場するサボは主に絹製），上靴，ミュール，ブーツなど。他，エプロン（主にスカートの上に着ける服飾品として），徽章，ポケット（腰回りに巻いたベルトから左右に吊す。見えないようパニ

エの下に着け，ドレスの脇スリットから手を入れて使う），バッグなど[244]。

- 雑貨・家具

  服飾品以外の製品。化粧用の紅やアクセサリー用の籠など服飾に関係するものもあるが，無関係なものもある。

  ラ・ヴィレットは親類間の雑多な品物のやりとりを帳簿に記しているので，やむなく雑貨類に分類している[245]。

- 素材加工製作

  生地にリボンを縫い付けたり，刺繍をしたりすること。また，洗濯や染色も請け負っている。布地よりも羽根飾りの染色が多い。

- 衣服加工製作・装飾

  衣服類を仕立てる，あるいは装飾する作業。再加工や修繕も含む。

- 衣服パーツ加工製作・装飾

  袖飾りなどを作る，あるいは装飾する作業。再加工や修繕も含む。

- 衣服・パーツ装飾品加工製作

  衣服・パーツ装飾品を作る作業。再加工や修繕も含む。

- 頭飾加工製作

  頭飾を作る作業。再加工や修繕も含む。帽子にリボンを巻くなど，製作というよりは装飾に近い作業のことも多い。

- 服飾品加工製作

  その他の服飾品を作る作業。装飾や再加工や修繕も含む。

- 雑貨・家具加工製作

  服飾品以外の雑貨を作る作業。装飾も含む。

  エロフの記録では1792年5月9日，王妃の使用人ガジュラン夫人が「ピストルを修理させるため」4リーヴル10ソルを払っているが，このような作業はさすがに例外的である。時期を考えると，王妃が秘密裏に武器を手に入れるため，カムフラージュとしてエロフに依頼したのだろう。

- 包装・包装用品

  包装作業あるいは包装全体と，箱，包み紙，厚紙，蝋引き紙などの梱包材[246]。作業料と商品代金は必ずしも分けられてはいない。帽子

箱などは数十リーヴルもすることがあり，保管用品も兼ねていた可能性もある。
- 手数料他

交通費，税関手数料，封印料など。

この分類にもとづき，帳簿に登場する商品・作業の実際を見ていく。

(71) モード商の商品分類別年平均延べ登場回数

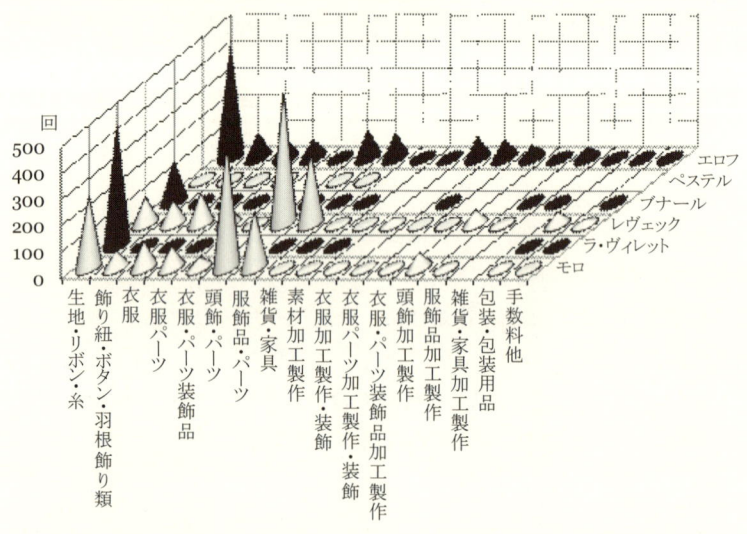

同じ種類の商品や作業（たとえばリボン，マント，フィシュ，シュミーズ製作，帽子加工といった括り）が同日同一顧客の買い物に複数回現れた場合も1回と数える。リボンを色や幅によって区別する例としない例があるなど，同じ種類の商品を帳簿上別の行に書くかどうかは書き手や場合によって異なるため，これをその都度数えるのは複数の帳簿を総合して考えるには不適切だからである。また個数同士の比較はできても，布地の幅が違えばオーヌ単位で比較する意味は薄いし，個数とオーヌの比較は無意味なので，単位数による計算も控えた。なお，ドゥラフォスは商品の詳細を記録していないため，この項では扱えない。

第4章　モード商の営業活動 ◆ 151

(72) モード商の商品分類別年平均売上高

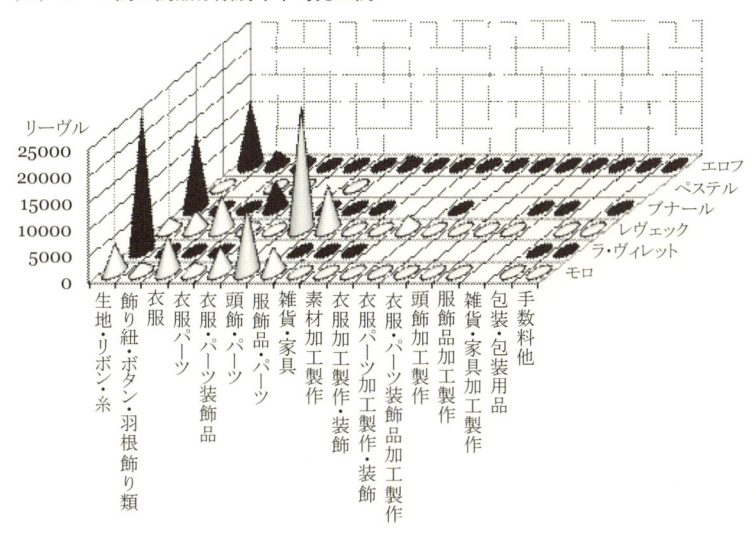

(73) モード商の商品分類別年平均取引当たり売上高

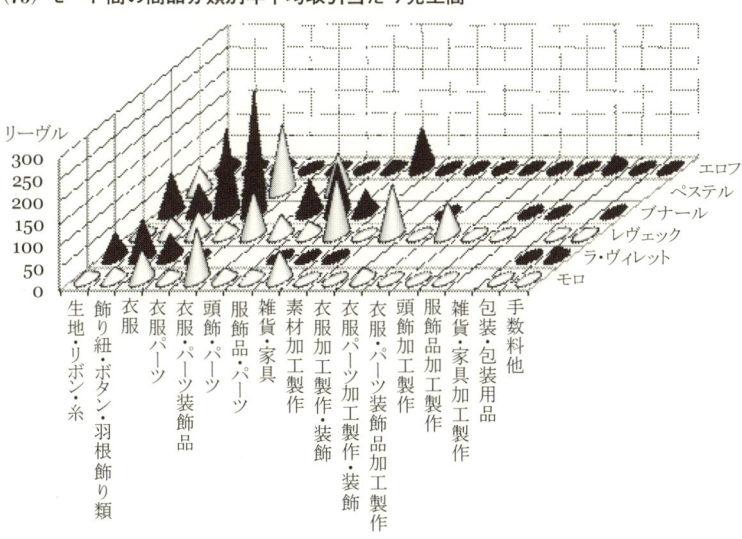

売上高を登場回数で除算。

商品と作業とでは，商品の取り扱いのほうが多い。特に(71)の登場回数では，レヴェックを除く全員で生地類の登場回数が最も多い。作業をまったく請け負っていない者もいる。

個別に見ると，モロ，レヴェック，エロフは作業受注も比較的多い。モロのほうが生地類の登場回数が多いのとレヴェックのほうが頭飾の売上高が高いのを除けばモロとレヴェックは全体の割合も値そのものにも似通った点がある。三者の中ではエロフは生地類への偏りが大きい。他に作業受注があるのがブナールだが，基本的には生地類の販売が多い。ラ・ヴィレットとペステルは商品販売のみを行っており，特にラ・ヴィレットは生地類への偏りが非常に強い。(72)の売上高で見ると全体の97％が生地類による。それほどではないが，ブナールも生地類に偏りがちである。そして全体の商品の登場回数が少ないブナールとペステルは(73)の取引当たりの売上が高めになっている。

こうした特徴を顧客層と関連づけて考えると，富裕層の顧客が多いモロ，レヴェック，エロフは作業受注の頻度が高いことになる。その3者の販売品目の内容を比較すると，エロフでは製品より生地類に偏るのは，主な顧客である宮廷関係者が専属のお針子を抱えており，素材だけを購入して自らの元で服飾品を作ることもできたためだろう。同様に，モロとレヴェックを比較したとき，モロのほうが生地類の登場回数と売上高が多いのも，レヴェックのほうが非貴族層の顧客が多く，買ってすぐに使える製品をより強く求めていたためだろう。国際的な中間商人の性質も兼ねそなえるレヴェックの顧客には，「パリで作られた服飾品」の需要があったという推測もできる。またパリ市内の服飾関係業者の顧客が多いラ・ヴィレット，同様に非貴族層の顧客が多いブナールは，実質的にほぼ生地小売に特化している。そしてブナールとペステルは少ない商品を一度に高額で売っていたことになる。

まとめれば，モード商は，商品販売を作業受注より多く請け負う点で，小売商としての性質をより強く帯びている。しかしその強さには濃淡があり，市内の同業者を相手に素材小売ばかりする者も，富裕層を相手に作業受注も一定の割合で請け負う者もいる。さらに後者でも顧客層によって素材小売と製品小売のどちらが多いかは違ってくる。そして全体の取引回数・

売上高が少ない者は一度に高額で捌くことになる。

　全員が扱う生地類についても，個々で細かい差がある。モロではリボンが中心だが，レヴェックやエロフではそれに加えて各種レース地やガーゼ地も目につく。レース地の中ではブロンド・レース地が圧倒的に多い。レースとリボンは当時の富裕層の衣服には欠かせない。一方，ラ・ヴィレットは多様な生地を扱い，他の誰も扱っていないグログラン地やダマスク地などの厚地，ラシャ地など庶民服用の毛織物もよく売っているが，逆にリボンは3回しか出てこない。またモスリン地は，すでに述べたように総裁政府期にドレスの素材として流行したが，すでに革命前の時期にもラ・ヴィレットとブナールの帳簿ではよく目につく商品となっている。主に下着に用いられるリネン地はモロとブナールでのみ見られる。

　衣服類やパーツについては，前述の辞典類での説明とは異なり，マント類のみならずドレスの仕立やドレスそのもの販売も頻繁に帳簿に登場する。ドレスの記録がないのはラ・ヴィレットだけである。ただし衣類・パーツ装飾品は富裕層の顧客が多いモロ，レヴェック，エロフでのみ登場する。衣服の装飾に手が及ぶ社会層がうかがえる。まれではあるが，男性用製品も扱われている。たとえば1787年2月24日，エロフは，「男性衣服用バティスト織リノン製1列袖飾り2組製作」を受注している[247]。またエロフの記録では，衣服や各種服飾品の再加工は1790年に急増しており，前年秋の宮廷のパリ移転による不如意やそれによる節約志向がうかがえる。

　頭飾については，ボンネットは様々な種類が記録されている。当時の富裕層の女性は手のこんだ結髪を守るため，就寝時にもボンネットを着けたので，日常生活に不可欠だった。しかしボンネットはモロ，レヴェック，ブナール，エロフのみ，プフはモロ，レヴェック，エロフのみが扱っている。特にプフは富裕層のみが求めるものだったことがわかる。

　その他の服飾品については，フィシュの登場頻度が高い。1780年5月12日，プリオ夫人に2リーヴル10ソルのフィシュを1枚売った1度のみとはいえ，ほぼ生地商といってよいラ・ヴィレットの帳簿にさえ登場し，社会層を問わず基本的な服飾品だったことがうかがえる。徽章はエロフのみが扱っているが，1789年のバスティーユ襲撃直後の数ヵ月間に求める顧客が急増した。と言っても20数回程度の登場だが，ダース単位などの

大量購入が多い。9月22日にはデュケルモン夫人が170個も購入している。それまでがほぼゼロに近いことを考えると突出した数量である。この時期には徽章用と付記されたリボンの購入も多い。他のモード商の帳簿取り扱い時期は1789年7月以前だということを考え合わせれば，革命初期に徽章が突如として大きな意味を持つようになったことがよくわかる。

　包装の記録は，市外からの顧客が多いレヴェックで特に多い。モロでもよく見られる。エロフの店舗はヴェルサイユにあったため，逆に「……をパリに送るための箱」といった記録が多い。店舗販売ならではの商品である。

　手数料と交通費については前述の通りだが，やはり市外からの顧客が多いレヴェックで税関手数料と封印手数料が特に頻繁に見られる。パリ市外に商品を持ち出す際の市門での通行税徴収にかかわる料金である。封印については当時，製品検査済みの印として鉛の印章を生地に取り付けることになっており，市門通行にはこれが不可欠だった[248]。またエロフの記録では1787年12月30日，リニヴィル伯夫人が「宝石借用のため」に84リーヴルを支払っており，宝石の貸し出しもしていたのがわかる。

　このようにモード商の取り扱い商品・作業は流行に応じて多岐にわたる。つまり王権によって規定された通り「流行品の製作」全般なのだが，それでは，こうした商品・作業をめぐるモード商に独自の点とはなんだろうか。

　まず注目すべきは，1店舗内で素材販売から完成品製作まで行う点である。たとえばモロは，1779年1月12日，ドゥ・ラモワニョン夫人に「青サテンのドレスの装飾のためガーゼ地オーヌ当たり6リーヴルを2.5オーヌ」15リーヴル，「白クレープ地オーヌ当たり7リーヴルを1.5オーヌ，前述のドレスを装飾するため」10リーヴル10ソルを売り，「ドレス製作」を6リーヴルで受注している。レヴェックは1785年1月14日，ゲダン嬢に「布地オーヌ当たり2リーヴルを4と1/2」9リーヴル，「フィレンツェ・ブロンド地オーヌ当たり5リーヴルを8オーヌ」40リーヴルを売り，8リーヴルで「紐通し式緑色ドレス製作」を受注。おそらく装飾用材料費込みで90リーヴルで「サテン・ブロンドのそのハルピュイア風ドレスを装飾し，ヴェルヴェットで縁取り，ドレス用に裁断された装飾済みペチコートに鋼のボタンを取り付け」，さらにシャツ14リーヴル，エプロン150リーヴル，

サボ21リーヴル、「ハルピュイア風袖1つ」57リーヴル、プフ84リーヴル、パニエ20リーヴルなどを売っている。これで身支度はほぼ調うだろう。エロフも、1787年4月15日、「ナルボンヌ伯夫人のための宮廷入り用衣装」として、クレープ地、リボン、模造宝石、縁飾り、ベルト、房飾り、リボン飾り、腕輪、マント、袖、髪飾り、羽根飾りなどを用途と数量と金額を付して挙げ、さらに「衣装装飾製作」の費用96リーヴルと記録している[249]。

　こうした衣装一式の材料すべての調達とその仕立の受注はモロ、レヴェック、エロフでは頻繁に見られる。女性服仕立工や男性服仕立工らが生地の在庫保有さえ許されていなかった状況では、これがいかに画期的に便利なことだったかは容易に想像がつく。エロフに限ってのことだが、店内で賄えなかった作業については外注の仲介もしている。たとえば1787年9月9日、ブリックヴィル子爵夫人の注文により胴着の仕立を男性服仕立工に回し、「男性服仕立工への支払い」として96リーヴルを受け取っている[250]。顧客側の手間は大いに省けたことだろう。

　また完成品のドレスやマントの販売も枚挙に暇がない。フランス初の本格的な既製服販売は「美しき女庭師」創業によるとされるが、すでに既製服が実現していたことがわかる。

　さらに、製品と作業の価格も見ておきたい。(74)が示すようにエロフでは全体に単品では価格が安く、特に作業は低価格になっているが、それ以外は各モード商の全商品・作業で共通した傾向がある。

　ドレスはモード商が扱う商品の中では単品で最も高価で、モロやレヴェックでは平均200リーヴルを超える。ただし土台だけか装飾込みかで価格は大きく異なるため、ブナールでは50リーヴル未満であり、モロやレヴェックでは10リーヴル台の例もある。他はブナールの袖飾りを除いて50リーヴル以下である。傾向として、商品と比べ、製作の価格はかなり低い。4人の平均値で見るとすべて4分の1未満、ドレス製作は12リーヴルだがこれ以外はすべて5リーヴル以下である。

　つまり商品価格の大部分は材料費であり、製作作業の対価は小さい。この背景には、お針子の安価な労働力がある。当時のお針子の賃金は、非熟練者なら1日数ソルに食事と住居と古着をつけるという例があり、数年

の経験者で10ソル程度である[251]。また，あるモード商は，常雇いの3人にそれぞれ年150リーヴルを払ったという[252]。週に1日休みがあったとすると，大まかに言ってこれも1日平均約10ソルということになる。また同業組合再編成から廃止までの間はモード商も同業組合に属す親方であり，徒弟を持つ資格があった。徒弟だと家に住まわせて食事を出す代わり，賃金を払わないことも多い。

(74) モード商の商品・作業単価

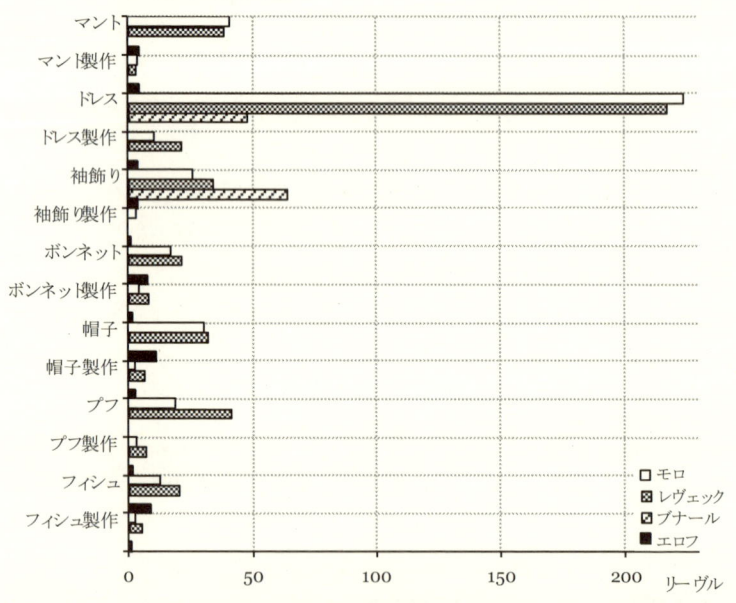

完成製品と作業のみ。生地類はものによって幅が違い，オーヌあたりでも比較は難しいため，また飾り紐などは形状が多様で比較しようがないため。
ラ・ヴィレットとペステルについてはこれらの商品・作業の例が少なすぎ，比較には不適切なので省いた。ブナールもドレスと袖飾りを除いて例がなく，グラフ上ゼロになっている。またエロフは，マントやドレスなど衣服は他の商品とまとめて記録することが多く，個々の価格がわかる例が少なすぎたため，このグラフには入れなかった。

　こうした商品の単価は，平均値で半年から1年分の庶民層用住宅の家賃に匹敵する。つまりモード商の扱う商品は，それを作るお針子をはじめとした被雇用者にとっては，稼ぎから生活費を引いたわずかな余りで手が出るようなものではない高額品であり，まさに奢侈品だった。

第4章　モード商の営業活動 ◆ 157

206　De Reiset, *Modes*, tome I, p. 13.
207　Roche, *Le peuple*, p. 148.
208　Mercier, *Tableau*, tome X, chapitre DCCCXLVIII : Payer son terme.
209　Mercier, *Tableau*, tome XII, chapitre : Ivrognes. なお、現在のフランスのバゲットは250gが標準なので、約2倍ということになる。フランスのバゲットの重さは1日1人あたり消費量を元に決められると考えられており、大まかにはそれに合致している。
210　Kaplan, *The Bakers of Paris and the Bread Question 1700-1775*, Durham [NC] : Duke University Press, 1996, pp. 447-448.
211　以上、外食店やかまどのサーヴィスについては、Mercier, *Tableau*, tome I, chapitre V : Pâtissiers, Rôtisseurs ; chapitre LI : Table d'hôte ; tome XI, chapitre : Industrie particuliere.
212　Roche, *Le peuple*, p. 148.
213　1782年6月11日のベルジェール氏の買い物。総額5670リーヴル10ソル。
214　Crowston, *Fabricating*, pp. 89-90.
215　Mercier, *Tableau*, tome X, chapitre DCCCXXIX : Tailleurs.
216　Sonenscher, *Work*, p. 131 ; pp. 191-192 ; Crowston, *Fabricating*, pp. 164-168.
217　De Reiset, *Modes*, tome I, pp. 305-306.
218　De Reiset, *Modes*, tome I, p. 108.
219　Perrot, *Les Dessus*, pp. 116-117.
220　ドゥ・レゼによれば、1787年9月26日付の王弟妃アルトワ伯夫人のボンネット購入について、余白に違う筆跡でrenduと記されているらしい。類例がないようなので返品の記録と確言はできないが、「モンベル侯夫人のための」ボンネットと書かれているため、他人への贈り物の予定だったが不都合が生じて返品した蓋然性は高い。
221　ドゥ・レゼによる登場人物初出時の説明、宮廷関係者リスト（De Reiset, *Modes*, tome II, pp. 427-442）と、Viton de Saint-Allais, Nicolas et al., *Nobiliaire universel de France : ou Recueil général des généalogies historiques des maisons nobles de ce royaume*, tome II, Paris : chez l'auteur, 1814の宮廷入りした貴族のリストにもとづく。以下、宮廷関係者はすべて同様。
222　ラ・ヴィレットの記録では顧問弁護士はAvocat au Conseille [*sic.*] となっているが、具体的にどういう職業を指しているかは不明。警部はInspeteur de Police。警部というより、ポリス組織の官職者と見るほうが妥当かも知れない。
223　De Reiset, *Modes*, tome I, pp. 115-116.「結婚の籠 Corbeille de mariage」のため

の買い物は他のモード商でも例がある。
224 マルリという都市は複数あるが、おそらくここでは現イヴリーヌ県マルリ・ル・ロワを指すと思われる。他、サン＝フィルマンとタイイからの顧客がいる。この2つの地名はどちらも複数の地方で見られるため場所が特定できないが、いずれにせよパリからは離れた都市である。
225 鹿住「18世紀リヨンの絹織物業ギルド」20-28頁；深沢『海港と文明』57頁。人口は1800年に推定10万9000人。
226 ストラスブールの2人は非貴族男性だが、買い物の内容からは服飾関係業者かどうかは判断できないため「他男性」として分類してある。ケルンについては、実際はエベール嬢とメッラ嬢という2人の未婚女性だが、帳簿上まとめて記載してあるので1人として扱っている。ハンブルクのガヤール氏はロンドンのトゥッサン氏と共に名前が出てくることもあるので、ロンドンとハンブルクの支店などを担当する共同経営者かも知れない。
227 ロシアについては、名門サルティコフ伯夫人とその娘。ただし帳簿ではSolthikophe, Soptikopheなどの表記になっている。帳簿上別扱いなので別に計算している。レヴェックは外国人でも通常Madame, Mademoiselle, Monsieurの肩書きを付しているが、女性3人についてあえてMiledi [sic.]を付しているため、イギリス人貴族女性ではないかと思われる。ナポリからと記されているのはジャン＝バティスト・ユシル子爵夫人だが、インクの染みのせいで姓の判読が非常に難しい。この通りだとイタリア人としては珍しい姓だが、顧客別仕訳帳のYの項に記録されているため、少なくともレヴェックが頭文字をYと認識しているのは確かである。
228 ブリュッセルのルフェーヴル氏から1782年10月14日に1640リーヴル10ソル、ナポリのユシル子爵夫人から1783年11月23日に1683リーヴル19ソル、ケルンのエベール・メッラ両嬢から1784年3月9日に1399リーヴル16ソル6ドゥニエ他2回、トリノのゲダン嬢から1784年5月22日に1233リーヴル8ソル他3回。
229 杉浦「近世期オランダの流通構造」128頁。またこの職業については杉浦氏から直接ご教示を得た。記して感謝する。
230 Mercier, *Tableau*, tome V, chapitre CCCXVII : Destruction du Linge.
231 深井晃子「ロココと新古典の衣装」（内山・深井・金井監修『Revolution in Fashion』所収）110頁。
232 アーノルド（訳出不明）「18世紀婦人服の裁断と構造」（内山・深井・金井監修『Revolution in Fashion』所収）129-130頁。

233 Delpierre, *Se vêtir*, p.1 44.

234 Roche, *La culture*, p. 137.

235 Devocelle, « D'un costume politique » ; Devocelle, « La cocarde ».

236 Girardet, Raoul, « Les Trois Coulours : ni blanc, ni rouge », dans Nora, Pierre (éd.), *Les Lieux de mémoire*, vol. 1, Paris : NRF Gallimard, 1984, pp. 8-19 ; パストゥロー（松村剛・松村恵理訳）『悪魔の布：縞模様の歴史』（白水社 1993 年）66-73 頁。

237 深井監修『世界服飾史』103-107 頁；McComb, *The Undercover Story*（小池一子・小柳敦子・渡部光子編『アンダーカバー・ストーリー』（京都服飾文化研究財団, 1983 年）所収）14 頁。

238 原語では，リボン ruban，絹地 soye または soie，サテン地 satin，クレープ地 crêpe，タフタ地 taffetas，モスリン地 mousseline，リノン地 linon，ヴェルヴェット地 velours，ライン・ストーン地 pierre，綿地 coton，ラシャ地 drap など布地。レース地 dentelle，ガーゼ地 gase [*sic.*]（帳簿ではほぼ例外なくこの表記），ブロンド地 blonde，イギリス編 angleterre。フィレンツェ織 florence, トゥール・グログラン gros de Tours，南京木綿 nankin。裏地 fond，中綿 ouate。ブロンド地はボビン・レースの一種で，晒していない絹糸で作ったため少し黄色みを帯びており，この名で呼ばれた。裏地は，衣服の裏に張るだけでなく，結髪に詰め込んで嵩を増すのにも用いられた。

239 原語では，飾り紐 galon，花綱 feston，縁飾り bordure，フリンジ frange，花飾り guirlande，造花 fleur，枝造花 branche，造花ブーケ bouquet，結びリボン nœud，房 gland，下げ緒 dragonne，ボタン bouton，ピン épingle，スパンコール paillette，羽根 plume，羽根飾り panache。

240 原語では，衣服一式 habit，ドレス robe，スカート jupe，ペチコート jupon，シャツ chemise，各種上着（カラコ caraco など），各種マント（マント manteau, マントレ mantelet，マンティーリャ manitlle）。マントレはレースの頭巾状の頭飾りコクリュション coqueluchon を伴うポンチョ風の小さな女性用上着（Delpierre, *Se vêtir*, p. 200）。マンティーリャはスペイン由来の肩に掛けるケープ風の女性用マント（De Reiset, *Modes*, tome I, p. 25）。マンティーリャはスカーフとして服飾品に分類するべきかも知れないが，当時はケープとして扱われているため衣服に分類。

241 原語では，袖 manches，袖飾り manchettes，襟 collet，コルレット collerette，フレーズ fraise，胸当て guimpe，コルセット corset，パニエ panier。ドレス部分 pièce de robe，ドレス巻 tour de robe。

242 原語では，« garniture de ... »。

243 原語では，帽子 chapeau，ボンネット bonnet，プフ pouf。田舎風 paysanne，半覆い demi-négligé。鍔 devant de chapeau。

244 原語では，腕輪 bracelets（両手首に同じものを巻くため常に複数形。当時は貴金属製ではなく，リボン等で装飾を施した馬毛製やレース製などが一般的）。フィシュ fichu，マフラー écharpe，クラヴァット cravate。サボ sabots，上靴 souliers，ミュール mules，ブーツ bottes。エプロン tablier，徽章 cocarde，ポケット poches，バッグ sac。ポケットについては内山・深井・金井監修『Revolution in Fashion』139 頁。

245 たとえば1778年8月21日，ラ・ヴィレットは，義弟に紙束1つ半計4リーヴル15ソルを売っている。他にも義弟に家具，義父に食べ物などを売った記録がある。

246 原語では，包装全体 emballage，箱 boîte，包み紙 papier，厚紙 carton，蝋引き紙 papier ciré。

247 De Reiset, *Modes*, tome I, pp. 46-47. バティスト織は平織の一種。リノン地は漂白した極細リネンの生地（Diderot et d'Alembert, *Encyclopédie*, article : linon ; *Dictionnaire de l'Académie française*, 1e Édition (1762), Article : linon.）。紗と訳されることもあるが，これは織り方を指す語なので不適切である。

248 Diderot et d'Alembert, *Encyclopédie*, article : Plomb.

249 De Reiset, *Modes*, tome I, p. 84.

250 De Reiset, *Modes*, tome I, p. 147.

251 Crowston, *Fabricating*, p. 92.

252 Crowston, *Fabricating*, p. 93.

第5章　19世紀のモード商と新しい職業

1. 新物商の成立

　すでに見たように，18世紀を通して，同業組合廃止にかかわりなくモード商は増え続けた。19世紀に入ってもモード商という職業は維持され，世紀末まで存在を確認できるが，一部のモード商は別の職業名も併せて名乗ったり，看板を掛け替えたりし始める。
　その別の職業名とは新物商である。その店は新物店と呼ばれる[253]。1760年代の百科全書には新物商という語も新物店という語も見られない。ただし，nouveautéの項目では次のような意味が説明されている。

ディドロ，ダランベール『百科全書』(1765年)[254]
NOUVEAUTE
　「新物」は流行品に関する用語で，新しいもの，まだ現れていないもののこと。
　肩掛け，髪飾り，リボンなど，小売商らが日々宮廷で考案し開陳する新しい流行品をこのように呼ぶ。宮廷で男女の贅沢を叶え，不安げに移ろう心をくすぐるためである。
　金銀糸織地・絹地商は，同じく「新物」の名をタフタや他の軽い布地に与える。それは通常3ヵ月以上気に入られることはほとんどないが，貴婦人らの夏の衣服のために彼ら生地商が毎年作らせるもので，この季節に提供される。理髪師のところにもよそではまったく見られないような「新物」がある。

　『アカデミー・フランセーズ辞典』第4版（1762）と第5版（1798）で

は nouveauté の項目に「最も新しく最も流行している布地を提供する商人は,『彼のところでなにかしらの新物がいつも見つかる』と言われる。同じく,『いつもなにかしらの新物を持っている書店』は,いつも新刊を持っている書店のことである」という説明があるが,項目として独立してはおらず,marchand や magasin に続けて使う用例もなく,複数形でもない。新物商,新物店の名は『アカデミー・フランセーズ辞典』では1835年の第6版に初めて登場する。

『アカデミー・フランセーズ辞典』第6版（1835年）
nouveauté
［前略］
「新物」は最新で最も流行している布地も指す。［用例略］
同様に,出版されたばかりの本を指す。［用例略］
「新物商」とは,新しい布地,あるいは新しい本を売る職業に特に従事する者のこと。「新物商のところでこの布地を見つけられるだろう」。「どの新物商のところにもこのパンフレットがある」。
「新物店」とは,小間物,装身具,木製細工品などにおいてあらゆる種類の独創的なものが売られている店のことである。

18世紀の間にも新物商という語が登場する例は多いが,ほとんどは書籍商を指している。書籍以外の流行品関連で新物商の語が使われている例で,発見できた最も古いものは1784年にロンドンで出版されたスパイ書簡集の記述だが,「煙草の新物商が愛好家の心をくすぐるために平たい箱を考案したのは最近のことでしかない。その性質から『平板』と呼ばれた」[255]とあり,服飾関連ではない。一方,新物店のほうは書籍関連にはあまり使われない語らしく,1801年にモントリオールで出版された読書ガイドに登場するのが発見できたうちで最も早い例で,「あいにくのめぐり合わせで,店員が高価な生地をたたんでその代金を受け取っているときに,彼女［筆者注：家賃を払うか新しい服を手に入れるかで迷っている人物］の大家が新物店に入ってきた」[256]とある。また同年に「モードと新物のフランスの商店」と題されたリトグラフが出ているが,欄外に「コルシ宮の外

廊の下で」という注記があり，フィレンツェのコルシ・トルナブオーニ宮のファサードを描いたもののようである。題名や注記はフランス語表記で，ここでフランス風新物店が開かれていたのかも知れないが，いずれにせよフィレンツェで発行されたものらしい[257]。国内では1808年，『メルキュール・ドゥ・フランス』誌のヴォードヴィル喜劇の解説で，「シモン夫妻は新物店を営んでいる。彼らにはトワネットとルイゾンという2人の娘がいるのだが，この2人の姉妹は同じ教育を受けていない」[258]としてこの語が登場する。

このように新物商や新物店は19世紀になって人口に膾炙するようになった存在のようだが，実際，革命暦XII年（1803～1804年）の商業年鑑で，初めて雑貨商の項目に « m$^{d.}$ de nouveautés » あるいは単に « de nouveautés » と書き加えられた例が現れる。グラモン通りのコマン氏，リシュリュ通りのエリア氏，パレ・ロワイヤルのジャンティ氏とウアラン氏，ドゥ゠ブール通りのラザリ氏の5人である。うちコマン氏の名は前年の商業年鑑では付記なしで雑貨商の項目に掲載されているが，他4人はこれが初出である。

このように雑貨商の中から現れた新物商だが，モード商からの転業者，モード商との兼業者も多い。1800～1830年の間の商業年鑑に記載されたモード商および新物商の名と住所から同一人物と同定できる者を探し，この2つの職業の間で転業・兼業した者を数えたのが(75)のグラフである。

(75) モード商と新物商の転業・兼業時期（1800～1830年）

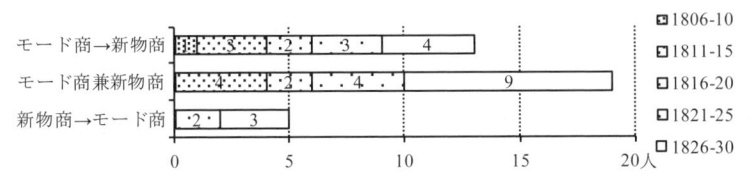

データは各年の商業年鑑にもとづく。ただし1805年，1813年，1827年の商業年鑑は参照できず，1817年の商業年鑑には住所データがないため，グラフから省いた。また，夫妻で1店舗を営んでいることも多いため，性別が違っていても同一人物（店舗）として数えている。

この時期の商業年鑑の項目分けはおそらく本人の申告にもとづいている

ため，要するに各々がどの職業を名乗りたいかという問題である。1805年の商業年鑑は参照できなかったが，それを除くと1804年以前に転業・兼業者はいない。1809年にヌーヴ・サン＝トギュスタン通りのエルボ氏が兼業しているのが最初である。1811～1815年の間に転業・兼業が増え始め，1821～1825年になると逆に新物商からモード商に戻る者が出てくる。このように，新物商はモード商と重なり合いつつ発展していったのがわかる。

(76) モード商と新物商の継続年数（1800～1830年）

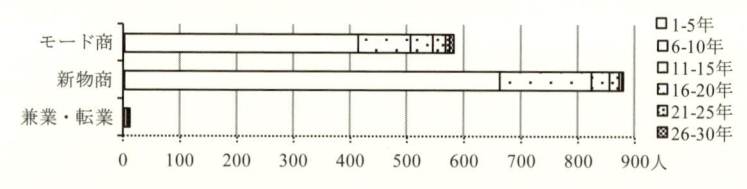

データは各年の商業年鑑に基づく。

(76)はそれぞれの職業の継続年数を示す。割合からするとモード商と新物商とでどちらが長めといった偏りは見られないが，全体に，5年以下しか継続しない店舗が非常に多いのがわかる。全体の73％が5年以下，2年以下で31％に上る。どちらも非常に定着率が低い職業だったということになる。

店舗数を比較したのが(77)である。モード商の店舗数は1810年をピークに一度減少し，1816～1817年の王政復古直後に最低値を記録し，その後上下しつつも大まかには再び上昇に向かうが，1821年頃から横ばいの傾向が強まる。一方，1816年まではほぼ同様の傾向をたどった新物商は，その年にモード商の店舗数を追い抜き，1821年に商業年鑑に「新物」の項目が立てられると急増する。モード商がこれ以降増えないのは，増加分が新物商に回っているためと考えられる。

また，1806年まではモード商には男性のほうが多いが，1807年以降は，新物商に吸い取られるように男女比が逆転する。新物商は一貫して男性が女性の2倍以上を占め，企業として掲載されている数もモード商に比して多い。推測にすぎないが，新物商のほうがモード商より規模の大きい店

舗が多かったのではないだろうか。そもそも，詳しくは後述するが，新物店の原語に含まれる「商店 magasin」という語は，より一般的な「小店 boutique」より大規模な店舗を指し，18世紀当時は小店で小売される前に商品が蓄積される卸売店舗を意味することが多かった語である[259]。すべての新物商が「商店」を冠していたわけではないものの，従来は小売店舗にはあまり使われることがなかった語を含む呼称が広がっていることからしても，規模は大きめだったのではないかと考えられる。

(77) モード商と新物商の店舗数（1800〜1830年）

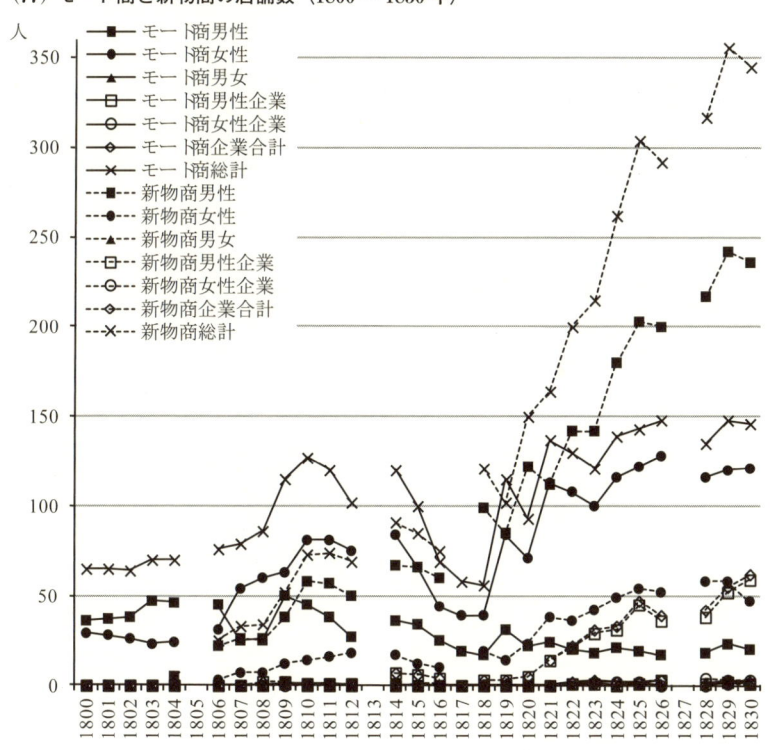

凡例：
— ■ — モード商男性
— ● — モード商女性
— ▲ — モード商男女
— □ — モード商男性企業
— ○ — モード商女性企業
— ◇ — モード商企業合計
— × — モード商総計
--- ■ --- 新物商男性
--- ● --- 新物商女性
--- ▲ --- 新物商男女
--- □ --- 新物商男性企業
--- ○ --- 新物商女性企業
--- ◇ --- 新物商企業合計
--- × --- 新物商総計

データは各年の商業年鑑にもとづく。マーカーがない年はデータなし。人数ではなく店舗数としたのは，夫婦・姉妹・兄弟あるいは他人同士などの連名による掲載も多いため。革命暦XII年版の雑貨商のリストに « m^d. de nouveautés » 等の注記が付いた者が初めて現れるため，新物商のデータは1804年以降のみ。1820年まではこうした雑貨商のリストの注記にもとづく数値。1817年は注記がいっさいないため数えられない。1816年，1819年，1820年については明らかに注記が欠けている部分があるため，前後の年のデータと比較の上，補正した。

要するに，新物商は登場して数年から10年程度のうちに数の上でモード商を追い抜き，おそらくは店舗規模の面でもモード商を超えていったと考えられる。

2.店舗分布の推移

こうして分化していくモード商と新物商の分布を地図上で見てみると，以下のようになる。

(78) モード商［黒］と新物商［白］の店舗分布（1803～1804年）

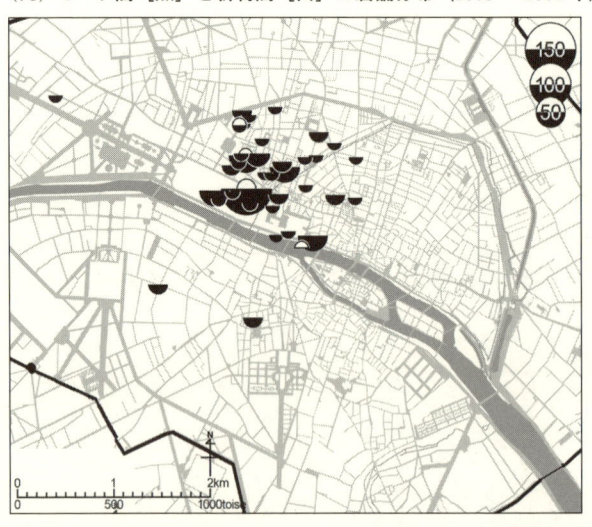

Duverneuil et De la Tynna, *Almanach du commerce*, 1803-1804にもとづく。それぞれ各通りの中心をプロットし，モード商［黒］は下半分，新物商［白］は上半分の半円の大きさで店舗数を示している。

(79) モード商［黒］と新物商［白］の店舗分布（1806〜1810年）

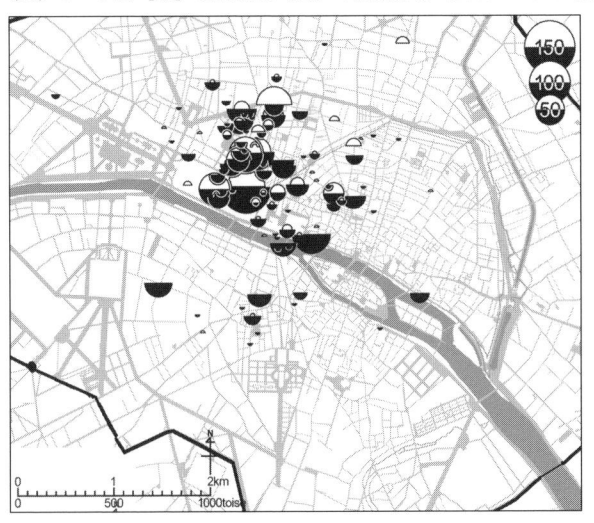

Duverneuil et De la Tynna, *Almanach du commerce*, 1806 ; 1807 ; 1808 ; 1809 ; 1810 にもとづく5年分の合計値。

(80) モード商［黒］と新物商［白］の店舗分布（1811〜1815年）

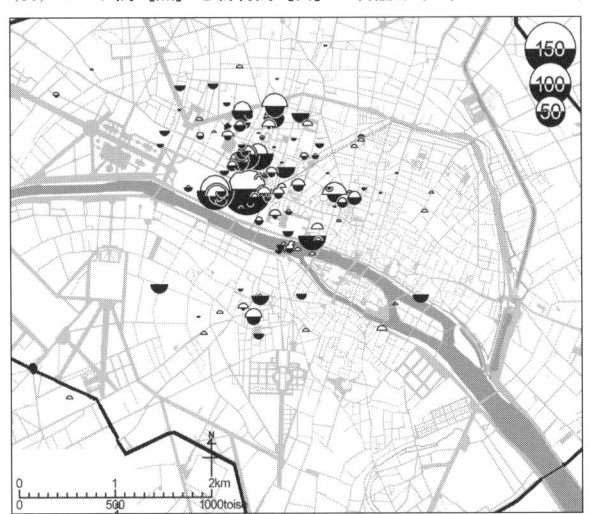

De la Tynna, *Almanach du commerce*, 1811 ; 1812 ; 1814 ; 1815 にもとづく。1813年分はデータ欠落のため，1812年と1814年の値の中間値としている。

(81) モード商［黒］と新物商［白］の店舗分布 (1816〜1820年)

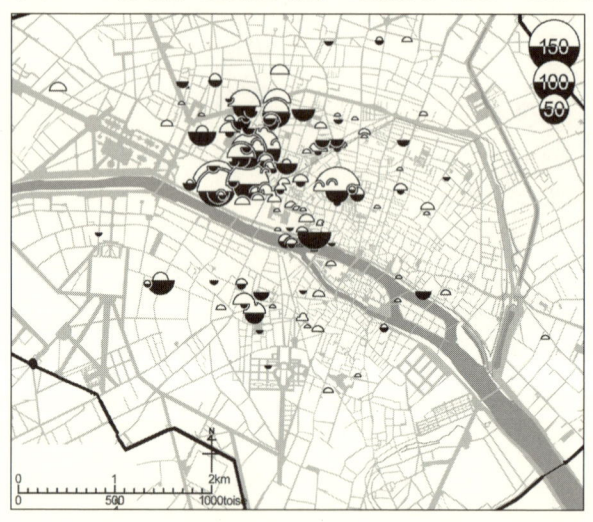

De la Tynna, *Almanach du commerce*, 1816 ; 1818 ; Bottin, *Almanach du commerce*, 1819 ; 1820 にもとづく。1817年分はデータ欠落のため, 1816年と1818年の値の中間値としている。

(82) モード商［黒］と新物商［白］の店舗分布 (1821〜1825年)

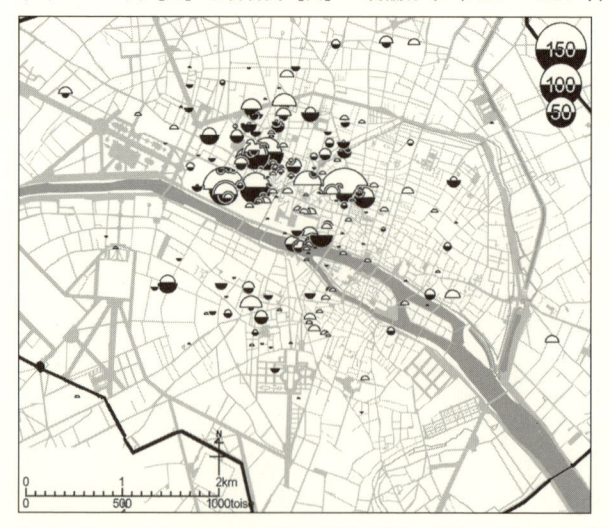

Bottin, *Almanach du commerce*, 1821 ; 1822 ; 1823 ; 1824 ; 1825 にもとづく。

(83) モード商［黒］と新物商［白］の店舗分布（1826〜1830年）

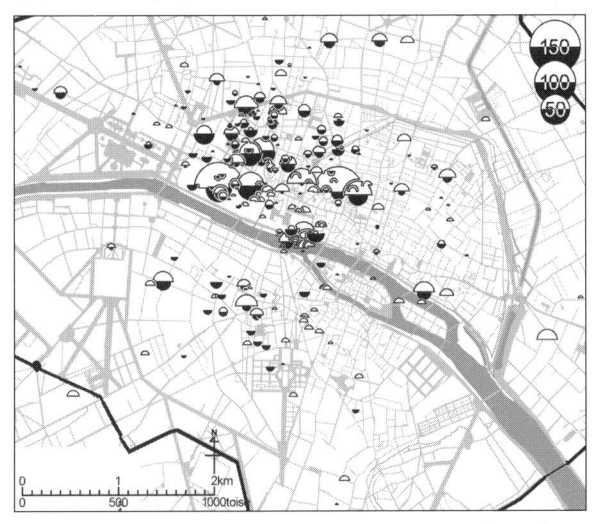

Bottin, *Almanach du commerce*, 1826；1828；1829；1830 にもとづく。1827年分はデータ欠落のため，1826年と1828年の値の中間値としている。

　(78)のように，19世紀初めの時点ではまだ新物商はごくわずかしかおらず，モード商が集中するパレ・ロワイヤルなどに数人見られるのみである。しかしその後の(79)〜(83)に見られる変化は著しい。

　モード商，新物商ともに右岸パレ・ロワイヤルからレ・アルあたりまで，つまりサン＝トノレ通り周辺が常に中心地である。サン＝トノレ通りの店舗数は，1800〜1830年の延べで，モード商178，新物商304，合計482と最多を誇る。ここに集中するのは18世紀のモード商の店舗分布と同じである。だが拡散の度合いは新物商のほうが大きく，特に右岸の環状並木通り沿いと両岸の城外区への広がりは注目に値する。左岸ではサン＝ジェルマン＝デ＝プレ街区にある程度の集中が見られる。

　そして1821年に新物商の項目が商業年鑑に加えられると，翌1822年から新物商の数は急増し，1826〜1830年の(83)では比べるまでもないほど差がついているのがわかる。

(84) パレ・ロワイヤルとパサージュにおけるモード商と新物商の店舗数 (1800〜1830年)

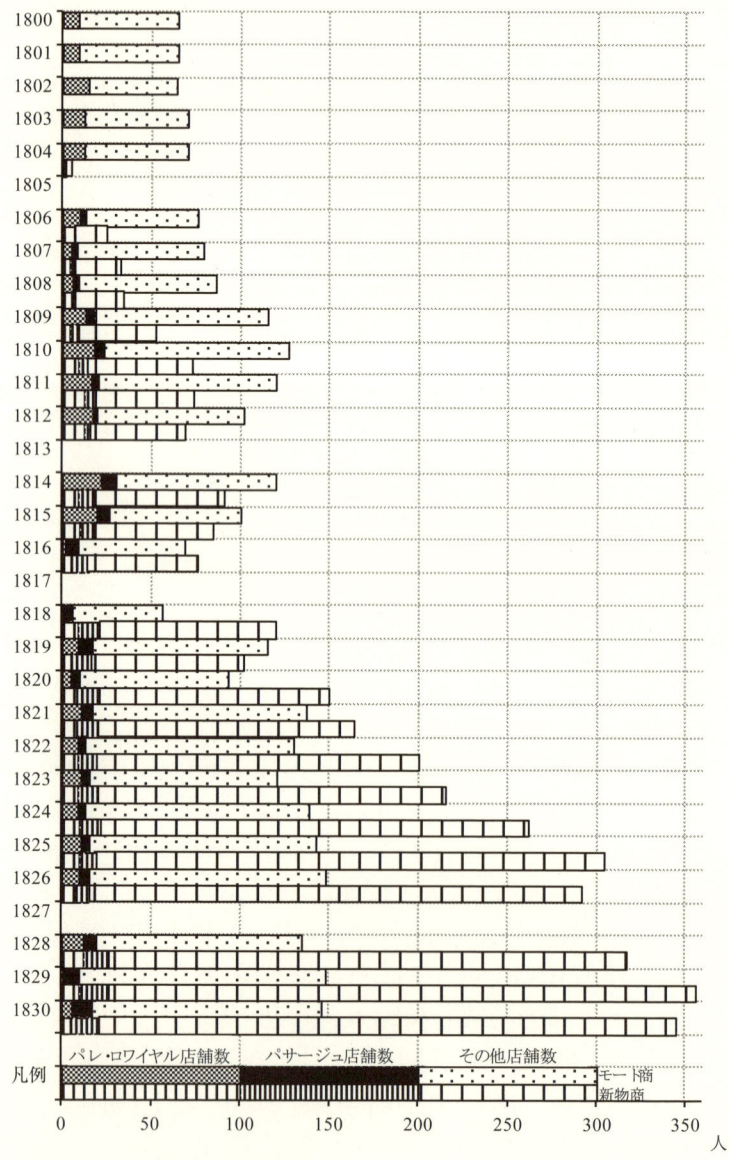

凡例: パレ・ロワイヤル店舗数　パサージュ店舗数　その他店舗数　モード商／新物商

各年の上段はモード商、下段は新物商。
データは各年の商業年鑑にもとづく。バーが欠けている年はデータがない年。

また，店舗の分布にはもうひとつ，重要な点がある。(84)のように出店場所の変遷を詳細に見ていくと，すでに分布地図で見た通り，18世紀末にはパレ・ロワイヤルが流行の中心をなしていたが，代わってパサージュに店舗が出現するのがわかる。しかしパサージュの店舗数がパレ・ロワイヤルの店舗数を決定的に上回る年は，モード商は1829年，新物商は1816年と大きな開きがある。

「パサージュ」は本来は小道を指す語だが，狭義では屋根付きのアーケード型の通りを指す。この語義は『アカデミー・フランセーズ辞典』第6版（1835年）に登場している。

『アカデミー・フランセーズ辞典』第6版（1835年）
passage
［前略］特にパリと他いくつかの大都市では，通常，屋根付きの出口を指す。そこは歩行者のみが通行でき，隣接する道路への連絡通路という役割を持つ。例：「パサージュ・ドゥ・ロペラ」。「このパサージュにはガス灯が付けられている」。「パサージュを建設する」。「敷石で舗装されたガラス屋根付パサージュ」。「パサージュの大部分は夜間は扉または鉄柵で閉鎖される」。

また17世紀から屋根付きの歩道の語義があったギャルリという語もほぼ同じ意味で用いられる[260]。パレ・ロワイヤルの木回廊に木格子の間にガラスが嵌め込まれた屋根が取り付けられたのを嚆矢に[261]，1791年，パサージュ・フェドが建設される。パリには現2区を中心に19のパサージュが現存するが，以降ヨーロッパ全体で約300のパサージュが造られ，うち50がパリにあった[262]。なお，フランス地方都市ではナントのパサージュ・ポムライェ（1841〜1843年造）などいくつかが現存する。イギリスにはロンドンのロイヤル・オペラ・アーケード（1818年造）を最初にバーリントン・アーケード（1818〜1819年造）などピカディリー周辺に複数建てられたほか，地方都市に多数現存する。より規模が大きいものとしては，ベルギー・ブリュッセルのギャルリ・サン＝チュベール（1847年造）が比較的時期が早く，イタリア・ミラノのヴィットーリオ・エマヌエーレ

2世ガッレリア（1865～1877年造），ナポリのウンベルト1世ガッレリア（1887～1890年造）なども知られている。ほか，アイルランド，オランダ，スペイン，スイス，ドイツ，オーストリア，ルーマニア，ラトヴィア，ウクライナ，ロシアなどに19世紀に建てられたものがあり，クロアチア，ハンガリー，チェコなどには20世紀初頭造のものがある。ヨーロッパ外でも，トルコ，アメリカ合衆国，アルゼンチン，オーストラリアなどに19世紀に造られたパサージュが現存している。

(85) 現2区パサージュ・デ・パノラマ（2010年4月30日筆者撮影）

左上から時計回りに，モンマルトル並木通り側入口，入口側から主回廊，サン＝マルク通り側から見た主回廊，主回廊と交差するヴァリエテ回廊。
現在はカフェやレストランが多い。説明板によれば，右下写真奥のシュテルン版画店は19世紀初頭以来の店。またパノラマは1831年に撤去された。そのため現在の内部の様子は19世紀当時とは異なる。

具体的にはパサージュとは(85)のような建築物である。モンマルトル並木通り側入口前に設置されているパリ市による説明板によれば，パサージュ・デ・パノラマは，1800年[263]，モンモランシ＝リュクサンブール館に代わって建設され，パリの風景と1793年の英軍トゥロン撤兵の様子を描いたパノラマが内部に展開されていたためこの名がついた。1817年に最初にガス灯が設置された公共空間のひとつで，奢侈品の店が集まったという。

パサージュ・デ・パノラマにはモード商・新物商ともに多くの店舗を持ち，1830年までの商業年鑑登場回数は100回以上，屋根付きパサージュで2番目に多い。なお，これを上回る登場回数を数えるパサージュ・ドゥロルムは現存しない。

パサージュ・フェドや建造当時のパサージュ・パノラマは屋根に天窓が穿たれているといった様子で，現在のロンドンのバーリントン・アーケードに近い造りだが，1808年造のパサージュ・ドゥロルム以降は鉄骨にガラスを張った屋根という当時最新の建築手法が取られた[264]。パサージュ・ドゥロルムと，その後に建てられたパサージュ・モンテスキュー（1811年造），パサージュ・ドゥ・ロペラ（1822年造），パサージュ・デュ・ポン＝ヌフ（1823年造）は現存しないが，1828年造のパサージュ・デュ・グラン・セールや1829年造のギャルリ・ヴィヴィエンヌからその構造を推測できるだろう。どちらも20世紀に復元的改築されたものではあるが，パサージュ・パノラマと比べるとガラス張りの天井を活かす構造になっており，ところにより鉄骨の組み方も変えたりと工夫をこらし，鉄細工のランプ支柱，壁や柱の彫刻，色タイルで柄を描いた床など内装も工夫されている。

このように風雨を気にせず通行でき，美しい装飾をこらした明るいパサージュは，雨が降れば泥や汚物で足元が汚れる当時の通りの環境を考えれば画期的だっただろう。パレ・ロワイヤルの各回廊も同様に屋根があることが店舗集中の理由のひとつだが，それゆえに娼婦なども集まる猥雑な場所ともなってしまったことで，ガラス屋根がもたらす明るさと斬新さを持つパサージュが好まれるようになったと思われる。

このように，モード商も新物商も快適な場所，新奇な場所にすかさず目をつけていたことがわかる。しかし，パサージュの店舗が増加した時期か

らわかる通り，そうした先進性の点でも，すでにモード商は新物商に後れを取るようになっている。

(86) 現2区ギャルリ・ヴィヴィエンヌ（2010年4月30日筆者撮影）

左上から時計回りに，現プティ＝シャン通り側入口，同入口側から現バンク通りと平行する回廊，同入口を入ってすぐの広場のドーム天井，銀行通りと平行する回廊から銀行通りに向かって伸びる側廊。
パリに現存する中では最も美しいパサージュと言われ，現在はカフェ，サロン・ドゥ・テ，服飾店，古書店，古道具店，玩具店，インテリア雑貨店など，比較的高級な店が並ぶ。

3.「グラン・マガザン」へ

　店舗数の上でも，店舗規模の上でも，商売の先進性の上でも，1830年までの間に，モード商は新物商に劣るようになっていた。この後，両者はどのような展開をたどったのだろうか。

　1840年の時点で，商業年鑑に掲載されたモード商は228，新物商は新物既製服製造小売商[265]として記載され，470にのぼる。2年後の1842年には，モード商165，新物商の項目は4つに分かれ，パンタロン・ジレ・ルダンゴト新物卸売商165，全分野新物小売商371，新物既製服商25，合計561を数えている[266]。1830年にはモード商146，新物商345だったのと比べ，さらに大きく差がついている。

(87) モード商と新物商の破産件数（1800～1900年）

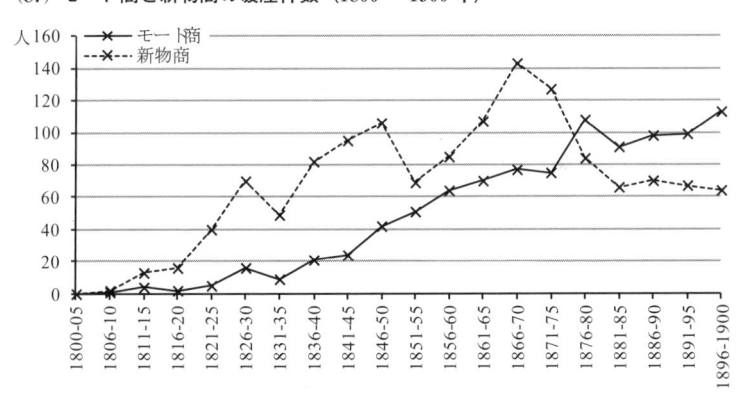

データは AD Paris D10U3 « Dossiers de faillite, 1792-1899 » ; D13U3 « Registres d'inscription des liquidations judiciaires, 1848-1952 » の « Modes » と « Nouveautés » の検索用カードにもとづく。

　ここまでは店舗数によって比較してきたが，ここで破産件数も見ておこう。(87)の通り，モード商の破産件数は1831～1835年と1871～1875年と1881～1885年のわずかな減少を除いてほぼ一貫して増加している。破産するにはそれだけの店舗数がなくてはならないのは当然だが，1830年

以前にすでに起きていた店舗数の伸び悩みを考え合わせると，モード商は新物商の確立以降，一貫して衰退傾向にあったのではないか。

一方，新物商は変動が大きい。1831〜1835年，1851〜1855年に谷が来て，1866〜1870年にピークが来た後，減少に転じる。1831〜1835年は七月革命直後の好況期で，モード商・新物商ともに破産件数は谷になっている[267]。1851〜1855年は第二帝政開始の時期で，1853年からはセーヌ県知事オスマンによるパリ大改造も始まる。ここで谷が来るのはその影響だろう。しかし第二帝政下，百貨店が隆盛を迎える時代に再び破産件数は増え続け，パリ・コミューン直前にピークに達し，そこからは一転して減少する。このように，破産件数が上昇の一途をたどるといった現象は起きていない。

つまり，19世紀半ば頃には，モード商と新物商には決定的な差がついていた。実質的に，モード商は新物商に取って代わられたと言っても過言ではないだろう。ただしその転換は急激なものではなく，19世紀前半から半ば過ぎにかけて徐々に進んでいったものと考えられる。

それでは，その時期の新物店の商売とはどのようなものだったのか。

まず，彼らは定価販売を始めた。1830年までの商業年鑑には，店主の名に「定価販売」の付記がたびたび見られる。最初にその言葉が付されたのは，1811年の雑貨商の項目に掲載された小ラティエ氏で，「定価販売の商店」と記されている。店員と客との駆け引きで，たいていは店に有利に決められてしまうものだった商品の価格が，誰が買っても同じ定価になったのである。買い物の安心度は高まったことだろう。

また，新物店は広告を始めた。1834年に，「私の真に信じるところでは，今日存在するような商業広告は，新物商が創った」と述べられている[268]。それとともに誇大広告も生まれ，品質や生産地を偽るようなことも見られたが，一方でこれは客層の変化を暗示する。広告は，近隣住民あるいは宮廷関係者など限られた客層ではなく，不特定多数の客を想定していないと意味を成さないし，不特定の客が相手だからこそ偽りも通用したのだろう。また，目立つ看板を店の外壁のあちこちに取りつけたり，流行りの演劇などから取った派手な店名をつけることも盛んに行われた[269]。

さらに新物商は歩みを進める。

『パリ、または百と一の書』(1834年)[270]

もしそれに関する信頼すべき情報を信じねばならないのなら、新物商こそ「商店 magasin」という言葉を「小店 boutique」というものに大胆にも適用した最初の人々だった。商店とは「宝物庫」を意味するアラビア語で、商品が販売前に保管されていた広大な場所のことをかつては指していた。この表現は、今日用いられると、響きの良さと壮大さがあり、自尊心を満たして欲求を掻き立てるところがある。商店を持つこと、商店を経営すること、それは大規模な商売を行うことだ。商店の所有は一介の小売商を卸売商の位置に引き上げる。奢侈にかかわる者にして流行にかかわる者である新物商は、自分たちがコレージュで学んできて、美しい夫人に売る高価な生地に日々囲まれているにもかかわらず、雑貨商やボンネット商と同等でしかなく、隣接業種である仲買香辛料商に劣ってさえいないことにまもなく困惑するようになった。それまで、在庫を決して持つべきではなく、投機は小売人のやることではないとする小店主の古い原則に忠実でいたので、新物商はブルドネ街区やヴィクトワール広場の卸売商を次のようなものと見なすことに慎ましく甘んじてきた。つまり、自分たちの「売り場」、あるいは、もっと昔に定着していた表現を使うなら、自分たちの「座」に供給することができる最も直接的な仕入れ元が卸売商だと。こうした営業方法はとても聞き分けが良いものだ。新物商はついにこの営業方法が下劣なものだと気づいた。新物商はその日その日に仕入れをしていたが、もう週に1度しか仕入れなくなった。1週間の商品を入れておくために、店の裏の家具を引き払い、中二階にそれを運んだ。これが商店の始まりである。そして卸売商を見放そうという思いつきが浮かんだ。実際、不要な中間業者を維持してなんの役に立つのか？自ら製造者に問い合わせるのはまったく無理なことなのか？ 卸売商を形作る基本的な条件のひとつ、それは消費に委ねたい商品を直接取り寄せることだ。新物商は……それゆえカブリオレ馬車を駆って製造所の倉庫に駆けつけた。新物商は「お得な」商品を「何項目」も見つけた。新物商はそれに商品タグを付けて、「商店」に持っていかせた。家具は中二階を離れ、さらに上に移される。中二階のふたつの窓の間

に，新物商は看板を掲げ，その上にこう書いた。「大新物店」と。こうしてすべてが決まった。新物商は卸売商となり，小店主はいなくなったのだ！

　新物商はついに中間商人を退けて製造者からの直接仕入れを始め，それによって「商店」の経営者となった。すでに見たように，1842年には卸売商に分類される新物商が150を超えている。商店は商品を売る場となり，製造加工を注文する場ではなくなった。ついに服飾品の製造と小売を切り離せるようになったのである。また1840年代には，一部は既製服販売を謳うようになっている。時代は下るが，1885年に書かれた新物商のための手引書では，布地の種類，衣服の寸法の測り方，簿記の方法など新物商に必要とされる知識が解説されているが，買い付けに行くべき都市の一覧も含まれていて，19世紀後半には直接買い付けが当然のこととなっていたのがうかがえる[271]。

　そして彼らの店は「グラン・マガザン・ドゥ・ヌヴォテ＝大新物店」と称する。そう名乗る店が増えるにつれ，「ドゥ・ヌヴォテ」は省略されるようになった。そうして生まれた「グラン・マガザン」こそ，今日の百貨店のことである。

253　先行研究では新物店という語のほうがよく見られるが，当時の史料では新物商もよく見る表現である。また「新物」という訳語については，北山晴一『おしゃれの社会史』(朝日新聞社, 1991年)第2章で magasin de nouveautés を新物店と訳しており，これが初出と思われる。これより早い Perrot, *Les dessus* の訳書『衣服のアルケオロジー：服装からみた19世紀フランス社会の差異構造』(文化出版局, 1985年)では，訳者大矢タカヤスはこれを「流行品店」と訳し，常に「マガザン・ド・ヌヴォテ」とカナを振っているが，「流行品」という語には modes のほうが近いため，ここではより nouveautés という語のニュアンスを出していると思われる北山の訳語を採用する。以下これに従い新物商，新物店と訳す。

254　Diderot et d'Alembert, *Encyclopédie*, article : Nouveauté.

255　De Mairobert, Mathieu-François-Pidanzat, *L'espion anglois, ou correspondance secrete entre Milord All'eye et Milord All'ear,* Nouvelle Edition, revue, corrigée,

considérablement augmentée, tome troisième, Londres : chez John Adamson, 1784, p. 264.
256 Bureau à la bibliothèque paroissiale, *L'Echo du cabinet de lecture paroissial de Montréal*, Vol. IV, Montréal : Bureau à la bibliothèque paroissiale, 1801, p. 17.
257 « Magasin français de modes et nouveautés », Firenze : Jaussaud, 1801.
258 *Mercure de France*, Vol. 32, Paris : Pancoucke, 1808, p. 378.
259 Diderot et d'Alembert, *Encyclopédie*, article : Magasin.
260 *Dictionnaire de l'Académie française*, 1e Édition (1694), Article : galerie.
261 De Moncan, *Les passages*, p. 92.
262 Ambrière (dir.), *Dictionnaire du XIXe siècle européen*, Paris : Presses universitaires de France, 1997, p. 882［以下同書は *Dictionnaire du XIXe siècle* と略す］. De Moncan, *Les passages*, pp. 88-89 の地図によればパリのパサージュ数は 44。これはガラス屋根でないものを含めるかなど数え方に依存するだろう。
263 De Moncan, *Les passages*, p. 109 によれば 1799 年に主回廊が造られ、1834 年にヴァリエテ回廊が増築された。
264 Ambrière, *Dictionnaire du XIXe siècle*, p. 882 ; De Moncan, *Les passages*, p. 124. パサージュ・フェドやパサージュ・デ・パノラマの初期の様子については De Moncan, *Les passages*, p. 101 ; p. 109 に掲載されている 1791 年のパサージュ・フェドの建築計画図と 1800 年のパサージュ・デ・パノラマの内部画像からの推測。なお後者の画像を著者は他の著書でもたびたび用いているが、作者や出典は不明。
265 原語では、Nouveautés (fabricans, confectionneurs et marchands)。以上、*Almanach du commerce*, 1840 による。
266 原語では、Nouveautés en gros pour pantalons, gilets, redingotes (articles de Reims, Roubaix, Amiens, etc.), Nouveautés en tout genre (marchands), Nouveautés (confectionneurs de). Nœuds, Sacs, Mantelets, Tabliers, Robes, Écharpes, Colliers, Fichus, etc.。以上、*Almanach du commerce*, 1842 による。ただし他に「家具用布地新物小売商 Nouveautés en étoffes pour ameublement (marchands de)」15 人が存在するが、家具用とあるため省いた。
267 ただし一方で、1827 年以来の不況期に賃下げを余儀なくされた仕立工は、1832 年に景気が上向いても引き上げがないことに対抗し、1833 年以降組織的に多くのストライキを起こしていた。赤司道和「手工業労働者のストライキ運動：七月王政期のパリの紳士服仕立工の事例」(『北海道大學文學部紀要』42(3)、

1994 年 3 月) 133-166 頁。

268 Paris, ou *Le livre des cent et un,* Paris : Ladvocat, 1831-1834 ; tome quinzième, p. 245 ［以下同書は *Le livre des cent et un* と略す］.

269 以上, *Le livre des cent et un,* tome quinzième, pp. 237-268, « Les Magasins de Paris » より。

270 *Le livre des cent et un,* tome quinzième, pp. 241-248.

271 Baurdain, Edmond, *Manuel du commerce des tissus : vade mecume du marchand de nouveautés,* Paris : J. Hetzel et Cie, 1885.

結論 モード商の存在意義と限界

　まずはモード商について，各章の内容をまとめておきたい。
　モード商という職業は1750年代頃から確立し，1760年代の間にはパリの人口に膾炙するようになったと推測される。出自は主に雑貨商と考えられていたが，女性服仕立工などの下でお針子としての技術を身につけた者も多かったのではないかと考えられる。
　モード商について同時代人は様々な記述を残しているが，奢侈への批判などから，そうした記述には多くの過小評価や偏見が含まれる。しかしそれでも彼らの才能は一定の評価を受けている。つまりモード商は，顧客に対して流行を提示する存在と見られるようになっていたのである。こうした作り手・売り手の側が流行を牽引する構造は，執政政府期以降にも受け継がれる。またモード商は，商品の陳列には至らないものの，18世紀の時点ですでに店舗の内装・外装の演出に取り組んでいた。さらに店舗を一定地域に集中させることで流行の中心地を形成し，それがまた顧客を呼び寄せることになった。
　同業組合制度の中でモード商が果たした役割はどのようなものだったか。パリの宣誓ギルド制度はなによりも王権のための制度であり，18世紀には手工業者／小売商のための制度ではなくなっていたし，まして消費者のための制度という側面を持ったことはなかった。その中で，モード商は同業組合制度による不合理な分業の境界を越えるものとして生まれた。そのため，同業組合制度に組み込まれても制度が廃止されても，大きく変化することはなかった。この制度に縛られていた18世紀パリの服飾品製造・流通システムの中でモード商という存在が画期的だったのは，中間財加工から最終消費財小売までを一貫して行った点である。
　取引方法としては，返品の受け入れなどの良心的な取引方法を導入し，

現金による即日払いも広く行っていた。扱う商品・作業と顧客層から見ていくと，モード商には少なくとも2種類のタイプがあった。服飾関係業者などを主な顧客として中間財販売に特化する中間商人タイプと，宮廷関係者や海外顧客を含むその他の貴族層およびパリ市内の法曹・公職関係者などのエリート層といった富裕層を主な顧客として，作業受注も一定の割合で請け負う製造小売業者タイプである。前者の中には国外にまでパリの服飾品を伝播させる役割を担っていた者もいる。そして後者は，製造小売業者という点では従来とは変わりないが，中間財販売から最終消費財加工までを一店舗内で請け負うという画期的な商業形態を実現し，さらに衣服完成品まで扱っていた。ただし，そうした画期的な部分があったとはいえ，モード商の商売は，お針子の安価な労働力に支えられつつ高価な奢侈品ばかりを扱う，富裕層のみを対象とした商売だった。

　そして19世紀に入ると，新物商がモード商に取って代わる。店舗数，店舗規模，商売の先進性などでモード商を超えた新物商は，生産地から直接買い付けをし，既製服飾品を小売し，定価販売を導入し，広告によって不特定多数の客を集め，一介の小売商の立場を脱する。彼らの「商店」は「グラン・マガザン・ドゥ・ヌヴォテ」と称され，まさに百貨店の嚆矢となった。

　以上の点を，序論で提示した経営方法と流通段階という観測点に照らし合わせつつ考えてみる。

- 正札制　　　：定価制と不可分であるが，どちらも確認できない。
- 現金販売　　：すでに広く導入されている。
- 商品の陳列　：まだ陳列には至らないが，店舗の内装は充実させている。またお針子に窓辺で作業させる，マネキン人形を飾るなど，商品を外に向けて示す工夫をしている。
- 広告　　　　：大規模な広告は存在しないが，店舗の外装を演出するといった工夫が見られる。
- 最終消費財小売：衣服についてもすでに始まっている。また，中間財小売から最終消費財への加工を統合している。

　以上のように，萌芽的な段階ではあるが，新しい経営方法を導入しつつあることがわかる。また，そうした経営方法に通底するのは，客の利益す

なわち店の利益と考え、客の便宜を図ろうとする姿勢であり、返品の受け付けといった形でもこの姿勢はすでに現れている。流通段階の点から見ても、最終消費財小売、つまり既製服販売を始めている。そして出自など商人自身の直接的な繋がりの面からも、モード商が新物商の父となる存在だということは疑いようがない。つまり、モード商は、経営方法の面から見ても、人の直接的な繋がりの面から見ても、百貨店の直系の祖父なのである。モード商が18世紀にこうした取り組みを始めていたからこそ、19世紀の新物商はそれをさらに進め、百貨店へと展開していくことができた。

しかし、それではなぜモード商は新物商に取って代わられたのか。

ひとつには、単純にモード商が新物商へと看板を掛け替えたということがある。第5章で見た通り、モード商から新物商へと年鑑の項目を移動した例はいくつもあり、そうした例では同じ小売商が単に呼び名を変えただけと言える。それこそ、新物商という呼び名のほうが「流行」になったから変えたのだろう。

しかし、19世紀に入ってもモード商と名乗り続けた人々と、新物商と名を変えた、あるいは新たに新物商として商売を始めた人々の間には、店舗規模・商売の先進性などの面で差がついていく。実際にはモード商にしても新物商にしても、多く店舗は短命であり、それぞれの内部で新陳代謝が起きていたのだが、逆に言えば店舗規模や先進性などの違いを元にして呼び名を決めていた可能性もある。なぜそうなのかが問題である。

それを考えるには、モード商がそもそもどのように現れ、力を得ていったかを振り返る必要があるだろう。モード商がその呼び名で知られるようになったのは、マリ＝アントワネットなど宮廷人士と結びついてのことだった。同業組合認可の背景にもそうしたコネクションがあることが考えられる。売上高などの面から見ても、宮廷に結びつけば稼ぎは大きくなり、さもなければ中間商人としての色彩を強めることになる。宮廷との接点を得られなければ、社会層としてその次に位置する宮廷外貴族やパリ市内のエリート層などその他の富裕層を顧客にできたとしても、同業者との取引も行わなければ商売が立ちゆかなかった。しかし革命期には、ベルタンは王妃とかかわりすぎたがゆえに亡命を余儀なくされ、エロフは商売が成り立たなくなる。あれほど世に知られていたモード商でも、政治の風向きが

大きく変わったときに乗り換え損ねれば、商売は立ちゆかなくなるのである。そしてアンシャン・レジーム期には、身分に完全に無関係な富はあり得なかった。掛け売り分が未精算でも買い物をし、借金も気にしないという行動様式も含め、買い物に使える金銭の額は宮廷を頂点とする身分秩序にもとづいている。高額商品を扱い、ごく一部の富裕層以外に最終消費者としての顧客を持ち得なかったモード商は、こうした身分秩序の頂点にある層に依存し、特権システムに組み込まれることを望む姿勢ゆえに、たびたび政体が変わる19世紀初頭の状況には対応できなかったということが考えられる。

また、一度同業組合として認められた職業であるがゆえに、1人の製造小売業者を単位とする伝統的なあり方から脱却できなかったのではないだろうか。直接買い付けをして「商店」を構えるといった可能性を考えずに小売商としての立場を維持する者、それが新物「商店」に対するモード「小売商」のあり方だと捉えられ、好むと好まないとにかかわらずその立場を外れない者がモード商という呼び名を維持するようになったのだろう。つまりモード「商」、小売商 marchand を冠した名であり続ける限り、その名の下に大規模小売が発達する可能性はなかったのである。

しかし一方で、モード商はオート・クチュールの嚆矢ともなった。従来、服飾品の手工業者の名は顧客の影に隠れて残らないものであり、このように名が残る人物が現れ始めたのはモード商が初めてのことである。つまり、衣服の作り手の側が流行を生み、顧客に提示するという現象はモード商に始まったのであり、その点でモード商はオート・クチュールの祖父とも呼ぶべき職種である。このようなカリスマティックな才能を持つ単独の製造小売業者にひと握りの富裕層・社会上層を惹きつける「小規模」小売は、ベルタン、ルロワの系譜を継ぎ、ウォルトに至ってオート・クチュールとして結実する。

最終消費財が小売されるだけで注文生産がないという状況になれば、それを買いに行く人々は純粋な最終消費者となり、流行の主導権は買い手から売り手に移る。そして「専制君主」ウォルトは服飾流行の主導権を着る側から奪った。つまり、百貨店においても、オート・クチュールにおいても、流行の主導権は売り手に握られるようになっていく。

このようにモード商は，百貨店という大規模小売業とオート・クチュールという小規模小売業の新形態，双方に影響を及ぼした。とはいえあくまで彼らは萌芽的・過渡的な存在であり，自らモード商の名を捨て，あるいは世代を経ないことには，新物商という百貨店に直接結びつく職業には脱皮できなかったのである。

　20世紀後半のハイパーマーケットの前には20世紀前半のスーパーマーケットと19世紀後半の百貨店があり，百貨店の前には19世紀前半の新物店があり，新物店の前には18世紀後半のモード商がある。重なり合いつつ古いものは消えていき，21世紀の現在，モード商を名乗る小売商も，新物店と称する商店も存在しない。近年，フランス・オート・クチュール組合に所属するメゾンでもオート・クチュール部門はほぼ赤字で，プレタポルテ部門で補っているという。百貨店も各国で経営不振が叫ばれて久しく，1994年にはボン・マルシェ，2001年にはボン・マルシェに次ぐ歴史を持つサマリテーヌがモエ・ヘネシー・ルイ・ヴィトンLVMHグループに買収された[272]。さらにサマリテーヌは建物の老朽化のため2005年に閉店し，2009年に再建計画が発表され，2012年6月現在，日本人建築ユニットSANAAによる改修が進んでおり，2014年には商業スペース・低所得者向け住宅・保育所・高級ホテルを組み合わせた複合施設として再オープンする予定である[273]。これでサマリテーヌが百貨店として再生する可能性は失われ，パリに存在する百貨店は，LVMHグループ下にあるボン・マルシェ，イタリアのボルレッティ・グループ下にあるプランタン[274]，共同してグループを成すギャルリ・ラファイエットとその傘下のBHV，およびそれぞれの支店のみとなった。ギャルリ・ラファイエットとBHVはコングロマリットには吸収されず独立を保っているが，それも2000年以来，スーパーマーケット・チェーン，モノプリの株の半分を保有しているためである[275]。日本でも，江戸期の呉服店に起源を持つ数々の老舗百貨店が年々統合したり店舗を閉店したりしている。

　いつかオート・クチュールも百貨店も，さらにはスーパーマーケットもハイパーマーケットもなくなるかも知れないし，違う名前で呼ばれる違う形態のものに変わっていくかも知れない。しかし，この先小売業がどう展開していくにしても，その一過程にモード商という存在が寄与したことは，

銘記して然るべきだろう。

　これまで，主に帳簿を基礎として，18世紀から19世紀初頭のモード商について，企業史という角度から見てきた。モード商の名が挙げられている公証人文書が数の上で少ないため，著名な個人の履歴を追う以外は手段が限られてくるが，モード商の婚姻関係・家族関係等，モード商あるいは服飾関係業者の商人社会のあり方という問題が残されている。また19世紀以降にもモード商という職業が存在したことについては従来の研究でもほとんど言及がなく，表面的な部分に触れるにとどまった。百貨店という大規模小売形態の誕生，またオート・クチュールという小規模小売の新形態の登場に至るまでのより長期的な視野で，19世紀のこの職業について，新物商と比較しつつ考察を深めていく必要がある。またそれにあたっては，並木通り，パレ・ロワイヤル，パサージュなど，18世紀末から19世紀前半にかけてパリで重要性を増した場を商業空間として分析していく必要もある。以上を今後の課題としたい。

272　以上，LVMH公式サイト（http://www.lvmh.com/：2012年6月30日確認）内《 Le Bon Marché Rive Gauche 》解説（http://www.lvmh.com/the-group/lvmh-companies-and-brands/selective-retailing/le-bon-marche-rive-gauche：2012年6月30日確認）；《 La Samaritaine 》解説（http://www.lvmh.com/the-group/lvmh-companies-and-brands/selective-retailing/la-samaritaine：2012年6月30日確認）。

273　以上，『ル・モンド』紙オンライン版2012年1月18日付記事《 Après quelques vagues, la nouvelle Samaritaine sortira de terre en 2014 》（http://www.lemonde.fr/societe/article/2012/01/17/apres-quelques-vagues-la-nouvelle-samaritaine-sortira-de-terre-en-2014_1630531_3224.html：2012年6月30日確認）。

274　2006年買収。ボルレッティ・グループ公式サイト（http://www.borlettigroup.com/：2012年6月30日確認）内《 Printemps 》解説（http://www.borlettigroup.com/page13.html：2012年6月30日確認）。

275　以上，1991年買収。グループ・ギャルリ・ラファイエット公式サイト（http://www.groupegalerieslafayette.fr/：2012年6月30日確認）内《 L'histoire 》ページ（http://www.groupegalerieslafayette.fr/fr/histoire/trajectoire.htm：2012年6月30日確認）。

文献目録

手稿文書

フランス国立文書館 Archives Nationales de la France = AnF
パリ市文書館 Archives de Paris = AD Paris

1. AnF, V7 420-443. Révision des comptes des jurés des communautés d'arts et métiers (1690-1789)
2. AnF, Y 9306A à 9334. Registres des jurandes et maîtrises des métiers de la ville de Paris (1585-1790)
3. AnF, Y 9372 à 9396. Avis du procureur du roi sur des contestations entre ouvriers et maîtres des métiers de Paris. Bons de maîtrises et jurandes (1681-1790)
4. AD Paris, D43Z. Publicité commerciale à Paris
5. AD Paris, D4B6. Juridiction consulaire. Dossiers de faillite (1695-1792)
6. AD Paris, D5B6. Juridiction consulaire. Registres de compte des commerçants faillis (1695-1791)
7. AD Paris, D8B6. Juridiction consulaire. Procédures et résidus, mélanges (1629-1792)
8. AD Paris, D10U3. Tribunal de commerce de la Seine. Registres d'inscription des faillites (1808-1941)
9. AD Paris, D11U3. Tribunal de commerce de la Seine. Dossiers de faillite (1792-1899)
10. AD Paris, D12U3. Fichiers des faillites et des règlements transactionnels (1800-1941)

手稿文書 AD Paris, D4B6

Carton	Dossier	Titre	Faillite
7	346	marchand de modes	1748/2/1
10	493	marchande de modes	1752/3/21
14	644	marchande de modes	1754/10/2
16	796	marchande de modes	1757/3/26
18	865	marchande de modes	1758/2/18
22	1101	marchande de modes	1760/11/8
24	1251	marchande de modes	1763/1/24
28	1510	marchande de modes	1766/2/28
31	1676	marchande de modes	1767/11/4

Carton	Dossier	Titre	Faillite
34	1811	marchand de modes	1769/1/16
38	2087	marchande de modes	1770/7/24
43	2414	marchande de modes	1771/12/24
85	5791	marchand de modes	1773/5/28
49	3007	marchands de modes	1773/11/29
54	3399	marchande de modes	1775/3/27
56	3541	ouvrière en modes	1775/11/4
60	3852	marchands de modes	1776/11/16
60	3857	marchand de modes	1776/11/20
64	4150	marchand de modes	1777/8/14
64	4179	marchande de modes	1777/9/15
65	4204	marchande de modes	1777/10/13
66	4326	marchande de modes	1778/3/6
66	4336	marchande et faiseuse de modes	1778/3/10
68	4455	marchands de modes	1778/7/15
68	4460	marchande de modes	1778/7/21
69	4543	marchands de modes	1778/10/31
69	4569	marchande de modes	1778/12/7
70	4638	marchande de modes	1779/2/25
72	4729	marchand de modes	1779/5/18
74	4871	marchande de modes	1779/9/22
74	4875	marchand de modes	1779/9/27
75	4954	marchande de modes	1779/12/18
77	5097	marchande de modes	1780/4/14
77	5131	marchande de modes	1780/5/18
78	5162	marchand de modes	1780/6/17
78	5226	marchand de modes Mercier	1780/9/4
79	5248	ouvrière de modes	1780/10/3
79	5267	marchande de modes	1780/11/15
82	5477	marchande de modes	1781/8/7
83	5548	marchande de modes	1781/11/20
83	5557	marchande de modes	1781/12/5
83	5579	marchande de modes	1781/12/24
83	5608	marchande de modes	1782/2/7

Carton	Dossier	Titre	Faillite
84	5649	marchand de modes	1782/4/15
85	5737	marchande de modes	1782/8/30
85	5765	marchande de modes	1782/10/2
85	5793	marchande de modes	1782/11/29
89	6057	marchande de modes	1783/12/4
92	6333	marchande de modes	1784/11/27
93	6434	marchande de modes	1785/4/9
94	6571	marchande de modes	1785/11/22
96	6666	marchande de modes	1786/3/11
96	6702	marchande de modes	1786/3/23
99	6953	marchande de modes	1787/8/6
101	7130	marchande de modes	1788/4/25
105	7463	marchande de modes	1789/4/8
106	7561	marchande de modes	1789/6/30
107	7584	marchande de modes	1789/9/17
107	7607	marchande de modes	1789/10/31
108	7687	marchand de modes	1790/1/26
109	7722	marchande de modes	1790/3/3
109	7751	marchande de modes	1790/3/24
112	7987	marchande de modes	1791/5/10
113	8120	marchande de modes	1792/5/10

手稿文書 AD Paris, D5B6

No	Nom	Titre	Livre	Années
7	THIBAUT	Nouveautés		1775
10	…	Modiste	Livre de crédits	1762-1764
19	POTTIER	Nouveautés		1750-1778
23	GIRARD	Nouveautés	brouillon de compte	
53	LEGER Magdeleine	lingère et modiste	journal	1774-1775
69	NOLLET	marchand de nouveautés	journal	1766-1788
109	PORTERET	Lingerie	Journal	1786-1787

No	Nom	Titre	Livre	Années
111	LEFEVRE et BONJEAN d[elle]	Nouveautés	journal	1785-1790
185	VIEVILLE	marchand de nouveautés	journal	Ans V et VI
189?	ROQUES Veuve	Nouveautés	Repertoire alphabetique du suivant	
190?	ROQUES		Grand-Livre	Ans X à XIII
191 192?	ROQUES		Deux Journal [*sic.*]	Ans XII à XIII
194	LACROIX, Joséphine, Catherine et Scolastique	Modistes		1783-1784
205		marchande de mode		
230	LEVEQUE et Madame BOULLENOIR	Modistes	journal avec répertoire	1774-1791
291	FOUCAULD et Co.	"Magasin curieux au Palais Royal 36"	Livre-journal	1788-1790
410	DALLON	modiste et couturière	journal	1761-1776
460	RONDU Elisabeth	mercière modiste gantière	journal	1788-1789
499	HEUZARD Mme	Modiste	livre de factures	1782-1784
500	HUBERT	Mercier	journal	1779-1783
565	DULAC D[elle]	modiste et mercière	journal	1788-1790
580	MORAUD Mme	modiste mercière	journal	1764-1766
581	LACROIX Sœurs (Joséphine, Catherine, Scolastique)	Modistes	journal	1783-1784
710	BERTHELOT Vve	mercière modiste	livre d'achats et de ventes	1766-1770
836	HUBERT	Mercier	journal	1779-1783
871	…	modiste et couturière	Grand-Livre -Répertoire	1727-1729
946	LEVEQUE et BOULLENOIR 'Dame'	Modistes	journal	1785-1791

No	Nom	Titre	Livre	Années
954	GIRARD et PA?P?RY D^{elles}	modistes et couturiers	journal	1776-1779
958	CRETET	Couturier	journal	1778-1779
1024	AUZOUX et Co.	merciers, modistes et couturiers	journal	1778-1781
1101	DULAC D^{elle}	Mercière	brouillon	1784-1788
1107	BATALLIER	modiste couturier "Au Temple du Goût"	Journal des recettes et des ventes	1781-1784
1163	GODARD	mercier, modiste, couturier	journal	1778-1781
1269	HEBERT	Mercier	brouillon	1779-1785
1289	JULLIEN	mercier-modiste	brouillon	1781-1788
1295	MOREAU (Marie, Jeanne, Victoire)	Modiste	journal	1778-1781
1311	HUBERT	Mercier	brouillon	1779-1783
1397	SOLAND D^{elle}	modiste "A l'Echarpe d'Or"	brouillon	1786-1792
1422	DELOZIERE	Mercier	journal et répertoire	1778-1779
1463	GODARD	marchande de modes	journal	1781-1782
1464	POIDEVIN D^{elle}	marchande de modes	grand livre et répertoire	1778-1782
1492	MORAND (David)	marchand de modes	brouillon	1752-1756
1497	MORAND (David)	marchand de modes	journal	1754-1764
1624	POSSEL	mercier-modiste	journal	1780-1782
1696	JOBERTY	marchande de modes	brouillon	1774
1761	GERVAIS	marchand de modes	brouillon	1735-1746
1881	LACOSTE (Marie) femme Petit	modiste mercière	brouillon	1767-1772
1943	LA VILLETTE	modiste mercier-marchand de tissus	brouillon	1774-1778
2004	MORAND Dame	modiste-mercière	journal	1761-1763
2015	JULLIEN	Modiste	journal	1789
2032	POIDEVIN D^{elle}	marchande de modes	journal	1778-1782
2033	POIDEVIN D^{elle}	marchande de modes	répertoire	1787

No	Nom	Titre	Livre	Années
2048	LE GROS (Marie) et PLEON (Edmée)	Modistes	journal	1764-1771
2052	LABIT Vve	marchande de modes et parfumeuse	brouillon	1783-1786
2055	ALL(?B)EAUME D^{elles}	marchandes de modes	brouillon	1782-1783
2067	CHEVALIER	marchand de modes	brouillon	1779-1780
2078	LA VILLETTE	mercier-modiste	brouillon	1778-1780
2109	MOREAU (Jean Baptiste) et JACQUEMART Marde, Elisabeth) sa femme	merciers modistes	journal	1755-1762
2126	POYET Vve LABIT	modiste-mercière	journal	1784
2138	LAMBERT	mercière et marchande de modes	journal	1771-1776
2155	LEVASSEUR Dame	mercière modiste	journal	1767-1773
2210	CRETET Dame	marchande de modes et mercière	brouillon de ventes	1779-1780
2219	DEHANIN (Albert)	marchand de nouveautés	journal	1757-1769
2226	LA VILETTE	mercier-modiste	Journal	1772-1780
2263	LA VASSEUR Madame	modiste-mercière	journal	1770-1773
2265	FOUCAULD et Co.	"Magasin curieux"	"Livre état général des frais et pertes et toutes dépenses" ··· etc. ···	1788
2268	LAURANT D^{elle}	modiste mercière	brouillon	1788-1791
2289	LEVEQUE et BOULLENOIR	Modistes	journal	1782-1785
2330				
7869	BALOU OLIVIERE Dame	marchande de modes	brouillon	1786-178?
2344	MOREAU Dame	marchande de modes	journal	1782-1784
2360	BONNEAU Vve	marchande de modes	brouillon	1768-1775

No	Nom	Titre	Livre	Années
2387	GAUTIER	modiste mercier	brouillon	1785-1786
2417	LEONARD	merciere et modiste	brouillon	1776-1779
2511	LEVEQUE et BOULLENOIR	marchands de modes	journal	1774-1782
2515	MALLET femme HARASTEGNEY	modiste merciere	journal	1793
2518	VALTON	mercière modiste	journal	1787-1789
2581	BOULLANGER	Modiste	Livre des crédits	1773-1777
2670	MOREAU D^{elle}	modiste et couturière	journal	1778-1781
2671	MOREAU D^{elle}	modiste et couturière	Répertoire	
2686	THIEBAULT	marchand de modes	journal	1774
2746	PORTEREL	Mercier	journal	1786-1788
2747	PORTEREL	Mercier	brouillon et répertoire	1786-1788
2837	GAUTIER	marchand de modes	brouillon	1780-1781
2848	BENARD	marchand de modes	journal	1780-1783
2855	PELLETIER	marchand de modes	journal	1776
2949	ROUXEL	marchand de modes	journal	1776-1777
2990	MONTHIERS	marchand de modes	journal	1769-1770
2998	LOEUILLART D^{elle}	marchande de modes	brouillon	1777-1780
3059	LA METZ (Charles)	marchand de modes	journal	1778-1779
3140 3141	DELAFOSSE D^{elles}	marchande de modes	Grand-Livre et Répertoire	1777-1778
3199	FOURNIER D^{elle}	marchande de modes	Journal	1773-1778
3225	HEUZARD	marchande de modes	Brouillon	1782-1783
3233	DUFOUR	marchande de modes et mercier	Brouillon	1770-1772
3445	GAUTIER	bonnetier, mercier, marchand de modes	journal	1782-1783
3494	…	marchande de modes	Journal	1726 (1727
3573	MOREAU Melle	marchande de modes	Répertoire	
3583	PETIT Vve	marchande de modes	Journal	1778-1779
3597	…	marchande de modes	Brouillon	1703-1712
3666	DOUARD, Dame	marchande de modes et lingère	Journal	1764-1765

No	Nom	Titre	Livre	Années
3691	LE MAIRE D[elle]	marchande de modes et mercière	Journal	1786
3786		marchande de modes		
3814	DUNEFOUR Vve, née Marie Geneviève Trouvery	marchande de modes et mercière	Journal	Ans VI-VII
3823	PORTERET	marchand de modes et mercier	Journal	1786-1987 [sic.]
3838	HEUZARD	marchand de modes	Brouillon	1782
3882	PESTEL	mercier et marchande de modes	Journal	1766-1789
3890	JULIIEN	marchand de modes	Journal	1788-1789
3891	LA FONTAINE	mercier et marchand de modes	Journal	1774-1778
3898	SAULIEU	modiste et coiffeur	Brouillon	1783
3916	SOLAND D[elle]	marchande de modes	Journal	1790-1791
3923-3924-3925	HEDIART, (Catherine)	marchande de mode	Brouillon	1712-1714
3938	BLOUIN	mercière modiste et marchande de modes	Brouillon	1755-177?
3957	ROUXEL	marchand de modes	Brouillon	1777-1778
4046	MUNERT et RICHARD D[elles]	marchandes de modes	Journal	1792-1793
4103	LEVEQUE et BOULLENOIR	Modistes	Livre d'échéances	1783-1787
4130	GODINOT et Dame BERTRAND	Modistes	Carnet d'échéances	1773-1776
4175	DU DUNAND	marchand de modes	Brouillon	1771-1781
4212	JULLIEN	marchand de modes	Brouillon	1788-1789
4215	DANQUIN Dame	Mercière, marchande de modes et parfumeuse	Brouillons	1781-1785
4237	...	marchand de modes	Brouillon	1765 (1767)
4264	RONDU D[elle]	marchande de modes	Brouillon	
4282	LE MAIRE (Rose)	marchande de modes et mercière	Journal	1786

No	Nom	Titre	Livre	Années
4284	CATILLOT	marchand de modes	Journal	Ans XI-XIII
4302	SAVANAC D^{elle} Jeanne	marchande de modes, mercière	Journal	1772-1776
4316	CHEVALIER	mercier et marchand de modes	Journal	1770-1772
4346	DUPONT Vve	marchande de modes	Brouillon	1767-1774
4354	MORAND (David)	marchand de modes	Journal	1766
4369	REBUSSEL Sœurs	marchandes de modes	Brouillon	Ans VI-VII
4428	HEBERT	marchand de modes et de mercérie	Brouillon	1782
4657	DEFORGE Dame	marchande de modes "suivant la cour de Versailles au château, escalier des Princes à Fontainebleau, gallerie de François Ier à Compiègne, sur le Cour"	Livre d'achats	1773
4675	BARRE	marchand de modes	Journal	1774
4680	CHEVALIER Vve	marchande de modes et mercière		
4839	DEFORGE D^{elle}	Marchande de modes ; suivant la Cour ; à Versailles escalier des Princes	Journal	1772-1779
4959	HEBERT	marchand de modes et bonnetier	Brouillon	1771-1773
5047	CHANEL	chapelier, marchand de modes	Brouillon	1783-1786
5072	PORTERET (Etienne)	Lingerie	Echéancier	1782-1788
5128	DE FENZY (Marie Louise)	marchand de modes	Brouillon	1775
5191	SCHILLY Vve né Jeanson	marchande de modes	Journal	1781
5213	DESFORGES Dame	marchande de modes et mercière	Brouillon	1771

No	Nom	Titre	Livre	Années
5260	DELOZIERE (Louis Marie)	marchand de modes	Échéancier	1778-1779
5267	ROUXEL	Mercier	journal	1776-1778
5307	CHATILLON (Jean, Paul) et Femme née Cabaille	marchand de modes, Cour du Dragon	Brouillon	1753-1760
5310	CHOLLET, D^{elle}	marchande de modes et mercière	Brouillon	1773-1780
5439	BARRE			1773
5495	GAUTIER Dame	mercière et marchande de modes	Brouillon	1779-1784
5578	VANIER Vve (D^{elle} Fournier)	marchand de modes	Journal	Ans X-XII
5579	VANIER Vve (D^{elle} Fournier)	marchand de modes	Echéancier	Ans X-XII
5895	GAUTIER	marchand de modes	Journal	1779-1784
5959	FOUCAULT Dame	marchande de mode et de tissus	Journal	An VI
5967	MICHU Vve et MICHU (Emilie)	marchandes de modes	Journal	Ans XI-X?
6095	REBUFFEL Sœurs	marchand de modes	Brouillon	Ans VIII-X
6127	LEFEVRE	marchand de modes	Brouillon	1761-1764
6244	BERTHO Dame	mercière modiste	Journal	1789-1790

手稿文書 AD Paris, D11U3

Carton	No	Titre	Années
2	103	marchande de modes	1793/6/8-
30	2028	marchande de modes	1805/11/7-
29 et 42	1992 et 2692	M^d de nouveauté et mercier	1805/10/3-1807/12/29
27	1829	M^{ds} de nouvautés	1805/1/21-
27	1840	M^{de} de nouveautés	1805/2/9-

刊行史料：辞書・事典

1. *Dictionnaire de l'Académie Françoise, la 1ère édition*, Paris : Coignard, 1694
2. *Dictionnaire de l'Académie Françoise, la 4e édition*, Paris : Brunet, 1762

3. *Dictionnaire de l'Académie Françoise, la 5ᵉ édition*, Paris : Smits, 1798
4. *Dictionnaire de l'Académie Françoise, la 6ᵉ édition*, Paris : P. Dupont, 1835
5. *Encyclopédie méthodique ou par ordre de matières : Manufactures, arts et métiers*, tome I, Paris : chez Panckoucke, 1785
6. Abbé Nollet, Jean-Antoine, *L'Art de faire des chapeaux*, Paris : Saillant et Nyon, 1765
7. De Garsault, François-A., *Art du perruquier*, s. l., 1767
8. De Garsault, François-A., *Art du tailleur*, Paris : L. F. Delatour, 1769
9. De Garsault, François-A., *L'Art de la lingère*, Paris : L. F. Delatour, 1771
10. De Réaumur, René-Antoine Ferchault, Duhamel du Monçeau, Henri-Louis et Perronet, Jean-Redolphe, *Art de l'épinglier*, Paris : Saillant et Nyon, s. d.
11. De Saint-Aubin, Charles-Germain, *L'Art du brodeur*, Paris : L. F. Delatour, 1770
12. Diderot, Denis et d'Alembert, Jean le Rond (éd.), *Encyclopédie, ou, dictionnaire raisonné des sciences, des arts et des métiers*, Paris : chez Briasson / chez David / chez Le Breton / chez Durand, 1751-1780
13. Féraud, Jean-François, *Dictionaire critique de la langue française*, Marseille : Mossy, 1787-1788
14. Hurtaut, Pierre-Thomas-Nicolas et Magny, Pierre, *Dictionnaire historique de la ville de Paris et de ses environs, Dans lequel on trouve la Description de tous les Monumens & Curiosités : l'Etablissement des Maisons Religieuses, des Communautés d'Artistes & d'Artisans, &c. &c.*, tome IV, Paris : chez Moutard, 1779
15. Littré, Émile, *Dictionnaire de la langue française*, Paris : Hachette, 1863-1877
16. Macquer, Philippe et Jaubert, Pierre, *Dictionnaire raisonné universel des arts et métiers, contenant l'histoire, la description, la police des fabriques et manufactures de France et des pays étrangers : ouvrage utile à tous les citoyens*, 5 vols., Paris : chez Delalain fils, 1801
17. Nicot, Jean, *Thresor de la langue françoyse, tant ancienne que moderne*, Paris : Douceur, 1606
18. Savary des Bruslons, Jacques, *Dictionnaire universel de commerce : contenant tout ce qui concerne, le commerce qui se fait dans les quatre parties du monde, par terre, par mer, de proche en proche, & par des voyages de long cours, tant en gros qu'en détail…*, Paris, 1723 / Paris, 1741
19. Savary, Philemon-Louis, *Dictionnaire universel de commerce, d'histoire naturelle, & des arts & métiers*, Copenhague : chez Claude Philipert, 1765

刊行史料：法令集等

1. *Recueil de réglemens pour les corps et communautés d'arts et métiers : commençant au mois de février 1776*, Paris : chez P. G. Simon, imprimeur du Parlement, 1779
2. *Archives parlementaires de 1787 à 1860 ; 8-17, 19, 21-33. Assemblée nationale constituante. 16 : Du 31 mai 1790 au 8 juillet 1790*, Paris : P. Dupont, 1883
3. De Lespinasse, René, *Les métiers et corporations de la ville de Paris : XIVᵉ-XVIIIᵉ siècle*, Paris : Imprimerie Nationale, 1897

4. Franklin, Alfred, *Les Corporations ouvrières de Paris, du XIIe au XVIIIe siècle. Histoire, statuts, armoiries, d'après des documents originaux ou inédits*, Paris : Firmin-Didot, 1885.

刊行史料：商業年鑑（年代順）
1. *Almanach des corps des marchands et des communautés des arts et metiers de la ville & fauxbourgs de Paris*, Paris : chez Duchesne, 1757
2. Pary, Étienne-Olivier, *Guide des corps des marchands et des communautés des arts et métiers : tant de la ville & fauxbourgs de Paris, que du royaume... en forme de dictionnaire... ouvrage utile aux négocians, banquiers, artisans*, Paris : chez Veuve Duchesne, 1766
3. De Chantoiseau, Roze, *Essai sur l'almanach général d'indication d'adresse personnelle et domicile fixe, des six corps, arts et métiers*, Paris : chez la veuve Duchesne / chez Dessain / chez Lacombe, 1769
4. *Almanach général des marchands, négocians et commerçans de la France et de l'Europe : Contentant l'état des principales Villes commerçantes, la nature des Marchandises ou Denrées qui s'y trouvent, les différentes Manufactures ou Fabriques relatives au Commerce. Avec les noms de leurs principaux Marchands, Négocians, Fabriquants, Banquiers, Artistes, &c. Et une Table générale, par ordre alphabétique, de tout ce qui a rapport au Commerce. Pour l'Année 1772*, Paris : chez L. Valade, 1772
5. *Almanach général des marchands, négocians, armateurs, et fabricans de la France et de l'Europe, et autres parties du Monde : Année M. DCC. LXXIV. Contentant l'état des principales Villes commerçantes, la nature des Marchandises ou Denrées qui s'y trouvent, les différentes Manufactures ou Fabriques relatives au Commerce ; Avec les noms de leurs principaux Marchands, Négocians, Fabricans, Banquiers, Artistes, &c. Dédié à Monseigneur TRUDAINE, Conseiller d'État & ordinaire au Conseil Royal du Commerce, & Intendant des Finances*, Paris : chez Grangé, 1774
6. *Almanach général des marchands, négocians, armateurs, et fabricans de la France et de l'Europe, et autres parties du Monde : Année M. DCC. LXXV. Contentant l'état des principales Villes commerçantes, la nature des Marchandises ou Denrées qui s'y trouvent, les différentes Manufactures ou Fabriques relatives au Commerce ; Avec les noms de leurs principaux Marchands, Négocians, Fabricans, Banquiers, Artistes. Nouvelle Édition, revue, corrigée & augmentée. Dédié à Monseigneur TRUDAINE, Conseiller d'État & ordinaire au Conseil Royal du Commerce, & Intendant des Finances*, Paris : chez Grangé / chez Desnos, 1775
7. G***, R*** et V***, *Almanach général des marchands, négocians, armateurs, et fabricans de la France et de l'Europe et autres parties du monde : Année M. DCC. LXXVIII. Contenant l'état des principales Villes commerçantes, la nature des Marchandises ou Densées qui s'y trouvent, les Manufactures ou Fabriques relatives au Commerce ; Avec les noms de leurs principaux Marchands, Négocians, Fabricans, Banquiers, Artistes & Artisans. Nouvelle Édition, revue, corrigée & augmentée*, Paris : l'Imprimerie de Grangé, 1778
8. L. V***, *Almanach général des marchands, négocians, armateurs, et fabricans de la*

France et de l'Europe et autres parties du monde, Année M. DCC. LXXIX contenant l'état des principales Villes commerçantes, la nature des Marchandises ou Densées qui s'y trouvent, les Manufactures ou Fabriques relatives au Commerce ; Avec les noms de leurs principaux Marchands, Négocians, Fabricans, Banquiers & Artistes, Paris : chez L. Cellot, 1779
9. L***, *Almanach général des marchands, négocians, armateurs, et fabricans de la France et de l'Europe et autres parties du monde, Année M. DCC. LXXXI. Contenant l'état actuel de quantité de Villes Commerçantes, la nature des Marchandises ou Denrées qui s'y trouvent, les Manufactures ou Fabriques relatives au Commerce. Avec les noms de leurs principaux Marchands, Négocians, Fabricans, Banquiers, Artistes & Artisans. Nouvelle Edition entièrement refondue, & considErablement augmentée,* Paris : chez l'Auteur / chez L. Cellot, 1781
10. *Almanach général des marchands, négocians, et armateurs De la France et de l'Europe & des autres Parties du monde. Année M. DCC. LXXXV. Contenant un état des Villes, Bourgs & autres lieux qui intéressent le Commerce, la nature des productions & des marchandises qui s'y trouvent, & le détaiul des Manufactures & des Fabriques qui y font établies, avec les noms de leurs principaux Négocians, Ramateurs, Fabricans, Artistes, Banquiers & Commissionnaires,* Paris : chez l'Auteur / chez Belin / chez Lesclapart, 1785
11. Gournay, *Tableau général du commerce, des marchands, négocians, armateurs, &c. de la France, de l'Europe & des autres parties du monde,* Paris : chez l'auteur / Belin / Onfroy, 1789-1790
12. *Almanach du commerce et de toutes les adresses de la ville de Paris,* Paris : chez Favre / chez B. Duchesne, 1798-1799
13. Duverneuil et De la Tynna, Jean, *Almanach du commerce de Paris, pour l'an VIII de la République Française,* Paris : chez l'auteurs / Valade / Capelle, 1799-1800
14. Duverneuil et De la Tynna, Jean, *Almanach du commerce de Paris, pour l'an IX de la République Française,* Paris : chez l'auteurs / Valade / Capelle, 1800-1801
15. Duverneuil et De la Tynna, Jean, *Almanach du commerce de Paris, pour l'an XI,* Paris : chez l'auteurs / Valade / Capelle, 1802
16. *Annuaire-almanach du commerce et de l'industrie ou almanach des 500 000 adresses,* Paris : Firman Didot, 1802-1803
17. Duverneuil et De la Tynna, Jean, *Almanach du commerce de Paris, pour l'an XII,* Paris : chez l'auteurs / Valade / Capelle, 1803-1804
18. Duverneuil et De la Tynna, Jean, *Almanach du commerce de Paris, des départemens de l'Empire Français, et des principales villes de l'Europe. Année 1806,* Paris : chez l'auteurs / Valade / Capelle, 1806
19. De la Tynna, Jean, *Almanach du commerce de Paris, des départemens de l'Empire Français, et des principales villes du monde. Année 1807,* Paris : Au Bureau du Réducteur / chez Capelle et Renard, 1807
20. De la Tynna, Jean, *Almanach du commerce de Paris, des départemens de l'Empire Français, et des principales villes du monde. Année 1808,* Paris : chez La Tynna / Capelle et Renard, 1808

21. De la Tynna, Jean, *Almanach du commerce de Paris, des départemens de l'Empire Français, et des principales villes du monde. Année 1809,* Paris : chez La Tynna / Capelle / Bailleul, 1809
22. De la Tynna, Jean, A*lmanach du commerce de Paris, des départemens de l'Empire Français, et des principales villes du monde. Année 1810,* Paris : chez La Tynna / Bailleul / Latour, 1810
23. *Annuaire général du commerce, de l'industrie, de la magistrature et de l'administration, ou almanach des 25,000 adresses,* Paris : Firmin Didot, 1811
24. De la Tynna, Jean, *Almanach du commerce de Paris, des départemens de l'Empire Français, et des principales villes du monde. Année 1812,* Paris : chez La Tynna / Bailleul / Latour, 1812
25. De la Tynna, Jean, *Almanach du commerce de Paris, des départemens de la France, et des principales villes du monde. De la société d'Encouragement pour l'Industrie nationale. Année 1814,* Paris : chez J. de la Tynna, 1814
26. De la Tynna, Jean, *Almanach du commerce de Paris, des départemens de la France, et des principales villes du monde. De la société d'Encouragement pour l'Industrie nationale, Propriétaire-Editeur de la Jurisprudence Commerciale. Année 1815,* Paris : chez J. de la Tynna, 1815
27. De la Tynna, Jean, *Almanach du commerce de Paris, des départemens de la France, et des principales villes du monde. De la société d'Encouragement pour l'Industrie nationale, Propriétaire-Editeur de la Jurisprudence Commerciale. Année 1816,* Paris : Bureau de l'almanach du commerce, 1816
28. De la Tynna, Jean, *Almanach du commerce de Paris, des départemens de la France, et des principales villes du monde. XXe année. Année 1817,* Paris : Bureau de l'almanach du commerce, 1817
29. De la Tynna, Jean, A*lmanach du commerce de Paris, des départemens de la France, et des principales villes du monde. XXIe année. Année 1818,* Paris : Bureau de l'almanach du commerce, 1818
30. Bottin, Sébastian, *Almanach du commerce de Paris, des départemens de la France, et des principales villes du monde, contenant, pour Paris seulement, 50,000 adresses. XXIIe année. Année 1819,* Paris : Bureau de l'almanach du commerce, 1819
31. Bottin, Sébastian, *Almanach du commerce de Paris, des départemens de la France, et des principales villes du monde, contenant, pour Paris seulement, 50,000 adresses. XXIIIe année. Année 1820,* Paris : Bureau de l'almanach du commerce, 1820
32. Bottin, Sébastian, *Almanach du commerce de Paris, des départemens de la France, et des principales villes du monde, contenant, pour Paris seulement, 40,000 adresses. XXIIIIe année. Année 1821,* Paris : Bureau de l'almanach du commerce, 1821
33. Bottin, Sébastian, *Almanach du commerce de Paris, des départemens de la France, et des principales villes du monde, contenamt, pour Paris seulement, 40,000 adresses. XXVe année. Année 1822,* Paris : Bureau de l'almanach du commerce, 1822
34. Bottin, Sébastian, *Almanach du commerce de Paris, des départemens de la*

France, et des principales villes du monde, contenamt, pour Paris seulement, 40,000 adresses. XXVIe année. Année 1823, Paris : Bureau de l'almanach du commerce, 1823
35. Bottin, Sébastian, A*lmanach du commerce de Paris, des départemens de la France, et des principales villes du monde, contenamt, pour Paris seulement, 40,000 adresses. 1824. XXVIIe année de la publication*, Paris : Bureau de l'almanach du commerce, 1824
36. Bottin, Sébastian, *Almanach du commerce de Paris, des départemens de la France, et des principales villes du monde, contenamt, pour Paris seulement, 40,000 adresses. 1825 XXVIIIe année de la publication*, Paris : Bureau de l'almanach du commerce, 1825
37. Bottin, Sébastian, *Almanach du commerce de Paris, des départemens de la France, et des principales villes du monde, contenamt, pour Paris seulement, 40,000 adresses. 1826 XXIXe année de la publication VIIIe de la continuation par l'éditeur actuel,* Paris : Bureau de l'almanach du commerce, 1826
38. Bottin, Sébastian, *Almanach du commerce de Paris, des départemens de la France, et des principales villes du monde. Année 1828. XXXIe année de la publication. X^e de la continuation par l'éditeur actuel,* Paris : Bureau de l'almanach du commerce, 1828
39. Bottin, Sébastian, *Almanach du commerce de Paris, des départemens de la France, et des principales villes du monde. Année 1829. XXXIIe année de la publication. XIe de la continuation par l'éditeur actuel,* Paris : Bureau de l'almanach du commerce, 1829
40. Bottin, Sébastian, *Almanach du commerce de Paris, des départemens de la France, et des principales villes du monde. Année 1830. XXXIIIe année de la publication. XIIe de la continuation par l'éditeur actuel,* Paris : Bureau de l'almanach du commerce, 1830
41. Bottin, Sébastian, *Almanach-Bottin du commerce de Paris, des départemens de la France et des principales villes du monde,* Paris : bureau de l'Almanach du commerce, 1842

刊行史料：その他

1. *Brevet d'apprentissage d'une fille de modes,* Paris : Amatonte, 1769
2. *Galerie des modes et costumes français 1778-1787 : dessinés d'après nature réimpression accompagnée d'une préface par M. Paul Cornu ,* Paris : Émile Lévy / Librairie centrale des beaux-arts , 1912 [originairement, Paris : Chez Esnauts et Rapilly, 1778-1781]
3. *Cabinet des modes, ou Les modes nouvelles,* Paris : Buisson , 1785-1786 ; *Journal de la mode et du goût, ou Amusemens du sallon et de la toilette,* Paris : Buisson, 1790-1793
4. *Journal de la mode et du goût, ou Amusemens du sallon et de la toilette,* Paris : Buisson, 1790-1793
5. *Magasin des modes nouvelles, françaises et anglaises,* Paris : Buisson , 1786-1789
6. *Paris, ou Le livre des cent et un,* Paris : Ladvocat, 1831-1834 ; tome VII : 1832 ; tome XV : 1834

7. Appert, A., *Les cent Rimes ou c'est encore la réplique à ce qui a été dit, redit et non exécuté par bon nombre de marchands de nouveautés*, Paris : chez Appert, 1840
8. Barbier, Edmond-Jean-François, *Chronique de la régence et du règne de Louis XV*, Paris : Charpentier, 1857
9. Baurdain, Edmond, *Manuel du commerce des tissus : vade mecume du marchand de nouveautés*, Paris : J. Hetzel et Cie, 1885
10. Madame Campan, Charon, Jean et de Angulo, Carlos (éd.), *Mémoires de madame Campan, première femme de chambre de Marie-Antoinette*, Paris : Mercure de France, 1988
11. Dancourt, Florent-Carton, *Pièces de théâtre*, s. l. : chez F. Foppens, 1696
12. De Genlis, Stéphanie Félicité, *Mémoires inédits de madame la comtesse de Genlis : sur le dix-huitième siècle et la révolution française, depuis 1756 jusqu'à nos jours*, Paris : Ladvocat, 1825
13. De Mairobert, Mathieu-François-Pidanzat, *L'espion anglois, ou correspondance secrete entre Milord All'eye et Milord All'ear*, Nouvelle Edition, revue, corrigée, considérablement augmentée, tome troisième, Londres : chez John Adamson, 1784
14. Baronne d'Oberkirch, Burkard, Suzanne (éd.), *Mémoires de la baronne d'Oberkirch sur la cour de Lous XVI et la société française avant 1789*, Paris : Mercure de France, 1970 / 1989
15. Comte de Reiset (éd.), *Modes et usages au temps de Marie-Antoinette, livre-journal de Madame Éloffe, marchande de modes, couturière lingère ordinaire de la reine et des dames de sa cour*, Paris : Éditions Librairie de Firmin-Didot, 1885
16. De Vaugondy, Didier-Robert, *Plan de la ville et des faubourgs de Paris divisé en ses vingt quartiers*, Paris : chez l'auteur, 1771
17. Lenotre, G., *Les quartiers de Paris pendant la Révolution 1789-1804 : Dessins Inédits de Demachy, Bélanger, Fragonard, Lallemand, Debucourt, L. Moreau, Schwebach, Ransonnette, Raffet, David, Primeur, Civeton, etc. etc.*, Paris : E. Bernard & Cie, Imprimeurs-Éditeurs, 1896 [AD Paris, Plans 0125]
18. Lepage, Charles et Debraux, Paul-Émile, *Chansonnier de tous les arts, états, métiers et professions, contenant les chansons des meilleurs auteurs*, n. l., chez Terry, 1833
19. Mercier, Louis Sebastian, *Tableau de Paris*, Neuchatel / Amsterdam, tome I-IV : 1782 : tome V-VIII : 1783 ; tome IX-XII : 1788 [抄訳 メルシエ(原宏訳)『十八世紀パリ生活誌 : タブロー・ド・パリ』上・下(岩波書店 1989 年)]
20. Mercier, Louis Sebastian, *Le Nouveau Paris*, Paris, 1799
21. Moreau, Jean-Michel et De la Bretonne, Restif, *Monument du costume : physique et moral de la fin du XVIIIe siècle, ou, Tableaux de la vie ornes de vingt-six figures dessinées et gravées*, Neuwied sur la Rhin : Chez la Société Typographique, 1789
22. Rousseau, Jean-Jacques, *Émile, ou De l'éducation*, tome II, La Haye : Jean Néaulme, 1762
23. Scheffer, Gaston (éd.), *Documents pour l'histoire du costume : de Louis XV à Louis XVIII*, Paris : Goupil & Cie, 1911
24. Tardieu, Ambroise, *Plan de Paris en 1839 avec le tracé de ses anciennes enceintes ;*

augmenté de tous les changements survenus jusqu'à ce jour, Paris : Furne et Cie éditeurs, 1839
25. Voltaire, *Œuvres complètes de Voltaire,* tome 45, Paris : Imprimerie de la Société littéraire-typographique, 1785

欧語文献

1. *Modes & révolutions, 1780-1804,* Paris : Musée de la Mode et du Costume, 1989
2. ABAD, Reynald, *Le grand marché. L'approvisionnement alimentaire de Paris sous l'Ancien Régime,* Paris : Fayard, 2002
3. Ambrière, Madeleine (dir.), *Dictionnaire du XIXe siècle européen,* Paris : Presses universitaires de France, 1997
4. Bély, *Dictionnaire de l'Ancien Régime, 2e édition,* Paris : PUF, 2003
5. Benson, John and Show, Gareth (eds.), *The Evolution of Retail Systems, c1800-1914,* Leicester / London / New York : Leicester University Press, 1992
6. Benson, John and Show, Gareth (eds.), *The Retailing Industry,* Leicester, London : I. B. Tauris, 1999
7. Benson, John and Ugolini, Laura (eds.), *A Nation of Shopkeepers: Five Centuries of British Retailing,* London : I. B. Tauris, 2002
8. Benson, John and Ugolini, Laura (eds.), *Cultures of Selling: Perspectives on Consumption And Society Since 1700,* Aldershot : Ashgate Publishing, 2006
9. Berg, Maxine, Hudson, Pat and Sonenscher, Michael, *Manufacture in town and country before the factory,* Cambridge [UK] / New York : Cambridge University Press, 1983
10. Berg, Maxime and Clifford, Helen, *Consumers and luxury: consumer culture in Europe 1650-1850,* Manchester [UK] : Manchester University Press ND, 1999
11. Bergeron, Louis, *Banquiers, négociants et manufacturiers parisiens : du Directoire à l'Empire,* Paris : Champion, 1975
12. Bergeron, Louis (dir.), *La révolution des aiguilles : habiller les Français et les Américains, 19e-20e siècles [colloque international d'Argenton-sur-Creuse, 11-12 juin 1993],* Paris : Éditions de l'EHESS, 1996
13. Blondé, Bruno, Briot, Eugénie, Coquery, Natacha and Van Aert, Laura (eds.), *Retailers and Consumer Changes in Early Modern Europe,* Tours : Université François-Rabelais, 2005
14. Bluche, François, *La vie quotidienne au temps de Louis XVI,* Paris : Hachette, 1973
15. Boutier, Jean, *Atlas de l'histoire de France XVIe–XIXe siècle ,* Paris : Autrement, 2006.
16. Brewer, John, McKendrick, Neil and Plumb, John H., *The Birth of a Consumer Society: The commercialization of 18th century England,* London : Europa Publications, 1982
17. Brewer, John and Porter, Roy (eds), *Consumption and the World of Goods,* London : Routledge, 1993.

18. Castarède, Jean, *Histoire du luxe en France : Des origines à nos jours*, Paris : Édition d'organisation, 2006
19. Castelluccio, Stéphane (éd.), *Le commerce du luxe à Paris aux XVIIe et XVIIIe siècles : échanges nationaux et internationaux*, Bern / Berlin / Bruxelles / Frankfurt am Main / New York / Oxford / Wien : Peter Lang, 2009
20. Charle, Christophe, *Histoire Sociale, Histoire Globale ? : Actes Du Colloque Des 27-28 Janvier 1989*, Paris : Éditions de la Maison des Sciences de l'Homme, 1993
21. Charle, Christophe, *Capitales européennes et rayonnement culturel : XVIIIe-XXe Siècle*, Paris : Rue d'ulm, 2004
22. Chatriot, Alain et Chessel, Emmanuelle, « L'histoire de la distrbution : un chantier inachevé », *Histoire, économie et société*, vol. 25, n° 25-1, 2006, pp. 67-82
23. Chevalier, Sophie, « "Shopping" à la française : approvisionnement alimentaire et sociabilité », *Horizontes Antropológicos*, vol. 13, n° 28, July / Dec. 2007, pp. 65-83
24. Claverías, Belén Moreno, « Révolution de la consommation paysanne ? : Modes de consommation et différenciation sociale de la paysannerie catalane, 1670-1790 », *Mesure de l'Histoire*, vol. XXI, n° 1, 2006, pp. 141-183
25. Coffin, Judith G., *The politics of women's work: the Paris garment trades, 1750-1915*, New Jersey : Princeton University Press, 1996
26. Coffin, Judith G., "Gender and the Guild Order: The Garment Trades in Eighteenth-Century Paris", *The Journal of Economic History*, 54, 1994, pp. 768-793
27. Coornaert, Émile, *Les corporations en France avant 1789*, Paris : Les Éditions Ouvrières, 1968
28. Coquery, Natacha, *L'Hôtel aristocratique : Le marché du luxe à Paris au XVIIIe siècle*, Paris : Publication de la Sorbonne, 1998
29. Coquery, Natacha (éd.), *La boutique et la ville : commerces, commerçants, espaces et clientèles, XVIe-XXe siècle. Actes du colloque des 2-4 décembre 1999*, Tours : Publications de l'université François Rabelais, 2000
30. Coquery, Natacha et VARLET, Caroline, « Dossier L'espace des métiers dans les villes occidentales (XVIIe-XXe siècle) », *Histoire urbaine*, n° 4, décembre 2001
31. Coquery, Natacha, HILAIRE-PÉREZ, Liliane et SALLMANN, Line (éd.), *Artisans, industrie : Nouvelles révolutions du Moyen Âge à nos jours*, Lyon : ENS Éditions, 2004
32. Coquery, Natacha, "The Language of Success: Marketing and Distributing Semi-Luxury Goods in Eigtheenth-Century Paris", *Journal of Design History*, vol. 17, n° 1, 2004, pp. 71-89
33. Coquery, Natacha, "Fashion, Business, Diffusion : An Upholsterers Shop in Eighteenth-Century Paris", in Goodman, Dena and Norberg, Kathryn, eds., *Furnishing the Eighteenth Century: What Furniture Can Tell Us about the European and American Past*, London : Routledge, 2006
34. Coquery, Natacha, « La boutique parisienne au XVIIIe siècle et ses

réseaux : clientèle, crédit, territoire », dans Abad, Reynald, *Les Passions d'un historien. Mélanges en l'honneur du Professeur Jean-Pierre Poussou*, Paris : Presses de l'Université Paris-Sorbonne, 2010
35. Coquery, Natacha, « Promenade et shopping : la visibilité nouvelle de l'échange économique dans le Paris du XVIIIe siècle », dans Loir, Christophe, dir., *La promenade au tournant des XVIIIe et XIXe siècles : Belgique, France, Angleterre*, Bruxelles : Éditions de l'université de Bruxelles, 2011
36. Cox, Nancy and Dannehl, Karin, *Perceptions of Retailing in Early Modern England*, Aldershot : Ashgate Publishing, 2007
37. Crossick, Geoffrey, *The Artisan and the European Town, 1500–1900*, Aldershot : Scolar Press, 1997
38. Crowston, Claire Haru, *Fabricating Women: The Seamstresses of Old Regime France, 1675-1791*, Durham, North Carolina and London : Duke University Press, 2001
39. Crowston, Claire, "The Queen and her 'Minister of Fashion' : Gender, Credit and Politics in Pre-Revolutionary France", *Gender & History*, Vol. 14, n° 1, 2002
40. Delpierre, Madeleine, *Le costume : consulat - empire*, Paris : Flammarion, 1990
41. Delpierre, Madeleine, *Se vetir au XVIIIe siècle*, Paris : Éditions Adam Biro, 1996
42. Descat, Sophie, « La boutique magnifiée. Commerce de détail et embellissement à Paris et à Londres dans la seconde moitié du XIIIe siècle », dans *Histoire Urbaine*, N° 6, 2002, pp. 69-86
43. Devocelle, Jean-Marc, « D'un costume politique à une politique du costume », dans *Modes & Révolutions, 1780-1804*, Paris : Musée de la Mode et du Costume, 1989, pp. 83-103
44. Devocelle, Jean-Marc, « La cocarde directoriale : dérives d'un symbole révolutionnaire », *Annales historiques de la Révolution française*, n° 289, juillet-septembre, 1992, pp. 355-366
45. Figeac Michel, *L'ancienne France au Quotidien*, Paris : Armand Colin, 2007
46. Flacher, David, « Révolutions industrielles, croissance et nouvelles formes de consommation », Thèse, Université Paris 9, 2003
47. Fourastié, Jean, *La Comptabilité*, Paris : Presses Universitaires de France, 1943
48. Franklin, Alfred, *Les corporations ouvrières de Paris du XIIe au XVIIIe siecle : histoire, statuts, armoiries, d'après des documents originaux ou inédits*, Paris : Firmin-Didot, 1884
49. Franklin, Alfred, *La vie privée d'autrefois : arts et métiers, modes, moeurs, usages des Parisiens, du XIIe au XVIIIe siècle*, Paris : E. Plon, Nourrit et Cie, tome XV : 1894 ; tome XVI : 1895 ; tome XVII, 1896
50. Franklin, Alfred, *Dictionnaire historique des arts, métiers et professions exercés dans Paris depuis le 13e siècle*, Paris / Leipzig : Welter, 1905-1906
51. Gaudriault, Raymond, *La gravure de mode féminine en France*, Paris : Éditions de l'Amateur, 1983
52. Gaudriault, Raymond, *Répertoire de la gravure de mode française des origines à*

1815, Paris : Promodis, 1988
53. Geoffroy, Annie, « Étude en rouge (1789-1799) », *Cahier de lexicologie,* 51, 1987, pp. 119-148
54. Geoffroy, Annie, « À bas le bonnet rouge des femmes ! (octobre-novembre 1793) », *L'individuel et le social, apparitions et représentations : actes du colloque international,* Toulouse, 1990, pp. 345-351
55. Gérard, Alice, « Bonnet phirigien et Marseillaise », *L'Histoire,* n° 113, juillet-août, 1988, pp. 44-50
56. Girardet, Raoul, « Les Trois Coulours : ni blanc, ni rouge », dans NORA, Pierre (éd.), *Les Lieux de mémoire,* vol. 1, Paris : NRF Gallimard, 1984, pp. 8-19
57. Goodman, Dena, Norberg, Kathryn (éd.), *Furnishing the Eighteenth Century: What Furniture Can Tell Us about the European and American Past,* London : Routledge, 2006
58. Grenier, Jean-Yves, *Séries économiques françaises: XVIe-XVIIIe siècles,* Paris : Recherches d'histoire et de sciences sociales, 1985
59. Grenier, Jean-Yves, *L'Économie d'Ancien Régime : Un monde de l'échange et de l'incertitude,* Paris : Albin Michel, 1996
60. Guerreau, Alain, « Mesures du blé et du pain à Mâcon (XIVe-XVIIIe siècles) », *Histoire & Mesure,* III-2, 1988, pp. 163-219
61. Hamon, Maurice (dir.), *Travail et métiers avant la révolution industrielle,* Paris : Éditions du CTHS, 2006
62. Hillairet, Jacques, *Dictionnaire historique des rues de Paris,* Paris : Éditions de Minuit, 1972-1973
63. Hilaire-Pérez, Liliane et Garçon, Anne-Françoise (dir.), *Les chemins de la nouveauté : Innover, inventer au regard de l'histoire,* Paris : Éditions du CTHS, 2003
64. Juratic, Sabine et Pellegrin, Nicole, « Femmes, villes et travail en France dans la deuxième moitié du XVIIIe siècle : quelques questions », *Histoire, économie et société,* 13-3, 1994, pp. 477-500
65. Kaplan, Steven Laurence, *Provisioning Paris: merchants and millers in the grain and flour trade during the eighteenth century,* Ithaca [NY] : Cornell University Press, 1984
66. Kaplan, Steven Laurence, *The Bakers of Paris and the Bread Question 1700-1775,* Durham [NC] : Duke University Press, 1996
67. Kaplan, Steven Laurence, *La fin des corporations,* Paris : Fayard, 2001
68. Kaplan, Steven L. et MINARD, Philippe (éd.), *La France, malade du corporatisme ? : XVIIIe-XXe siècles,* Paris : Belin, 2004
69. Kleinert, Annemarie, « La Révolution et le premier journal illustré paru en France (1785-1793) », *Dix-huitième siècle,* 21, 1989, pp. 285-309
70. Kleinert, Annemarie, « La mode, miroir de la Révolution françaises », dans *Modes & révolutions, 1780-1804,* Paris : Musée de la Mode et du Costume, 1989, pp. 59-81
71. Kleinert, Annemarie, *Le "Journal des Dames et des Modes" : ou la conquête de l'Europe féminine 1797-1839,* Stuttgart : Jan Thorbecke Verlag, 2001

72. Langlade, Émile, *La marchande de mode de Marie Antoinette, Rose Bertin*, Paris : Albin Michel, s. d.
73. Lemas, Nicolas, « Les « pages jaunes » du bâtiment au XVIIIe siècle », *Histoire Urbaine*, n° 12, 2005, pp. 175-183
74. Maire, Nicolas-M., *La topographie de Paris, ou plan détaillé de la ville de Paris et de ses faubourgs*, Paris : chez l'auteur, 1808
75. De Marly, Diana, *The History of Haute Couture, 1850-1950*, New York : Holmes & Meier Publishers, 1980
76. Martin Saint-Léon, Etienne, *Histoire des corporations de métiers depuis leurs origines jusqu'a leur suppression en 1791 : suivie d'une étude sur l'évolution de l'idée corporative de 1791 à nos jours, et sur le mouvement syndical contemporain*, Paris : Félix Alcan, 1922
77. Minard, Philippe, *La fortune du colbertisme : Etat et industrie dans la France des Lumières*, Paris : Fayard, 1998
78. Minard, Philippe et WORONOFF, Denis (dir.), *L'argent des campagnes : échanges, monnaie, crédit dans la France rurale d'Ancien régime : journée d'études tenue à Bercy le 18 décembre 2000*, Paris : Comité pour l'histoire économique et financière de la France, 2003
79. Marraud, Mathieu, *De la Ville à l'Etat : La bourgeoisie parisienne, XVIIe-XVIIIe siècle*, Paris : Albin Michel, 2009
80. De Moncan, Patrice, *Le guide : les passages couverts de Paris : Histoire, actualité, commerces, plans et promenades*, Paris : Les Éditions du Mécène, 1996
81. De Moncan, Patrice, *Les passages couverts de Paris*, Paris : Les Éditions du Mécène, 2002
82. De Moncan, Patrice, *Les passages couverts en Europe*, Paris : Les Éditions du Mécène, 2003
83. De Moncan, Patrice, *Le livre des passages de Paris*, Paris : Les Éditions du Mécène, 2009
84. De Moncan, Patrice, *Les Passages couverts de Paris : plans, promenades, histoire, liitérature*, Paris : Les Éditions du Mécène, 2011
85. De Moncan, Patrice, *L'avenir des passages et galeries en europe au XXIe siècle*, Paris : Les Éditions du Mécène, 2012
86. De Moncan, Patrice, *Les Passages couverts de Paris : promenades littéraires*, Paris : Les Éditions du Mécène, 2012
87. Muchembled, Robert (dir.), *Le XVIIIe siècle, 1715-1815*, Paris : Editions Bréal, 1994
88. Nahoum-Grappe, Véronique, « Conflit de parure et vouloir paraître : briller à Paris au XVIIIe siècle », *Communications*, n° 46, 1987, pp. 135-156
89. Newton, William Ritchey, *La petite cour : services et servitures à la Cour de Versailles au XVIIIe siècle*, Paris : Fayard, 2006
90. Nigeon, René, *État financier des corporations parisiennes d'arts et métiers au XVIIIe siècle*, Paris : Rieder, 1934
91. Parmal, P. A., "Fashion and the Growin Importance of the Marchande de modes in Mid-Eighteenth Century France", *Costume: The Journal of the Costume Society*, 31, 1991, pp. 68-77.

92. Pellegrin, Nicole, « Ordre et désordre des images : Les représentations et les classifications des costumes régionaux d'Ancien Résime », *L'Éthnographie*, 1984, pp. 387-400
93. Pellegrin, Nicole, *Les vêtements de la liberté : abécédaire des pratiques vestimentaires en France de 1780 à 1800*, Aix-en-Provence : Alinéa, 1989
94. Pellegrin, Nicole, « Les vertus de « l'ouvrage ». Recherches sur la féminisation des travaux d'aiguille (XVIe- XVIIe siècles) », *Revue d'Histoire Moderne et Contemporaine*, 46(4), octobre-décembre 1999, pp. 747-769
95. Penez, Jérôme, COHEN, Evelyne, CHABAUD, Gilles, Coquery, Natacha, *Les guides imprimés du XVIe au XXe siècle : Villes, paysages, voyages*, Paris : Belin, 2000
96. Perrot, Philippe, *Les dessus et les dessous de la bourgeoisie : une histoire du vêtement au XIXe siècle*, Paris : Fayard, 1981 ［邦訳 フィリップ・ペロー（大矢カタヤス訳）『衣服のアルケオロジー：服装からみた19世紀フランス社会の差異構造』（文化出版局 1985 年）］
97. Perrot, Philippe, *Parure, pudeur, étiquette*, Paris : Seuil, 1987
98. Perrot, Philippe, *Le travail des apparences : ou les transformations du corps féminin XVIIIe-XIXe siècle*, Paris : Seuil, 1989
99. Perrot, Philippe, *Le luxe : une richesse entre faste et confort*, Paris : Seuil, 1998
100. Petit, Lecile, « Développement et innovations commerciales dans la boutique à la fin de l'Ancien Régime : les marchands merciers parisiens », Mémoire de Master 2, Université Paris 1, 2008
101. Plessis, Alain (dir.), *Naissance des libertés économiques : liberté du travail et liberté d'entreprendre : le décret d'Allarde et la loi Le Chapelier, leurs conséquences, 1791-fin XIXe siècle*, Paris : Institut d'histoire de l'industrie, 1993
102. Ribeiro, Aileen, *Dress in Eighteenth-Century Europe, 1715-1789*, New Heaven : Yale University Press, 1984
103. Ribeiro, Aileen, *Fashion in the French Revolution*, London : Holmes & Meier Publishers, 1988
104. Ribeiro, Aileen, *The art of dress: fashion in England and France 1750 to 1820*, New Heaven : Yale University Press, 1995
105. Riello, Giorgio, "La chaussure à la mode: Product Innovation and Marketing Strategies in Parisian and London Boot and Shoemaking in the Early Nineteenth Century", *Textile History*, Vol. 34, n° 2, November 2003, pp. 107-133
106. Roche, Daniel, *La culture des apparences : Une histoire du vêtement XVIIe-XVIIIe siècle*, Paris : Fayard, 1989
107. Roche, Daniel, « Apparences révolutionnaires ou révolution des apparences », dans *Modes & révolutions, 1780-1804*, Paris : Musée de la Mode et du Costume, 1989, pp. 105-127
108. Roche, Daniel (dir.), *Cultures et formations négociantes dans l'Europe moderne*, Paris : Éditions de l'EHESS, 1995
109. Roche, Daniel, *Histoire des choses banales : naissance de la consommation dans les sociétés traditionnelles XVIIe-XIXe siècle*, Paris : Fayard, 1997
110. Roche, Daniel, *Le peuple de Paris*, Paris : Fayard, 1998

111. Ruppert, Jacques, *Louis XIV et Louis XV*, Paris : Flammarion, 1931
112. Ruppert, Jacques, *Le Costume : Époques Louis XVI et Directoire*, Paris : Flammarion, 1931
113. Sapori, Michelle, *Rose Bertin : Ministre des modes de Marie-Antoinette*, Paris : Éditions de l'institut français de la mode / Éditions de Regard, 2003
114. Sapori, Michelle, *Rose Bertin : couturière de Marie-Antoinette*, Paris : Perrin, 2010［邦訳 ミシェル・サポリ（北浦春香訳）『ローズ・ベルタン：マリー＝アントワネットのモード大臣』（白水社 2012 年）］
115. Sargentson, Carolyn, *Merchants and Luxury Markets: the Marchands Merciers of Eighteenth-Century Paris*, London : Victoria and Albert Museum in association with the J. Paul Getty Museum, 1996
116. Sonenscher, Michael, *The Hatters of Eighteenth-Century France*, Berkeley [CA] : University of California Press, 1987
117. Sonenscher, Michael, *Work and Wages: Natural Law, Politics and the Eighteenth-Century French Trades*, Cambridge [UK] / New York : Cambridge University Press, 1989
118. Spang, Rebecca L., *The invention of the restaurant: Paris and modern gastronomic culture*, Cambridge [MA] : Harvard University Press, 2000
119. Steele, Valerie, *Paris Fashion: A Cultural History*, New York : Oxford University Press, 1988
120. Sugiura, Miki, "Middleman approach: rethinking analytical framework for the early modern distribution system"（『東京国際大学論叢』39 2008 年, 179-195 頁）
121. Tétard-Vittu, Françoise, « 1780-1804 ou vingt ans de « Révolution des têtes françaises » », dans *Modes & révolutions, 1780-1804*, Paris, 1989, pp. 41-57
122. Tétard-Vittu, Françoise, « Presse et diffusion des modes françaises », dans *Modes & révolutions, 1780-1804*, Paris : Musée de la Mode et du Costume, 1989, pp. 129-136
123. Thillay, Alain, *Le Faubourg Saint-Antoine et ses « faux-ouvriers » : la liberté du travail à Paris aux XVIIe et XVIIIe siècles*, Paris : Champ Vallon, 2002
124. Van Dijk, Suzanna, *Traces de femmes : présence féminine dans le journalisme français du XVIIIe siècle*, Amsterdam / Maarssen : Holland University Press, 1988
125. Vanier, Henriette et Palmade, Guy P., *La mode et ses métiers frivolités et luttes des classes, 1830-1870*, Paris : Armand Colin, 1960
126. Véniel, Béatrice, *Une histoire de peaux et de laines : les mégissiers parisiens au XVIe siècle*, Paris : CTHS-Histoire, 2009
127. Viton de Saint-Allais, Nicolas, Poisson de la Chabeaussière, Ange-Jacques-Marie, De Courcelles, Jean-Baptiste-Pierre-Jullien, De Saint-Pons, Lespines, Ducas et Lans, Johann, *Nobiliaire universel de France : ou Recueil général des généalogies historiques des maisons nobles de ce royaume*, Paris : chez l'auteur, 1816
128. Walsh, Claire, « Les relations entre les commerçants et les propriétaires dans les galeries marchandes à Londres (XVIIe-XVIIIe siècles) », *Histoire*

Urbaine, n° 4, 2001, pp. 27-46
129. Williams, Rosalind H., *Dream Worlds: Mass Consumption in Late Nineteenth-Century France,* Berkeley [CA] : University of California Press, 1991
130. Wischermann, Clemens, Shore, Elliot (eds.), *Advertising and the European City: Historical Perspectives,* Aldershot : Ashgate, 2000

邦語文献

1. 『三越のあゆみ』(三越本部総務部 1954 年)
2. 社会経済史学会『社会経済史学の課題と展望』(有斐閣 1992 年)
3. 赤司道和「手工業労働者のストライキ運動：七月王政期のパリの紳士服仕立工の事例」(『北海道大學文學部紀要』42(3) 1994 年 3 月, 133-166 頁)
4. 内山武夫・深井晃子・金井純監修『Revolution in Fashion 1715-1815：華麗な革命』(京都服飾文化研究財団 1989 年)
5. 鹿住大助「18 世紀前半のフランスにおけるギルドと王権の経済政策：リヨン絹織物業ギルドの規約改定をめぐる国家の積極的介入について」(『公共研究』4(3) 2007 年 12 月, 115-143 頁)
6. 鹿住大助「18 世紀リヨンの絹織物業ギルド：「コルベールの規則」とその変化」(千葉大学大学院社会文化科学研究科提出学位論文 2009 年)
7. 北山晴一『おしゃれの社会史』(朝日新聞社 1991 年)
8. 北村晴一『美食の社会史』(朝日新聞社 1991 年)
9. 喜安朗『パリ：都市統治の近代』(岩波書店 2009 年)
10. 小池一子・小柳敦子・渡部光子編『アンダーカバー・ストーリー』(京都服飾文化研究財団 1983 年)
11. 斯波照雄編著『商業と市場・都市の歴史的変遷と現状』(中央大学出版局 2010 年)
12. 柴田三千雄・樺山紘一・福井憲彦編『フランス史』2(山川出版社 1996 年)
13. 杉浦未樹「アムステルダムにおける商品別専門商の成長 1580〜1750 年：近世オランダの流通構造の一断面」(『社会経済史学』70-1 2004 年, 49-70 頁)
14. 杉浦未樹「近世期オランダの流通構造：1580-1750 年のアムステルダムにおける商品別専門商の展開を中心に」(東京大学大学院経済学研究科提出学位論文 2004 年)
15. 杉浦未樹「専門商の成長と女性の結婚・相続：近世アムステルダムにおける 1701-1710 年のワイン・コーパーの結婚契約から」(『東京国際大学論叢 経済学部編』36 2007 年), 23-41 頁
16. 高澤紀恵『近世パリに生きる：ソシアビリテと秩序』(岩波書店 2008 年)
17. 高澤紀恵・吉田伸之・ティレ編『パリと江戸：伝統都市の比較史へ』(山川出版社 2009 年)
18. 崔釉珍「モディスト(Modiste)の表象：消費文化と女性表象」(お茶の水大学院人間文化研究科提出学位論文 2006 年)
19. 角田奈歩「18 世紀パリにおけるモード商人像の成立」(『人間文化論叢』第 7 巻, お茶の水女子大学大学院人間文化研究科, 2005 年 3 月, 81-89 頁)
20. 角田奈歩「18 世紀パリ服飾品小売における同業組合制度とモード商」(『人間文化創成科学論叢』第 12 巻, お茶の水女子大学大学院人間文化創成科学研究科, 2010 年 3 月, 1-9 頁)
21. 角田奈歩「18 世紀後半パリにおける服飾品小売業者の営業活動」(『史潮』

新70号, 歴史学会, 2011年11月, 4-22頁)
22. 角田奈歩「18世紀パリのモード商会計帳簿に見られる商品・作業」(『服飾文化学会誌〈論文編〉』Vol. 12 nº 1, 服飾文化学会, 2011年, 13-19頁)
23. 徳島達朗『新版近代イギリス小売商業の胎動』(梓出版社 1997年)
24. ド・フリース, ファン・デァ・ワウデ(大西吉之・杉浦未樹訳)『最初の近代経済：オランダ経済の成功・失敗と持続力 1500-1815』(名古屋大学出版会 2009年) [De Vries, Jan and Van der Woude, Ad, *The First Modern Economy: Success, Failure, and Perseverance of the Dutch Economy, 1500-1815*, New York : Cambridge University Press, 1997]
25. 友松憲彦「衣の社会経済史(I)：19世紀ロンドンの古着流通」(『駒沢大学経済学論集』32(2・3・4) 2001年, 103-139頁)
26. 友松憲彦「衣の社会経済史(II)：前工業化社会の労働大衆衣料」(『駒沢大学経済学論集』35(1) 2003年, 25-76頁)
27. 友松憲彦「衣の社会経済史(III)：19世紀イギリス都市労働大衆の衣料消費」(『駒沢大学経済学論集』36(4) 2005年, 23-52頁)
28. パストゥロー(松村剛・松村恵理訳)『悪魔の布：縞模様の歴史』(白水社 1993年) [Pastoureau, Michel, *L'étoffe du diable : une histoire des rayures et des tissus rayés*, Paris : Seuil, 1991]
29. ビュテル(深沢克己・藤井真理訳)『近代世界商業とフランス経済：カリブ海からバルト海まで』(同文館 1997年) [Butel, Paul, *Commerce mondial et économie française aux temps modernes : De la mer des Caraïbes à la mer Baltique*]
30. 深井晃子監修『世界服飾史』(美術出版社 1998年)
31. 深沢克己『海港と文明：近世フランスの港町』(山川出版社 2002年)
32. 深沢克己編『近代ヨーロッパの探求 9 国際商業』(ミネルヴァ書房 2002年)
33. 深沢克己『商人と更紗』(東京大学出版会 2007年)
34. 松井道昭『フランス第二帝政下のパリ都市改造』(日本経済評論社 1997年)
35. 松原建彦「19世紀後半のパリにおけるデパート経営：『イリュストラシオン』紙上の広告分析を中心に」(『経済学論叢』第52巻第3・4号 2008年3月, 459-497頁)
36. 道重一郎「消費社会の形成と小売商業の役割：18世紀イギリスの事例を中心に」(『経済と社会』13 1998年, 115-122頁)
37. 道重一郎『イギリス流通史研究：近代的商業経営の展開と国内市場の形成』(日本経済評論社 1998年)
38. 道重一郎「18世紀ロンドンの衣料品小売商と破産手続：「メアリ・ホール文書」の史料的性格」(『経済論集』30(1) 2004年10月, 61-76頁)
39. 道重一郎「18世紀ロンドンの衣料品小売商と破産手続(続)「メアリ・ホール文書」の史料的性格」(『経済論集』31(1) 2005年12月, 121-140頁)
40. 道重一郎「18世紀ロンドンの衣料品小売商と破産手続き(完)「メアリ・ホール文書」の史料的性格」(『経済論集』31(2) 2006年3月, 73-90頁)
41. 道重一郎「消費社会の形成と小売商業の役割：18世紀イギリスの事例を中心に」(『経済と社会』13 1998年, 115-122頁)
42. 道重一郎「18世紀ロンドンの小売商と消費社会：服飾小物商 milliner の活動を中心に」(『経営史学』43(1) 2009年6月, 3-28頁)
43. 道重一郎・佐藤弘幸『イギリス社会の形成史：市場経済への新たな視点』(三嶺書房 2000年)

44. 森村敏己『名誉と快楽：エルヴェシウスの功利主義』（法政大学出版局 1993 年）
45. 森村敏己「商人貴族論の射程：貴族は有用な市民か？」（『一橋社会科学』1:1-20 2009 年, 1-20 頁）
46. 吉田伸之『日本の歴史 17 成熟する江戸』（講談社 2002 年）
47. 米田昇平『欲求と秩序：18 世紀フランス経済学の展開』（昭和堂 2005 年）

数表

掲載したグラフの元となる数値を表にする。項目が共通するグラフについてはまとめる。

数表1：(30) 業種別開業者数

	1776	1798-99
食品・薬種	1615	4967
建築	201	670
生地・服飾	1161	3618
家具・雑貨	2032	4699
馬具・馬車	315	1047
金属・武器	636	1192
皮革	219	185
紙・印刷	350	521
貴金属・宝飾	335	652
非製造・非小売	683	1861

数表2：(33)(77) モード商と新物商の人数・店舗数

	年	男性単独	女性単独	男性複数	女性複数	男性合計	女性合計	男女	企業男性	企業女性	企業合計	総計
モード商	1769	16	5	0	0	16	5	0	0	0	0	21
	1772	15	4	0	0	15	4	0	0	0	0	19
	1774	25	4	0	0	25	4	0	1	0	1	30
	1775	25	4	0	0	25	4	0	1	0	1	30
	1779	10	20	0	0	10	20	0	1	0	1	31
	1781	10	20	0	0	10	20	0	1	0	1	31
	1799	49	24	0	0	49	24	0	0	0	0	73
	1800	35	28	1	1	36	29	0	0	0	0	65
	1801	36	27	1	1	37	28	0	0	0	0	65
	1802	38	25	0	1	38	26	0	0	0	0	64
	1803	46	22	1	1	47	23	0	0	0	0	70

年	男性単独	女性単独	男性複数	女性複数	男性合計	女性合計	男女	企業男性	企業女性	企業合計	総計
1804	45	23	1	1	46	24	0	0	0	0	70
1806	43	28	2	3	45	31	0	0	0	0	76
1807	24	53	1	1	25	54	0	0	0	0	79
1808	25	58	1	2	26	60	0	0	0	0	86
1809	49	61	1	2	50	63	1	1	0	1	115
1810	44	78	1	3	45	81	1	0	0	0	127
1811	38	80	0	1	38	81	1	0	0	0	120
1812	27	71	0	4	27	75	0	0	0	0	102
1814	36	81	0	3	36	84	0	0	0	0	120
1815	34	64	0	2	34	66	0	0	0	0	100
1816	25	43	0	1	25	44	0	0	0	0	69
1817	19	37	0	2	19	39	0	0	0	0	58
1818	17	38	0	1	17	39	0	0	0	0	56
1819	31	80	0	4	31	84	0	0	0	0	115
1820	22	66	0	5	22	71	0	0	0	0	93
1821	24	103	0	10	24	113	0	0	0	0	137
1822	20	95	0	13	20	108	0	1	1	2	130
1823	18	92	0	8	18	100	0	1	2	3	121
1824	21	108	0	8	21	116	0	0	2	2	139
1825	19	112	0	10	19	122	0	1	1	2	143
1826	16	116	1	12	17	128	0	3	0	3	148
1828	16	100	2	16	18	116	0	1	0	1	135
1829	21	108	2	12	23	120	2	2	1	3	148
1830	18	107	2	14	20	121	3	1	1	2	146

新物商

年	男性単独	女性単独	男性複数	女性複数	男性合計	女性合計	男女	企業男性	企業女性	企業合計	総計
1804	5	0	0	0	5	0	0	0	0	0	5
1806	22	3	0	0	22	3	0	0	0	0	25
1807	26	7	0	0	26	7	0	0	0	0	33
1808	24	7	1	0	25	7	0	2	0	2	34
1809	33	12	5	0	38	12	0	2	0	2	52
1810	54	14	4	0	58	14	0	1	0	1	73
1811	52	16	5	0	57	16	0	1	0	1	74
1812	47	18	3	0	50	18	0	1	0	1	69
1814	60	17	7	0	67	17	0	7	0	7	91

年	男性単独	女性単独	男性複数	女性複数	男性合計	女性合計	男女	企業男性	企業女性	企業合計	総計
1815	59	12	7	0	66	12	1	6	0	6	85
1816	54	10	6	0	60	10	1	4	0	4	75
1818	95	17	4	2	99	19	0	3	0	3	121
1819	79	13	6	1	85	14	0	3	0	3	102
1820	113	23	9	0	122	23	0	5	0	5	150
1821	106	37	6	1	112	38	0	14	0	14	164
1822	134	36	8	0	142	36	0	21	1	22	200
1823	133	40	9	2	142	42	0	29	2	31	215
1824	162	47	18	2	180	49	0	31	2	33	262
1825	184	53	19	1	203	54	0	45	2	47	304
1826	180	49	20	3	200	52	1	36	3	39	292
1828	185	54	32	4	217	58	0	38	4	42	317
1829	206	49	36	9	242	58	1	52	3	55	356
1830	201	37	35	10	236	47	0	59	3	62	345

数表 3：(43)～(47)モード商の取引の月平均値

	月	月別平均取引日数	月別平均取引人数	月別平均金額	月別人別平均金額
モロ	1	25.000	68.000	4387.288	175.492
	2	24.333	76.000	4353.068	178.893
	3	24.333	82.000	2459.917	101.092
	4	23.000	67.667	2912.917	126.649
	5	24.000	64.000	4032.706	168.029
	6	25.000	66.500	3650.763	146.031
	7	22.000	56.500	3225.800	146.627
	8	14.000	27.000	1015.300	72.521
	9	19.667	42.667	1881.763	95.683
	10	22.667	56.333	2828.500	124.787
	11	23.000	65.667	3649.542	158.676
	12	24.667	81.333	4846.825	196.493

	月	月別平均取引日数	月別平均取引人数	月別平均金額	月別人別平均金額
ラ・ヴィレット	1	15.000	26.500	1606.696	107.113
	2	11.500	18.000	1475.913	128.340
	3	15.000	28.000	2198.685	146.579
	4	16.333	30.000	2622.101	160.537
	5	20.000	38.000	3042.597	152.130
	6	14.333	30.000	2171.525	151.502
	7	12.000	22.667	1366.733	113.894
	8	11.333	17.000	1196.279	105.554
	9	11.667	22.000	1380.383	118.319
	10	17.000	30.667	3134.797	184.400
	11	16.000	42.000	2513.881	157.118
	12	12.333	29.667	1748.115	141.739
レヴェック	1	16.000	61.500	7762.019	485.126
	2	13.000	36.750	3005.828	231.218
	3	17.250	63.500	4901.988	284.173
	4	16.750	51.750	2754.744	164.462
	5	11.750	39.500	3331.206	283.507
	6	8.500	27.000	2141.233	251.910
	7	12.667	34.667	3834.133	302.695
	8	10.000	19.667	1791.550	179.155
	9	11.667	25.667	1953.844	167.472
	10	15.000	40.667	6424.717	428.314
	11	17.333	61.000	7179.883	414.224
	12	15.667	56.667	6377.642	407.084
ブナール	1	5.333	5.333	831.917	155.984
	2	7.667	9.333	2705.258	352.860
	3	10.500	12.000	995.838	94.842
	4	10.500	12.000	2510.475	239.093
	5	4.500	5.000	1794.500	398.778
	6	5.500	6.000	4300.600	781.927
	7	3.500	3.500	1776.800	507.657
	8	5.000	5.000	1885.250	377.050
	9	8.333	9.333	2715.533	325.864
	10	11.000	11.667	1368.167	124.379

	月	月別平均取引日数	月別平均取引人数	月別平均金額	月別人別平均金額
	11	10.000	12.333	2134.108	213.411
	12	7.667	8.667	1123.139	146.496
ドゥラフォス	1	3.000	3.400	637.098	212.366
	2	1.300	1.000	291.298	224.076
	3	3.700	3.100	1074.125	290.304
	4	5.200	4.700	985.598	189.538
	5	5.000	4.800	2121.229	424.246
	6	3.700	4.500	965.370	260.911
	7	3.800	3.600	1044.158	274.779
	8	2.500	3.500	638.365	255.346
	9	2.600	3.100	673.692	259.112
	10	2.455	2.636	755.117	307.640
	11	2.909	3.636	603.570	207.477
	12	2.900	3.800	794.635	274.012
ペステル	1	0.846	0.846	204.231	241.364
	2	0.308	0.308	44.769	145.500
	3	0.615	0.615	62.335	101.294
	4	0.308	0.308	56.769	184.500
	5	0.308	0.308	182.500	593.125
	6	0.308	0.385	189.769	616.750
	7	0.462	0.462	44.846	97.167
	8	1.000	1.000	299.783	299.783
	9	0.538	0.538	40.038	74.357
	10	0.462	0.462	38.615	83.667
	11	0.385	0.385	35.538	92.400
	12	0.385	0.385	25.231	65.600
エロフ	1	20.429	55.429	5663.267	102.172
	2	17.143	39.857	5129.017	128.685
	3	19.286	40.714	20905.203	513.461
	4	17.429	48.714	9269.580	190.285
	5	18.429	52.000	26318.216	506.120
	6	17.429	43.857	20514.948	467.768
	7	16.000	43.143	6214.939	144.055
	8	16.143	45.429	17021.880	374.695

月	月別平均取引日数	月別平均取引人数	月別平均金額	月別人別平均金額
9	17.167	41.667	22945.631	550.695
10	17.833	45.833	8423.683	183.789
11	19.667	42.833	7089.522	165.514
12	20.333	54.667	32547.050	595.373

数表4：(48)～(53)モード商の取引の年平均値

	営業率	年平均人数（非のべ）	年平均取引回数	年平均売上高	年平均決済額
モロ	74.177	81.879	9.218	38874.098	20266.616
ラ・ヴィレット	49.100	63.145	5.543	25656.035	22814.109
レヴェック	46.926	93.908	5.770	52645.456	55124.262
ブナール	25.501	73.976	1.412	24046.627	39325.309
ドゥラフォス	9.756	3.417	11.158	9639.925	14373.559
ペステル	1.625	4.314	1.393	1226.234	426.930
エロフ	59.703	35.867	15.521	53931.313	

数表5：(54)～(60)モード商の取引の顧客分類別年平均値

	顧客分類	年平均登場人数	年平均登場日数	年平均金額	年平均人別金額	年平均人別日別金額
モロ	王妃・王族女性	2.183	1.456	64.412	29.500	44.250
	宮廷女官	8.006	120.090	4161.919	519.851	34.657
	宮廷貴族既婚女性	5.459	117.178	4474.135	819.645	38.182
	宮廷使用人女性	0.000	0.000	0.000	0.000	0.000
	公職・法曹関係者夫人	5.459	128.824	10252.834	1878.282	79.588
	他貴族・聖職既婚女性	15.284	288.943	15704.725	1027.517	54.352
	服飾関係業女性	0.000	0.000	0.000	0.000	0.000
	手工業／小売業女性	0.000	0.000	0.000	0.000	0.000
	他既婚女性	5.823	36.391	2234.911	383.838	61.414
	公職・法曹関係者娘	4.003	2.547	44.470	11.109	17.457
	他貴族未婚女性	2.183	35.299	938.074	429.629	26.575
	他未婚女性	6.550	16.376	349.334	53.331	21.332
	宮廷貴族男性	2.183	2.183	216.962	99.367	99.367
	公職・法曹関係者	0.000	0.000	0.000	0.000	0.000
	他貴族・聖職男性	4.003	0.364	43.669	10.909	120.000

	顧客分類	年平均登場人数	年平均登場日数	年平均金額	年平均人別金額	年平均人別日別金額
	服飾関係業男性	0.000	0.000	0.000	0.000	0.000
	手工業／小売業男性	0.000	0.000	0.000	0.000	0.000
	他男性	4.003	2.183	196.147	49.000	89.833
	不明	4.003	0.728	26.929	6.727	37.000
ラ・ヴィレット	王妃・王族女性	0.000	0.000	0.000	0.000	0.000
	宮廷女官	0.000	0.000	0.000	0.000	0.000
	宮廷貴族既婚女性	0.000	0.000	0.000	0.000	0.000
	宮廷使用人女性	0.000	0.000	0.000	0.000	0.000
	公職・法曹関係者夫人	0.000	0.000	0.000	0.000	0.000
	他貴族・聖職既婚女性	4.380	9.855	1054.658	240.790	107.018
	服飾関係業女性	15.330	105.850	6400.626	417.523	60.469
	手工業／小売業女性	5.110	7.665	865.415	169.357	112.905
	他既婚女性	5.840	70.810	5896.548	1009.683	83.273
	公職・法曹関係者娘	0.000	0.000	0.000	0.000	0.000
	他貴族未婚女性	0.000	0.000	0.000	0.000	0.000
	他未婚女性	7.300	60.955	4826.733	661.196	79.185
	宮廷貴族男性	0.000	0.000	0.000	0.000	0.000
	公職・法曹関係者	2.190	34.675	2737.717	1250.099	78.954
	他貴族・聖職男性	4.380	7.665	502.039	114.621	65.498
	服飾関係業男性	5.110	10.950	497.583	97.374	45.441
	手工業／小売業男性	5.840	16.425	1231.118	210.808	74.954
	他男性	4.380	25.185	1643.598	375.251	65.261
	不明	0.000	0.000	0.000	0.000	0.000
レヴェック	王妃・王族女性	0.000	0.000	0.000	0.000	0.000
	宮廷女官	6.570	45.625	2685.451	408.744	58.859
	宮廷貴族既婚女性	24.090	86.505	5676.845	235.652	65.624
	宮廷使用人女性	0.000	0.000	0.000	0.000	0.000
	公職・法曹関係者夫人	5.020	13.879	344.358	68.594	24.811
	他貴族・聖職既婚女性	24.511	197.265	12527.732	511.117	63.507
	服飾関係業女性	6.497	32.189	5392.351	830.006	167.524
	手工業／小売業女性	0.000	0.000	0.000	0.000	0.000
	他既婚女性	36.618	113.693	9784.549	267.205	86.061
	公職・法曹関係者娘	2.362	0.295	18.014	7.625	61.000

	顧客分類	年平均登場人数	年平均登場日数	年平均金額	年平均人別金額	年平均人別日別金額
	他貴族未婚女性	3.544	3.248	366.506	103.425	112.827
	他未婚女性	3.544	20.081	4174.915	1178.127	207.905
	宮廷貴族男性	2.362	0.295	14.175	6.000	48.000
	公職・法曹関係者	2.362	0.295	10.631	4.500	36.000
	他貴族・聖職男性	2.362	2.953	2383.013	1008.700	806.960
	服飾関係業男性	10.631	25.692	6560.262	617.084	255.345
	手工業／小売業男性	2.362	0.295	57.585	24.375	195.000
	他男性	4.725	7.973	3378.745	715.091	423.757
	不明	0.000	0.000	0.000	0.000	0.000
ブナール	王妃・王族女性	0.000	0.000	0.000	0.000	0.000
	宮廷女官	2.953	0.295	163.010	55.200	552.000
	宮廷貴族既婚女性	0.000	0.000	0.000	0.000	0.000
	宮廷使用人女性	0.000	0.000	0.000	0.000	0.000
	公職・法曹関係者夫人	0.000	0.000	0.000	0.000	0.000
	他貴族・聖職既婚女性	1.181	3.839	2531.302	2142.938	659.365
	服飾関係業女性	1.626	0.406	78.853	48.500	194.000
	手工業／小売業女性	0.000	0.000	0.000	0.000	0.000
	他既婚女性	6.503	24.794	3958.553	608.695	159.658
	公職・法曹関係者娘	0.000	0.000	0.000	0.000	0.000
	他貴族未婚女性	0.000	0.000	0.000	0.000	0.000
	他未婚女性	4.878	5.284	504.009	103.333	95.385
	宮廷貴族男性	0.000	0.000	0.000	0.000	0.000
	公職・法曹関係者	4.065	0.406	80.479	19.800	198.000
	他貴族・聖職男性	4.065	2.439	531.272	130.708	217.846
	服飾関係業男性	0.000	0.000	0.000	0.000	0.000
	手工業／小売業男性	0.000	0.000	0.000	0.000	0.000
	他男性	4.878	28.859	12529.682	2568.871	434.175
	不明	4.878	36.581	2655.351	544.408	72.588
ドゥラフォス	王妃・王族女性	0.000	0.000	0.000	0.000	0.000
	宮廷女官	0.000	0.000	0.000	0.000	0.000
	宮廷貴族既婚女性	0.000	0.000	0.000	0.000	0.000
	宮廷使用人女性	0.000	0.000	0.000	0.000	0.000
	公職・法曹関係者夫人	0.000	0.000	0.000	0.000	0.000

	顧客分類	年平均登場人数	年平均登場日数	年平均金額	年平均人別金額	年平均人別日別金額
	他貴族・聖職既婚女性	0.000	0.000	0.000	0.000	0.000
	服飾関係業女性	4.065	59.343	11430.356	2812.181	192.615
	手工業／小売業女性	0.000	0.000	0.000	0.000	0.000
	他既婚女性	1.619	1.709	135.410	83.658	79.255
	公職・法曹関係者娘	0.000	0.000	0.000	0.000	0.000
	他貴族未婚女性	0.000	0.000	0.000	0.000	0.000
	他未婚女性	0.629	0.000	0.000	0.000	0.000
	宮廷貴族男性	0.000	0.000	0.000	0.000	0.000
	公職・法曹関係者	0.000	0.000	0.000	0.000	0.000
	他貴族・聖職男性	0.899	1.079	200.215	222.650	185.542
	服飾関係業男性	2.158	20.772	3445.584	1596.533	165.874
	手工業／小売業男性	0.000	0.000	0.000	0.000	0.000
	他男性	2.248	11.420	3696.342	1644.214	323.664
	不明	0.000	0.000	0.000	0.000	0.000
ペステル	王妃・王族女性	0.000	0.000	0.000	0.000	0.000
	宮廷女官	0.000	0.000	0.000	0.000	0.000
	宮廷貴族既婚女性	0.000	0.000	0.000	0.000	0.000
	宮廷使用人女性	0.000	0.000	0.000	0.000	0.000
	公職・法曹関係者夫人	0.000	0.000	0.000	0.000	0.000
	他貴族・聖職既婚女性	1.529	0.090	19.064	12.471	212.000
	服飾関係業女性	1.529	0.360	242.659	158.735	674.625
	手工業／小売業女性	0.000	0.000	0.000	0.000	0.000
	他既婚女性	1.529	4.316	639.818	418.537	148.232
	公職・法曹関係者娘	0.000	0.000	0.000	0.000	0.000
	他貴族未婚女性	0.770	0.077	12.942	16.800	168.000
	他未婚女性	1.310	0.924	163.888	125.141	177.283
	宮廷貴族男性	0.000	0.000	0.000	0.000	0.000
	公職・法曹関係者	1.310	0.077	5.855	4.471	76.000
	他貴族・聖職男性	1.310	0.231	153.303	117.059	663.333
	服飾関係業男性	0.000	0.000	0.000	0.000	0.000
	手工業／小売業男性	0.000	0.000	0.000	0.000	0.000
	他男性	1.310	0.616	117.905	90.029	191.313
	不明	0.000	0.000	0.000	0.000	0.000

	顧客分類	年平均登場人数	年平均登場日数	年平均金額	年平均人別金額	年平均人別日別金額
エロフ	王妃・王族女性	2.003	140.207	18018.601	8996.009	128.514
	宮廷女官	11.247	72.492	3923.721	348.857	54.127
	宮廷貴族既婚女性	5.470	18.104	2806.621	513.130	155.031
	宮廷使用人女性	3.544	16.024	506.702	142.987	31.622
	公職・法曹関係者夫人	1.079	4.699	280.826	260.382	59.760
	他貴族・聖職既婚女性	6.394	24.112	1692.703	264.731	70.200
	服飾関係業女性	0.616	1.618	21.981	35.667	13.588
	手工業／小売業女性	0.077	0.154	1.350	17.525	8.763
	他既婚女性	2.388	4.006	47.688	19.969	11.904
	公職・法曹関係者娘	0.000	0.000	0.000	0.000	0.000
	他貴族未婚女性	0.539	1.849	62.126	115.207	33.602
	他未婚女性	0.693	0.847	7.346	10.595	8.669
	宮廷貴族男性	0.452	0.452	117.781	260.517	260.517
	公職・法曹関係者	0.000	0.000	0.000	0.000	0.000
	他貴族・聖職男性	0.151	0.151	330.180	2190.950	2190.950
	服飾関係業男性	0.000	0.000	0.000	0.000	0.000
	手工業／小売業男性	0.000	0.000	0.000	0.000	0.000
	他男性	0.151	0.151	6.944	46.075	46.075
	不明	1.206	2.110	24.324	20.176	11.529

数表6：(61)～(63)モード商エロフの取引の顧客分類別年推移

顧客分類	年	登場人数	登場日数	合計金額	人別金額	日別金額
王妃・王族女性	1787	6	389	47973.696	7995.616	123.326
	1788	5	315	56464.888	11292.978	179.254
	1789	4	501	61114.092	15278.523	121.984
	1790	4	356	30036.183	7509.046	84.371
	1791	3	172	26273.408	8757.803	152.752
	1792	3	85	12033.979	4011.326	141.576
	1793	0	0	0.000	0.000	0.000
宮廷女官	1787	46	279	18657.800	405.604	66.874
	1788	33	225	14332.321	434.313	63.699
	1789	33	222	12039.383	364.830	54.231
	1790	15	123	1956.321	130.421	15.905

数表 ◆ 223

顧客分類	年	登場人数	登場日数	合計金額	人別金額	日別金額
	1791	8	46	667.842	83.480	14.518
	1792	6	40	3074.013	512.335	76.850
	1793	0	0	0.000	0.000	0.000
宮廷貴族既婚女性	1787	27	94	12824.233	474.972	136.428
	1788	17	78	12676.483	745.675	162.519
	1789	14	40	9311.338	665.096	232.783
	1790	8	18	1535.688	191.961	85.316
	1791	3	3	84.500	28.167	28.167
	1792	0	0	0.000	0.000	0.000
	1793	0	0	0.000	0.000	0.000
宮廷使用人女性	1787	8	48	1941.954	242.744	40.457
	1788	3	8	57.792	19.264	7.224
	1789	10	31	309.738	30.974	9.992
	1790	9	52	523.867	58.207	10.074
	1791	11	47	2273.404	206.673	48.370
	1792	4	21	1470.650	367.663	70.031
	1793	0	0	0.000	0.000	0.000
公職・法曹関係者夫人	1787	3	4	2375.417	791.806	593.854
	1788	4	31	1005.600	251.400	32.439
	1789	6	25	261.033	43.506	10.441
	1790	1	1	3.300	3.300	3.300
	1791	0	0	0.000	0.000	0.000
	1792	0	0	0.000	0.000	0.000
	1793	0	0	0.000	0.000	0.000
他貴族・聖職既婚女性	1787	11	33	3053.775	277.616	92.539
	1788	13	29	6651.250	511.635	229.353
	1789	26	81	2473.338	95.128	30.535
	1790	16	51	6224.117	389.007	122.042
	1791	10	76	2738.808	273.881	36.037
	1792	6	41	813.054	135.509	19.831
	1793	1	2	18.338	18.338	9.169
服飾関係業女性	1787	0	0	0.000	0.000	0.000
	1788	1	4	37.125	37.125	9.281
	1789	2	5	50.600	25.300	10.120

顧客分類	年	登場人数	登場日数	合計金額	人別金額	日別金額
	1790	2	4	83.963	41.981	20.991
	1791	2	4	19.950	9.975	4.988
	1792	1	4	93.700	93.700	23.425
	1793	0	0	0.000	0.000	0.000
手工業/小売業女性	1787	0	0	0.000	0.000	0.000
	1788	0	0	0.000	0.000	0.000
	1789	1	2	17.525	17.525	8.763
	1790	0	0	0.000	0.000	0.000
	1791	0	0	0.000	0.000	0.000
	1792	0	0	0.000	0.000	0.000
	1793	0	0	0.000	0.000	0.000
他既婚女性	1787	1	2	16.800	16.800	8.400
	1788	0	0	0.000	0.000	0.000
	1789	14	26	367.413	26.244	14.131
	1790	7	12	112.725	16.104	9.394
	1791	6	9	102.892	17.149	11.432
	1792	3	3	19.200	6.400	6.400
	1793	0	0	0.000	0.000	0.000
公職・法曹関係者娘	1787	0	0	0.000	0.000	0.000
	1788	0	0	0.000	0.000	0.000
	1789	0	0	0.000	0.000	0.000
	1790	0	0	0.000	0.000	0.000
	1791	0	0	0.000	0.000	0.000
	1792	0	0	0.000	0.000	0.000
	1793	0	0	0.000	0.000	0.000
他貴族未婚女性	1787	0	0	0.000	0.000	0.000
	1788	1	3	412.725	412.725	137.575
	1789	4	10	197.850	49.463	19.785
	1790	1	8	165.350	165.350	20.669
	1791	1	3	30.525	30.525	10.175
	1792	0	0	0.000	0.000	0.000
	1793	0	0	0.000	0.000	0.000
他未婚女性	1787	0	0	0.000	0.000	0.000
	1788	0	0	0.000	0.000	0.000

数表 ◆ 225

顧客分類	年	登場人数	登場日数	合計金額	人別金額	日別金額
	1789	4	5	26.867	6.717	5.373
	1790	2	2	19.663	9.831	9.831
	1791	1	1	12.125	12.125	12.125
	1792	2	3	36.700	18.350	12.233
	1793	0	0	0.000	0.000	0.000
宮廷貴族男性	1787	1	1	773.950	773.950	773.950
	1788	0	0	0.000	0.000	0.000
	1789	2	2	7.600	3.800	3.800
	1790	0	0	0.000	0.000	0.000
	1791	0	0	0.000	0.000	0.000
	1792	0	0	0.000	0.000	0.000
	1793	0	0	0.000	0.000	0.000
公職・法曹関係者	1787	0	0	0.000	0.000	0.000
	1788	0	0	0.000	0.000	0.000
	1789	0	0	0.000	0.000	0.000
	1790	0	0	0.000	0.000	0.000
	1791	0	0	0.000	0.000	0.000
	1792	0	0	0.000	0.000	0.000
	1793	0	0	0.000	0.000	0.000
他貴族・聖職男性	1787	1	1	2190.950	2190.950	2190.950
	1788	0	0	0.000	0.000	0.000
	1789	0	0	0.000	0.000	0.000
	1790	0	0	0.000	0.000	0.000
	1791	0	0	0.000	0.000	0.000
	1792	0	0	0.000	0.000	0.000
	1793	0	0	0.000	0.000	0.000
服飾関係業男性	1787	0	0	0.000	0.000	0.000
	1788	0	0	0.000	0.000	0.000
	1789	0	0	0.000	0.000	0.000
	1790	0	0	0.000	0.000	0.000
	1791	0	0	0.000	0.000	0.000
	1792	0	0	0.000	0.000	0.000
	1793	0	0	0.000	0.000	5.000
手工業／小売業男性	1787	0	0	0.000	0.000	0.000

顧客分類	年	登場人数	登場日数	合計金額	人別金額	日別金額
	1788	0	0	0.000	0.000	0.000
	1789	0	0	0.000	0.000	0.000
	1790	0	0	0.000	0.000	0.000
	1791	0	0	0.000	0.000	0.000
	1792	0	0	0.000	0.000	0.000
	1793	0	0	0.000	0.000	0.000
他男性	1787	0	0	0.000	0.000	0.000
	1788	0	0	0.000	0.000	0.000
	1789	0	0	0.000	0.000	0.000
	1790	0	0	0.000	0.000	0.000
	1791	0	0	0.000	0.000	0.000
	1792	0	0	0.000	0.000	0.000
	1793	1	1	46.075	46.075	46.075
不明	1787	0	0	0.000	0.000	0.000
	1788	0	0	0.000	0.000	0.000
	1789	3	7	71.404	23.801	10.201
	1790	1	3	44.100	44.100	14.700
	1791	2	2	26.600	13.300	13.300
	1792	1	1	15.000	15.000	15.000
	1793	1	1	4.300	4.300	4.300

数表7：(65)モード商レヴェックの地方・国別顧客分布

	貴族女性	非貴族女性	貴族男性	非貴族男性
パリ／ヴェルサイユ	150	104	9	18
国内他都市	0	1	0	5
イギリス	3	5	0	4
ブラバント	0	3	0	2
ドイツ	0	1	0	1
イタリア	1	1	0	0
ロシア	2	1	0	0

数表 8：(71)～(73)モード商の取引の商品・作業別年平均値

	商品分類	年平均登場回数	年平均金額	年平均登場別金額
モロ	生地・リボン・糸	270.748	5340.824	19.726
	飾り紐・造花・ボタン・スパンコール・羽根飾り類	66.231	1864.266	28.148
	衣服	100.803	6931.106	68.759
	衣服パーツ	82.971	1750.544	21.098
	衣服・パーツ装飾品	41.122	4775.204	116.124
	頭飾・パーツ	464.711	12013.140	25.851
	服飾品・パーツ	215.798	4764.014	22.076
	雑貨・家具	2.183	144.472	66.167
	素材加工製作	5.823	38.301	6.578
	衣服加工製作・装飾	18.923	114.631	6.058
	衣服パーツ加工製作・装飾	6.550	171.837	26.233
	衣服・パーツ装飾品加工製作	8.734	101.167	11.583
	頭飾加工製作	62.228	418.149	6.720
	服飾品加工製作	13.465	54.259	4.030
	雑貨・家具加工製作	0.000	0.000	0.000
	包装・包装用品	17.104	157.008	9.180
	手数料他	1.456	14.229	9.775
ラ・ヴィレット	生地・リボン・糸	452.965	24951.804	55.086
	飾り紐・造花・ボタン・スパンコール・羽根飾り類	5.110	443.110	86.714
	衣服	1.460	76.650	52.500
	衣服パーツ	0.365	4.818	13.200
	衣服・パーツ装飾品	0.000	0.000	0.000
	頭飾・パーツ	0.000	0.000	0.000
	服飾品・パーツ	2.555	20.130	7.879
	雑貨・家具	2.555	12.958	5.071
	素材加工製作	1.460	10.293	7.050
	衣服加工製作・装飾	0.000	0.000	0.000
	衣服パーツ加工製作・装飾	0.000	0.000	0.000
	衣服・パーツ装飾品加工製作	0.000	0.000	0.000
	頭飾加工製作	0.000	0.000	0.000
	服飾品加工製作	0.000	0.000	0.000
	雑貨・家具加工製作	0.000	0.000	0.000

	商品分類	年平均登場回数	年平均金額	年平均登場別金額
	包装・包装用品	0.730	1.168	1.600
	手数料他	0.365	8.943	24.500
レヴェック	生地・リボン・糸	101.586	2182.243	21.482
	飾り紐・造花・ボタン・スパンコール・羽根飾り類	89.773	3554.195	39.591
	衣服	116.942	6378.582	54.545
	衣服パーツ	50.202	1497.947	29.838
	衣服・パーツ装飾品	8.269	829.519	100.321
	頭飾・パーツ	496.117	22810.536	45.978
	服飾品・パーツ	266.072	8297.726	31.186
	雑貨・家具	5.316	701.798	132.028
	素材加工製作	3.544	29.590	8.350
	衣服加工製作・装飾	23.329	2684.935	115.089
	衣服パーツ加工製作・装飾	0.591	1.477	2.500
	衣服・パーツ装飾品加工製作	0.886	67.330	76.000
	頭飾加工製作	56.108	787.614	14.037
	服飾品加工製作	8.564	88.445	10.328
	雑貨・家具加工製作	0.000	0.000	0.000
	包装・包装用品	48.135	715.043	14.855
	手数料他	17.423	246.485	14.147
ブナール	生地・リボン・糸	151.203	13709.557	90.670
	飾り紐・造花・ボタン・スパンコール・羽根飾り類	1.626	103.647	63.750
	衣服	2.439	466.615	191.333
	衣服パーツ	18.697	5127.661	274.249
	衣服・パーツ装飾品	0.000	0.000	0.000
	頭飾・パーツ	10.974	832.326	75.843
	服飾品・パーツ	8.129	917.886	112.913
	雑貨・家具	2.032	103.017	50.690
	素材加工製作	0.000	0.000	0.000
	衣服加工製作・装飾	0.000	0.000	0.000
	衣服パーツ加工製作・装飾	0.813	2.032	2.500
	衣服・パーツ装飾品加工製作	0.000	0.000	0.000
	頭飾加工製作	0.000	0.000	0.000
	服飾品加工製作	0.406	2.439	6.000

	商品分類	年平均登場回数	年平均金額	年平均登場別金額
	雑貨・家具加工製作	0.406	1.219	3.000
	包装・包装用品	0.000	0.000	0.000
	手数料他	0.813	2.439	3.000
ペステル	生地・リボン・糸	1.310	69.980	53.435
	飾り紐・造花・ボタン・スパンコール・羽根飾り類	0.077	0.000	0.000
	衣服	1.156	61.629	53.333
	衣服パーツ	2.465	374.013	151.719
	衣服・パーツ装飾品	0.000	0.000	0.000
	頭飾・パーツ	1.079	91.597	84.929
	服飾品・パーツ	0.154	0.000	0.000
	雑貨・家具	0.000	0.000	0.000
	素材加工製作	0.000	0.000	0.000
	衣服加工製作・装飾	0.000	0.000	0.000
	衣服パーツ加工製作・装飾	0.000	0.000	0.000
	衣服・パーツ装飾品加工製作	0.000	0.000	0.000
	頭飾加工製作	0.000	0.000	0.000
	服飾品加工製作	0.000	0.000	0.000
	雑貨・家具加工製作	0.000	0.000	0.000
	包装・包装用品	0.000	0.000	0.000
	手数料他	0.000	0.000	0.000
エロフ	生地・リボン・糸	421.061	11733.144	27.866
	飾り紐・造花・ボタン・スパンコール・羽根飾り類	92.682	2650.277	28.595
	衣服	68.419	1950.537	28.509
	衣服パーツ	69.775	470.214	6.739
	衣服・パーツ装飾品	15.673	79.256	5.057
	頭飾・パーツ	104.286	974.515	9.345
	服飾品・パーツ	92.983	1640.008	17.638
	雑貨・家具	4.521	424.783	93.957
	素材加工製作	6.932	25.476	3.675
	衣服加工製作・装飾	80.023	338.714	4.233
	衣服パーツ加工製作・装飾	71.282	129.430	1.816
	衣服・パーツ装飾品加工製作	46.868	486.345	10.377
	頭飾加工製作	8.741	13.631	1.559

商品分類	年平均登場回数	年平均金額	年平均登場別金額
服飾品加工製作	39.182	81.217	2.073
雑貨・家具加工製作	1.055	31.014	29.400
包装・包装用品	10.700	50.892	4.756
手数料他	8.439	39.107	4.634

数表 9：(74)モード商の商品・作業単価

商品・作業	モード商	単価
マント	モロ	40.759
	レヴェック	38.383
	ブナール	0.000
	エロフ	3.982
マント製作	モロ	3.470
	レヴェック	3.000
	ブナール	0.000
	エロフ	3.982
ドレス	モロ	223.767
	レヴェック	217.111
	ブナール	48.000
	エロフ	0.000
ドレス製作	モロ	10.200
	レヴェック	21.000
	ブナール	0.000
	エロフ	3.429
袖飾り	モロ	25.888
	レヴェック	34.173
	ブナール	63.789
	エロフ	3.741
袖飾り製作	モロ	3.000
	レヴェック	0.000
	ブナール	0.000
	エロフ	0.818
ボンネット	モロ	16.838
	レヴェック	21.165

商品・作業	モード商	単価
ボンネット製作	ブナール	0.000
	エロフ	7.303
	モロ	4.056
	レヴェック	7.857
帽子	ブナール	0.000
	エロフ	1.722
	モロ	30.413
	レヴェック	31.611
帽子製作	ブナール	0.000
	エロフ	10.880
	モロ	2.662
	レヴェック	6.000
プフ	ブナール	0.000
	エロフ	2.625
	モロ	18.569
	レヴェック	40.934
プフ製作	ブナール	0.000
	エロフ	0.000
	モロ	3.200
	レヴェック	6.833
フィシュ	ブナール	0.000
	エロフ	1.200
	モロ	12.291
	レヴェック	20.124
フィシュ製作	ブナール	0.000
	エロフ	8.805
	モロ	2.656
	レヴェック	4.800
	ブナール	0.000
	エロフ	0.650

数表 10：(76)モード商と新物商の継続年数

継続年数	モード商	新物商	兼業・転業
1-5 年	413	661	7
6-10 年	93	162	1
11-15 年	38	31	0
16-20 年	22	17	1
21-25 年	8	5	2
26-30 年	7	1	0

数表 11：(84)パレ・ロワイヤルとパサージュにおけるモード商と新物商の店舗数

	年	パレ・ロワイヤル	パサージュ	他	総計
モード商	1800	9	0	65	56
	1801	9	0	65	56
	1802	14	0	64	50
	1803	12	0	70	58
	1804	12	0	70	58
	1806	10	3	76	63
	1807	5	3	79	71
	1808	6	3	86	77
	1809	13	5	115	97
	1810	18	5	127	104
	1811	16	4	120	100
	1812	17	2	102	83
	1814	22	8	120	90
	1815	19	7	100	74
	1816	2	7	69	60
	1818	1	5	56	50
	1819	9	8	115	98
	1820	5	5	93	83
	1821	11	6	137	120
	1822	9	4	130	117
	1823	11	4	121	106
	1824	9	4	139	126
	1825	11	4	143	128

	年	パレ・ロワイヤル	パサージュ	他	総計
	1826	10	5	148	133
	1828	12	7	135	116
	1829	0	10	148	138
	1830	6	11	146	129
新物商	1804	2	0	5	3
	1806	7	0	25	18
	1807	4	3	33	26
	1808	5	1	34	28
	1809	4	5	52	43
	1810	9	5	73	59
	1811	12	5	74	57
	1812	12	3	69	54
	1814	9	9	91	73
	1815	10	8	85	67
	1816	5	9	76	62
	1818	9	12	120	99
	1819	5	11	102	86
	1820	8	13	150	129
	1821	8	12	164	144
	1822	9	10	200	181
	1823	9	11	215	195
	1824	10	12	262	240
	1825	10	9	304	285
	1826	7	8	292	277
	1828	12	14	317	291
	1829	10	16	356	330
	1830	5	16	345	324

数表 12：(87) モード商と新物商の 19 世紀各年代の破産件数

	01-05	06-10	11-15	16-20	21-25	26-30	31-35	36-40	41-45	46-50	51-55	56-60	61-65	66-70	71-75	76-80	81-85	86-90	91-95	96-00
モード商	0	1	4	2	5	16	9	21	24	42	51	64	70	77	75	108	91	98	99	113
新物商	0	2	13	16	40	70	49	82	95	106	69	85	107	143	127	84	66	70	67	64

謝辞

　本書は，2011年3月，お茶の水女子大学大学院人間文化創成科学研究科に提出した博士論文が元になっている。執筆・出版にあたっては，多くの方々にご指導やお力添えをいただいた。

　博士後期課程での指導教員であるお茶の水女子大学教授徳井淑子先生には，服飾史という学問分野のあり方をお教えいただき，論文執筆に際して様々ご指導・ご助言をいただいた。また出版も，徳井先生のご紹介とご協力なくしては不可能だっただろう。心より感謝を申し上げる。

　東京大学文学部進学以降，東京大学大学院人文社会系研究科修士課程まで指導教官であった東京大学大学院教授深沢克己先生からは，歴史学において服飾史を扱うために商業史という視角を持つという私の研究の方向性を決定づけるヒントをいただき，博士後期課程進学後もたびたびのご指導を賜った。ここに深い感謝の意を表する。

　パリ第1大学09学部Master 2課程への留学時の指導教官であるパリ第1大学教授ドミニク・マルゲラス先生からは，18世紀パリ史に関する基礎的な史料の探索方法から帳簿に現れる数値の扱いに至るまで，細かなご指導をいただいた。マルゲラス先生の下で執筆したMaster 2論文が本書の基礎となっている。深謝申し上げる。

　執筆にあたり，貴重なご指導をいただいた元お茶の水女子大学教授山本秀行先生，同准教授安成英樹先生，同准教授宮内貴久先生に深く御礼申し上げる。元上智大学教授長谷川輝夫先生からは，留学にあたり様々なお力添えをいただいた。感謝を申し上げる。また，Master 2論文執筆時に全文のネイティヴ・チェックをしてくれた友人で，パリ高等師範学校学生だったアンドレア・ロンドーノ＝ロペス氏，訳文について助言してくれた友人，東京大学大学院総合文化研究科講師田中創氏に感謝する。

　突然の話だったにもかかわらず，出版を快くお引き受け下さった悠書館

の長岡正博氏に，心より御礼申し上げる。グラフや地図が多く，書籍にするには厄介な論文をこのような形にまとめることができたのは，ひとえに同氏のおかげである。

　なお，本書の研究・執筆から出版までに受けた助成等を記しておく。博士後期課程在籍中は日本学術振興会特別研究員として2006～2007年度特別研究員奨励費を，留学に際しては2008-2009年度フランス政府給費を受け，さらに博士後期課程修了後には研究分担者として2011～2013年度日本学術振興会 基盤研究(C)「服飾流行における模倣論構築のための社会・文化史的研究」(研究代表者：徳井淑子)に参加し，これらにより本書の基礎となる史料収集や現地調査を行うことができた。また平成24年度科学研究費助成事業(科学研究費補助金・研究成果公開促進費)の交付を受け，これにより出版が可能になった。

　最後に，編集者としての長年の経験から文章や図版への助言・校正などの手助けをしてくれた父，常に私の生活や健康を気に掛け，支えてくれた母に，心から感謝する。

2012年6月

人名索引

モード商顧客名の綴りや肩書きは基本的に帳簿に現れる通りで、一般的なものには合わせていない。非常に難解な綴りの場合は一般的に知られているものを（）内に記す。

ア行

アデライド　Adélaïde de France（王の叔母，モード商顧客）46, 71, 118, 122, 129, 136

アメル　Hamel（モード商）68

アルトワ伯夫人　Artois, Comtesse d'（王弟妃，モード商顧客）125, 129, 157

アレクサンドリーヌ　→アレクサンドル，ジャンヌ＝フランソワズ　44

アレクサンドル，ジャンヌ＝フランソワズ　Alexandre, Jeanne-Françoise, dit Alexandrine（モード商）27, 32, 33, 44, 68, 69

アンドリュ　Andrieux（モード商）68

ウアラン　Houarin（新物商）163

ヴァロシュ氏　Varauchoud, Monsieur（徴税請負人，モード商顧客）131

ヴィオレット　Violette（モード商）68

ヴィクトワール　Victoire de France（王の叔母，モード商顧客）118, 129, 136

ヴォルテール　Voltaire（哲学者，文筆家）43, 70

ウォルト，シャルル＝フレデリック　Worth, Charles-Frederick（デザイナー）7, 184

エベール嬢とメッラ嬢　Hebert et Mella, Mesdemoiselles（モード商顧客）158

エリア　Elia（新物商）163

エリザベト　Élisabeth de France（王妹）49, 122

エルボ　Herbault（モード商，新物商）164

エロフ　Éloffe, Madame（モード商）10, 30, 44, 46, 48, 52, 104, 112, 115, 116, 117, 118, 119, 120, 122, 123, 124, 127, 128, 129, 130, 131, 132, 133, 134, 135, 136, 137, 140, 149, 150, 151, 152, 153, 154, 155, 156, 183

エロン　Heron（モード商）68

王妃　→マリ＝アントワネット［ルイ16世］4, 7, 30, 44, 45, 46, 48, 52, 94, 116, 122, 123, 124, 125, 128, 129, 131, 133, 135, 136, 137, 141, 142, 143, 149, 183

オサン伯夫人　Ossun, Comtesse d'（王妃付女官，モード商顧客）122

オスマン，ジョルジュ＝ユジェーヌ　Haussman, Georges-Eugène（セーヌ県知事）176

オベルキルシュ男爵夫人　Oberkirch, Baronne d'（モード商顧客）44, 45, 48

カ行

ガジュラン夫人　Gagelin, Madame（王妃使用人，モード商顧客）149

ガニュ　Gagneux（モード商）68

カニラック伯夫人　Canillac, Comtesse de（モード商顧客）46

カロンヌ，シャルル＝アレクサンドル・ドゥ　Calonne, Charles-Alxandre de

（財務総監）　55
ガヤール氏　Gaillard, Monsieur　（モード商顧客）　158
カンパン夫人　Campan, Madame　（王妃司書，モード商顧客）　125
キドール氏　Quidor, Monsieur　（警部，モード商顧客）　131
クリュニ・ドゥ・ニュイ，ジャン＝エチエンヌ＝ベルナール　Clugny de Nuits, Jean-Étienne-Bernard　（財務総監）　84
グレゴワル夫人　Grégoire, Madame　（モード商，モード商顧客）　129
ゲダン嬢　Guedin, Mademoiselle　（モード商顧客）　154, 158
ゴドフラン嬢　Godefrain, Mademoiselle　（モード商，モード商顧客）　129
コニャック，エルネスト　Cognacq, Ernest　（百貨店創業者）　7
コマン　Commun　（新物商）　163
コルベール，ジャン＝バティスト　Colbert, Jean-Baptiste　（財務総監）　13, 73
コロ　Corot　（モード商）　68

サ行

サン＝カンタン　Saint-Quentin　（モード商）　48
サン＝ルイ女子大修道院長　Saint-Louis, Madame l'Abbesse de　（モード商顧客）　125
シク　Sykes　（モード商）　58
ジニェ侯夫人　Juigné, Marquise de　（モード商顧客）　137
ジニェ男爵夫人　Juigné, Baronne de　（モード商顧客）　137
シメ公夫人　Chimay, Princesse de　（モード商顧客）　118
シャルトル公　Chartres, Louis-Philippe d'Orléans, Prince de, dit Philippe Égalité　（貴族男性）　65, 121, 129
シャルトル公夫人　Chartres, Duchesse de　（モード商顧客）　30
シャルトンシナン伯夫人　Chartonchinen, Comtesse de　（モード商顧客）　131
シャルル10世　Charles X　（国王）　45
ジャンティ　Genty　（新物商）　163
ジャン＝バティスト・ユシル子爵夫人　Yuchir, Vicomtesse de Jean-Baptiste de　（ナポリ貴族女性，モード商顧客）　158
ジュイヤール　Juillard　（モード商顧客）　135
小ラティエ　Ratier jeune　（新物商）　176
ショシャール，アルフレッド　Chauchard, Alfred　（百貨店創業者）　7
ジョゼフィーヌ［ナポレオン１世妃］　Joséphine　（皇妃，モード商顧客）　7, 146
ジョマール嬢　Jomard, Mademoiselle　（宮廷衣装係，モード商顧客）　46
ショワズル・デルクール（ショワズル＝ダーユクール）伯夫人　Choiseul d'Elcourt (Choiseul-Daillecourt), Comtesse de　（モード商顧客）　123
ショワズル女子大修道院長　Choiseul, Madame l'Abbesse de　（モード商顧客）　125
セスヴァル・デュ・ルール侯夫人　Saisseval du Roure, Marquise de　（モード商顧客）　118
セスヴァル＝ラスティック伯夫人

Saisseval-Lastic, Comtesse de （モード商顧客） 118
ソヴァン　Sauvant （モード商） 58
ソラール侯夫人　Solar, Marquise de （モード商顧客） 121
ソルティコフ（サルティコフ）伯夫人　Solthikophe (Saltykof), Comtesse de （ロシア貴族女性，モード商顧客） 158

タ行

ダリッサン氏　Dalissans, Monsieur （モード商顧客） 121
チュルゴ，アンヌ＝ロベール＝ジャック　Turgot, Anne-Robert-Jacques （財務総監） 11, 84, 97
デュケルモン夫人　Duquermond, Madame （モード商顧客） 154
デュ・バリ夫人　→ベキュ，マリ＝ジャンヌ 31
デュボワ　Dubois （モード商） 68
デュロ（ロー）侯夫人　Duleau, Marquise (Leau, Marquise de) （モード商顧客） 137
デュロ（ロー）伯　Duleau, Comte (Leau, Comte de) （モード商顧客） 137
デュロ（ロー）伯夫人　Duleau, Comtesse (Leau, Comtesse de) （モード商顧客） 137
テラス夫人　Thérasse, Madame （宮廷部屋係，モード商顧客） 46
デルロン氏　Derlon, Monsieur （モード商顧客） 135
ドゥ・ヴォワザン，ジルベール　Voisin, Gilbert de （高等法院長） 137
ドゥ・ヴォワザン嬢　Voisin, Mademoiselle Gilbert de （モード商顧客） 137
ドゥ・ヴォワザン夫人　Voisin, Madame Gilbert de （モード商顧客） 137
ドゥ・シャンプラトリュ夫人　Champlâtreux, Madame de （モード商顧客） 129, 137
トゥッサン氏　Toussaint, Monsieur （モード商顧客） 158
ドゥ・ナンプ夫妻　Namps, Monsienr et Madame de （モード商顧客） 137
ドゥフォルジュ　Deforge, Delle （モード商） 10, 104, 111
ドゥ・フォワシュ夫妻　Foiche, Madame de （モード商顧客） 137
ドゥ・フレーヌ・ドゥ・ラモワニョン夫人　Frêne de Lamoignon, Madame de （モード商顧客） 129, 137
ドゥ・ブローニュ・ドゥ・プレナンヴィル夫人　Boulogne de Préninville, Madame de （モード商顧客） 123, 129
ドゥラフォス　Delafosse, Delles （モード商） 10, 104, 109, 115, 116, 117, 118, 119, 120, 121, 123, 124, 127, 128, 129, 130, 131, 132, 133, 137, 139, 150
ドゥ・ラ・メサンジェール，ピエール　La Messangère, Pierre de （雑誌編集者） 39
ドゥ・ラモワニョン夫人　Lamoignon, Madame de, （モード商顧客） 137, 154
トマ　Thomas （モード商） 68

ナ行

ナポレオン１世　Napoléon I （皇帝，

モード商顧客） 7, 45, 67, 146
ナルボンヌ子爵夫人　Narbonne, Vicomtesse de（モード商顧客）123

ハ行

パケ嬢　Pâquet, Mademoiselle（宮廷衣装係，モード商顧客）46
バジール夫人　Bazire, Madame（宮廷部屋係，モード商顧客）46
パジェル　Pagelle, Madame（服飾店店主）30, 31, 33
バシュリエ，ジャン＝ジャック　Bachelier, Jean-Jacques（画家）97
パスカル，ブレーズ　Pascal, Blaise（哲学者，数学者）57
バレ氏　Barré, Monsieur（シャトレ裁判所検事，モード商顧客）131
ヒッツ（ヒッツ＝デポ）　Hytz (Hirtz-Despeaux)（モード商）68
ビュフォ　Buffault（モード商）58, 72
ブイエ　Bouillé（モード商）68
フィリップ・エガリテ　→シャルトル公 65, 121
フェロ　Ferraud（モード商）68
フェロネ伯夫人　Ferronnays, Comtesse de la（モード商顧客）118
フォシニ伯夫人　Faucigny, Comtesse de（モード商顧客）118
ブシコ，アリスティド　Boucicaut, Aristide（百貨店創業者）7, 123
ブナール　Benard（モード商）10, 46, 104, 108, 115, 116, 117, 118, 119, 120, 121, 127, 128, 130, 131, 132, 133, 136, 150, 151, 152, 153, 155, 156
フュジエ氏　Fusilier, Monsieur（男性服仕立工，モード商顧客）129

フランソワ氏　Fransoies, Monsieur（モード商顧客）46
プリオ夫人　Priaux, Madame（モード商顧客）153
ブリックヴィル子爵夫人　Briqueville, Vicomtesse de（モード商顧客）155
ブルソンヌ伯夫人　Boursonne, Comtesse de（モード商顧客）118
ブルボン公夫人　Bourbon, Duchesse de, Bathilde d'Orléans（モード商顧客）48, 129
ブレ氏　Boulet, Monsieur（公証人，モード商顧客）131
プロヴァンス伯夫人（マダム）　Provence, Comtesse de, dit Madame（王弟妃，モード商顧客）125, 129
ベキュ，マリ＝ジャンヌ　Bécu, Marie-Jeanne, dit Madame du Barry（国王寵姫，モード商徒弟）31
ペステル　Pestel, François, Sieur（モード商）10, 104, 110, 115, 116, 117, 118, 119, 120, 122, 127, 128, 130, 131, 132, 137, 150, 151, 152, 156
ペラン氏　Perin, Monsieur（顧問弁護士，モード商顧客）131
ベルジェール氏　Bergerre, Monsieur（モード商顧客）131, 157
ベルタン，マリ＝ジャンヌ　Bertin, Marie-Jeanne, dit Rose（モード商）30, 94
ベルタン，ローズ　→ベルタン，マリ＝ジャンヌ　4, 7, 30, 31, 44, 45, 48, 52, 57, 58, 94, 142, 183, 184
ベルトロ　Berthelot（モード商）68
ボヴィリエ，アントワーヌ　Beauvilliers, Antoine（飲食店店主）65
ボラール，ジャン＝ジョゼフ　Bolard,

Jean-Joseph（モード商） 30
ボラール，ジャン＝バティスト
　Bolard, Jean-Baptiste （モード商）
　30, 44, 58, 94
ボワイエ　Boyer （モード商） 68
ポワソネ伯　Poissonais, Comte de
　（モード商顧客） 121
ポンペ夫人　Pompey, Madame （モー
　ド商）……………………………30
ボンベル伯夫人　Bombelles, Comtesse
　de （モード商顧客） 48

マ行

マリ＝アントワネット［ルイ16世妃］
　Marie-Antoinette （王妃，モード
　商顧客） 7, 30, 31, 122, 125, 129, 141,
　143, 183
マルコネ子爵　Marconnay, Vicomte de
　（モード商顧客） 131
マルスネ夫人　Marcenai, Madame
　（モード商顧客） 46
メッテルニヒ公夫人　Metternich,
　Princesse de （貴族女性） 7
メリニ侯夫人　Mesgrigny, Marquise
　de （モード商顧客） 49, 135
メルシエ，ルイ＝セバスチャン
　Mercier, Louis-Sébastian （文筆家）
　10, 11, 21, 32, 35, 42, 43, 44, 48, 53, 54,
　55, 56, 57, 72, 92, 97, 113, 114, 120
モロ　Moreau, Jeanne Victoire, Delle
　（モード商） 10, 46, 104, 105, 116, 117,
　118, 119, 120, 121, 122, 123, 127, 128,
　129, 130, 131, 132, 133, 136, 137, 140,
　150, 151, 152, 153, 154, 155, 156
モンベル侯夫人　Montbel, Marquise de
　（貴族女性） 157

ヤ行

ユジェニ［ナポレオン3世妃］　Eugénie
　（皇妃） 7

ラ行

ラヴァル公夫人　Laval, Duchesse de
　（王妃付女官，モード商顧客） 122
ラ・ヴィレット　La Vilette （モード商）
　10, 104, 106, 115, 116, 117, 118, 119,
　120, 121, 122, 126, 127, 128, 129, 130,
　131, 132, 133, 136, 138, 139, 149, 150,
　151, 152, 153, 156, 157, 160
ラコスト　Lacoste （モード商） 58
ラザリ　Lasalie （新物商） 163
ラビーユ　Labille （モード商） 31, 33
ラミ　Lamy （モード商） 68
ランバル公夫人　Lamballe, Princesse
　de （モード商顧客） 30
リニヴィル伯夫人　Ligniville,
　Comtesse de （モード商顧客） 154
ルイ，ヴィクトル　Louis, Victor （建
　築家） 65
ルイ14世　Louis XIV （国王） 54, 83
ルイ15世　Louis XV （国王） 31
ルイ16世　Louis XVI （国王） 36
ルイ・ドゥ・ナルボンヌ伯夫人　Louis
　de Narbonne, Comtesse （モード商
　顧客） 118
ルコント　Lecomte （モード商） 68
ル・セック夫人　Le Secq, Madame
　（モード商，モード商顧客） 129
ルソー　Roussaud, Demoiselle （モー
　ド商） 54
ルソー，ジャン＝ジャック　Roussaud,
　Jean-Jacques （哲学者，文筆家） 28,
　70

ルニエ　Regnier（モード商）　58
ルノワール，ジャン＝シャルル＝ピエール　Lenoir, Jean-Charles-Pierre（パリ市警視総監）　84
ルフェーブル氏　Lefebvre, Monsieur（モード商顧客）　158
ルブラン＝トサ・ドゥ・ピエールラット　Lebrun-Tossa de Pierrelatte, Jean-Antoine（雑誌編集者）　37, 38
ルルダン　Lourdain（モード商）　68
ルロワ，ルイ＝イポリット　LeRoy, Louis-Hippolyte（モード商）　7, 17, 45, 46, 184
レヴェック　Leveque（モード商）　10, 46, 104, 107, 112, 115, 116, 117, 118, 119, 120, 121, 122, 124, 127, 128, 129, 130, 131, 132, 133, 136, 137, 139, 140, 150, 151, 152, 153, 154, 155, 156, 158
レヴェックとブルノワール　→レヴェック　Leveque et Boullenoir, Sieurs et Dames（モード商）　10, 46, 104
レオナール　Autie Léonard-Alexis, dit Léonard（結髪師）　33
レジュクール侯夫人　Raigecourt, Marquise de（モード商顧客）　118
ロカンベール伯夫人　Roquenberg, Comtesse de（モード商顧客）　123
ロタンジュ伯夫人　Lostanges, Comtesse de（モード商顧客）　122
ロルジュ公夫人　Lorge, Duchesse de（モード商顧客）　131

事項索引

数字
5ソルの馬車　carrosses à cinq sols　57

ア行
アーケード　arcade　→パサージュ　171, 173
編み靴下工／商　faiseur de bas au métier　83
ア・ラ・トワレット　À la toilette　(店名)　31
新物商　marchand de nouveautés　161, 162, 163, 164, 165, 166, 167, 168, 169, 170, 171, 173, 174, 175, 176, 177, 178, 182, 183, 185, 186
新物店　magasin de nouveautés　7, 9, 161, 162, 163, 164, 176, 178, 185
アラルド法　Décret d'Allarde　97
哀れな悪魔　Pauvre Diable　(店名)　7
粋な矢　Traits Galants　(店名)　58
イギリスの手袋　Gant Anglais　(店名)　58
いとも優雅　Très galant　(店名)　30, 31
右岸　rive droite　56, 64, 169
美しき女庭師　La Belle Jardinière　(店名)　8, 155
王妃付貴婦人　Dames pour accompagner la Reine　125
王妃風シュミーズ　chemise à la reine　142, 143
オート・クチュール　Haute Couture　2, 7, 184, 185, 186
お針子　grisette　31, 52, 53, 54, 72, 143, 152, 155, 156, 181, 182
織物工／商　tissutier　84, 85, 91
卸売　1, 2, 3, 16, 29, 43, 87, 165, 175, 177, 178

カ行
街区　quartier　11, 55, 56, 57, 58, 64, 67, 69, 138, 169, 177
掛け売り　venta crédit　121, 122, 184
カザカン　casaquin　144
飾り紐工／商　passementier　85, 88, 91, 92
型切工　découpeuses　76, 79, 81, 86, 91, 94
ガッレリア　galleria　→パサージュ　172
『カビネ・デ・モード』　Cabinet des Modes　11, 36, 37, 38, 39, 54, 70, 71
カラコ　craco　142, 143, 145, 148, 159
カルフール　Carrefour　(店名)　1
環状並木通り　grand boulevard　55, 56, 64, 169
生地・ガーゼ地製造工　fabricant d'étoffes et de gazes　84, 85
規制ギルド　métiers réglés　73
既製服　confection　8, 83, 95, 155, 174, 178, 182, 183
着付係貴婦人　Dames d'atours　125
『ギャラリー・オヴ・ファッション』　Gallery of Fashion　38
ギャルリ　galerie　→パサージュ　171, 173, 174
『ギャルリ・デ・モード・エ・コスチューム・フランセ』　Galerie des modes et costumes français　35

ギャルリ・ラファイエット　Galerie Lafayette　（店名）　185, 186
宮殿貴婦人　Dames du palais　125
ギルド　guild　→同業組合　1, 2, 13, 73, 74, 75, 84, 92, 97, 99, 158, 181
金銀糸織地・絹地商　marchands d'etoffes d'or, d'argent et de soie　161
グラン・マガザン　grand magasin　→百貨店　175, 178, 182
芸術の守護者　Protectrice des arts（店名）　58
毛織物商　drapier　58, 76, 81, 83, 84, 85, 89, 91, 92
毛織物商，ショース工／商　drapier-chaussetier　83
毛皮工／商　pelletier　78, 81, 84, 85, 91, 92
結髪師　coiffeur　27, 33, 41, 88
現金販売　8, 54, 182
広告　8, 54, 175, 182
高等法院　Parlement　73, 74, 84, 125, 126, 129, 137
小売　1, 2, 3, 5, 6, 7, 8, 9, 10, 12, 16, 17, 18, 19, 24, 25, 26, 27, 28, 29, 31, 39, 41, 42, 45, 46, 49, 52, 54, 57, 64, 69, 71, 73, 74, 79, 82, 83, 84, 85, 86, 87, 88, 90, 91, 92, 94, 95, 98, 99, 103, 114, 117, 121, 123, 126, 127, 128, 130, 132, 133, 134, 135, 140, 152, 161, 165, 175, 177, 178, 179, 181, 182, 183, 184, 185, 186
顧客別仕訳帳　grand livre　10, 103, 105, 106, 107, 109, 158
ご用聞き　→訪問販売　8, 46

サ行

最終消費財　1, 2, 8, 81, 82, 83, 95, 98, 181, 182, 183, 184

最終消費者　83, 95, 140, 184
左岸　rive gauche　56, 64, 67, 169
雑貨商　mercier　4, 10, 26, 27, 29, 30, 31, 32, 33, 41, 75, 77, 81, 82, 83, 84, 85, 86, 87, 89, 91, 92, 93, 95, 96, 99, 100, 163, 165, 175, 177, 181
サマリテーヌ　Samaritaine（店名）　7, 185
刺繍工　brodeur　76, 81, 85, 86, 91, 92, 95
市壁　54, 55
麝香　Civette（店名）　58
シャトレ裁判所　Châtelet　9, 73, 93, 131
自由職業　métiers libres / professions rendues libres　73, 84, 88, 89, 90, 91, 99
手工業／小売業団体　Corps　26, 73, 85
手工業／小売業共同体　Communautés　73, 84, 85, 86, 87, 88, 91
『ジュルナル・デ・ダム』　Journal des dames　39, 40, 67
『ジュルナル・デ・ダム・エ・デ・モード』　Journal des dames et des modes　38, 39, 40
『ジュルナル・デ・ヌヴォテ』　Journal des Nouveautés　38
『ジュルナル・デ・モード・エ・ヌヴォテ』　Journal des modes et nouveautés　39, 40
『ジュルナル・ドゥ・パリ』　Journal de Paris　38, 39
『ジュルナル・ドゥ・ラ・モード・エ・デュ・グ』　Journal de la mode et du goût　38, 40, 69
城外区　faubourg　3, 54, 55, 56, 57, 64, 67, 73, 74, 169
商業年鑑　almanach du commerce　10, 20, 29, 33, 45, 55, 64, 67, 75, 80, 90, 98,

163, 164, 165, 169, 170, 174, 175, 176
小聖トマ　Petit Saint Thomas　店名
　7
消費革命　Consumer Revolution
　5, 6, 16
正札制　8, 54, 182
女性服仕立工　couturière　4, 27, 31, 41,
　49, 50, 52, 76, 80, 81, 83, 84, 86, 91, 93,
　94, 95, 96, 100, 117, 125, 155, 181
仕訳日記帳　livre journal　10, 18, 103,
　104, 105, 106, 107, 108, 110, 112
製靴工／靴商　cordonnier　76, 81, 86,
　91, 92
製袋工／袋物商　boursier　76, 86, 91,
　95
制帽工／帽子商　chapelier　25, 49, 51,
　52, 58, 76, 81, 84, 85, 91, 92, 95
背負い椅子　chaise à porteurs　57, 71
宣誓ギルド　jurandes　73, 74, 75,
　84, 92, 97, 99, 181
総勘定元帳　grand livre　103
即日払い　121, 122, 123, 182

タ行

戴冠せる王太子　Dauphin couronné
　（店名）　58
大トルコ人　Grand Turc（店名）　72
大ムガール人　Grand Mogol（店名）
　30, 57
男性服仕立工　tailleur　31, 49, 50, 52,
　58, 76, 81, 83, 86, 88, 91, 92, 95, 127,
　129, 155
中間財　1, 2, 8, 9, 81, 82, 94, 95, 98, 181,
　182
中間商人　middleman　83, 124, 140,
　152, 178, 182, 183
徴税請負人の壁　barrières des

fermiers-généraux　55, 56
陳列　8, 54, 86, 181, 182
定価　prix fixe　8, 176, 182
手袋工／商　gantier　76, 81, 86, 91, 92
デンプン工／商　amidonnier　85, 93
店舗販売　8, 46, 53, 154
同業組合　arts et métiers / corporation
　1, 2, 3, 8, 9, 12, 15, 18, 29,
　30, 33, 41, 42, 67, 70, 73, 74, 75, 76, 77,
　78, 79 80, 81, 83, 84, 89, 90, 91, 92, 93,
　94, 95, 96, 97, 98, 99, 100, 101, 156, 161,
　181, 183, 184
トゥルニュル　tournure　141

ナ行

並木通り　boulevard　→環状並木通
　り 25, 54, 55, 56, 64, 68, 169, 172, 173,
　186
偽労働者　faux ouvriers　74

ハ行

ハイパーマーケット　hypermarché
　1, 185
薄利　Gagne Petit（店名）　7
パサージュ　passage　170, 171, 172,
　173, 174, 179, 186
パニエ　panier　48, 53, 141, 142, 143,
　144, 146, 148, 155, 159
羽根飾り工／商　plumassier
　76, 86, 94, 96
百貨店　grand magasin　1, 6, 7, 8, 9,
　123, 175, 178, 182, 183, 184, 185, 186
ファッション・プレート　fashion plate
　35, 36, 37, 38, 39, 40, 54, 69
フィシュ　fichu　96, 142, 143, 144,
　145, 148, 150, 153, 160

封印　plombage　150, 154
ブフ　pouf　42, 70, 141, 142, 148, 153, 155, 160
フランス国立美術学校　École Nationale Supérieure des Arts Décoratifs　97
プランタン　Printemps　（店名）　185
古着　2, 4, 8, 76, 81, 83, 84, 88, 91, 92, 95, 100, 155
古着商　fripier　8, 76, 81, 84, 88, 91, 92, 95, 100
ブロンド地　blonde　154, 159
ブロンド・レース　blonde　→ブロンド地　53, 153
ペチコート　jupon　143, 144, 148, 154, 159
ベルト工／商　ceinturier　58, 76, 81, 86, 91, 92, 95
返品　113, 123, 124, 157, 181, 183
紡績女工　Fileuse　（店名）　58
訪問販売　46, 71
ボタン工／商　boutonnier　85, 88, 91, 92, 95
ボルレッティ・グループ　Borletti Group　185, 186
ボンネット工／商　bonnetier　58, 76, 81, 83, 84, 85, 91, 92, 95
ボン・マルシェ　Bon Marché　（店名）　1, 7, 123, 124, 185

マ行

『マガザン・デ・モード・ヌーヴェル・フランセーズ・エ・アングレーズ』　Magasin des modes nouvelles françaises et anglaises　38, 40
マネキン　mannequin　38, 48, 53, 54, 182
三井越後屋　（店名）　→三越呉服店　8
三越呉服店　（店名）　1
メゾン［オートクチュールの］　maison　7, 185
『メルキュール・ドゥ・フランス』　Mercure de France　35, 39, 163
モエ・ヘネシー・ルイ・ヴィトングループ　LVMH　185
モード商　marchand de modes　2, 3, 4, 6, 7, 9, 10, 11, 12, 15, 18, 23, 24, 25, 26, 27, 28, 29, 30, 31, 32, 33, 35, 41, 42, 43, 44, 45, 46, 47, 48, 49, 52, 54, 57, 58, 59, 60, 61, 62, 63, 64, 66, 67, 68, 70, 71, 72, 86, 91, 93, 94, 95, 96, 97, 98, 99, 101, 103, 111, 114, 115, 116, 117, 118, 119, 120, 122, 123, 124, 125, 126, 127, 128, 129, 130, 132, 133, 134, 135, 136, 137, 138, 139, 140, 141, 143, 147, 148, 150, 151, 152, 154, 155, 156, 158, 161, 163, 164, 165, 166, 167, 168, 169, 170, 171, 173, 174, 175, 176, 181, 182, 183, 184, 185, 186
モスリン地　mousseline　144, 146, 147, 153, 159
モノプリ　Monoprix　（店名）　185

ヤ行

よろずおもしろ商店　Magasin curieux en tous genres　（店名）　58

ラ行

リネン工／商　lingère　49, 51, 52, 76, 81, 87, 91, 93, 94, 95
リボン工／商　rubanier　76, 81, 84, 85, 91, 95
流行雑誌　4, 5, 11, 21, 35, 36, 38, 39, 40, 42, 54, 69, 70

ルーヴル　Louvre　（店名）　7
ル・シャプリエ法　Loi Le Chapelier
　　73, 97
ローブ・ア・ラ・フランセーズ　robe à
　　la française　141, 142, 148
ローブ・ア・ラ・ポロネーズ　robe à la
　　polonaise　142, 148
ローブ・ア・ラングレーズ　robe à
　　l'anglaise　142, 148
六大団体　Six Corps　73, 84, 89, 91, 93,
　　96

ワ行

ワイン商　marchand de vins
　　75, 84, 85, 94

地名索引

表記は18世紀当時のものに合わせた。（）内は現在の発音，綴り，地名。特に断りのない地名はパリ市内のもの。❶〜❺，I〜XX，a〜m，I¹〜XII⁴は口絵地図の参照番号。

数字

5人の人民の友通り　Rue de V Amis du peuple　→ロプセルヴァンス通り 55

ア行

赤帽子辻　Carrefour du Bonnet-Rouge →クロワ＝ルージュ辻 55
アブヴィル　Abbeville　30
アムステルダム　Amsterdam　12, 140
アンヴァリッド　Invalides　56
アンヴァリッド橋　Pont des Invalides 56
イエナ橋　Pont d'Iéna　56
石回廊［パレ・ロワイヤル］　Galerie de pierre　64, 65
ヴァリエテ回廊［パサージュ・デ・パノラマ］　Galerie des Variétés　172, 179
ヴァロワ回廊［パレ・ロワイヤル］　Galerie Valois　65, 66
ヴィヴィエンヌ通り　Rue Vivienne ❶, 64
ヴィットーリオ・エマヌエーレ2世ガッレリア［ミラノ］　Galleria Vittorio Emanuele II　171
ヴェルサイユ　Versailles　30, 104, 140, 154
ウンベルト1世ガッレリア［ナポリ］　Galleria Umberto I　172
江戸　8, 13, 17
エルヴェシウス通り　Rue Helvétius →サン＝タンヌ通り 55
オノレ通り　Rue Honoré　→サン＝トノレ通り 55
オプセルヴァンス（ビヤンフザンス）通り　Rue de l'Observance (Rue de la Bienfaisance)　❷, 55
オルセ河岸　Quai d'Orsay　❸, 56
オルレアン回廊［パレ・ロワイヤル］　Galerie d'Orléans　65, 66

カ行

ガラス回廊［パレ・ロワイヤル］Galerie vitrée　64, 65
カン　Caen　139
木回廊［パレ・ロワイヤル］　Galerie de bois　65, 171
ギャルリ・ヴィヴィエンヌ　Galerie Vivienne　❹, 173, 174
ギャルリ・サン＝チュベール［ブリュッセル］　Galerie Saint Hubert　171
クール・デ・フォンテーヌ（ヴァロワ広場）　Cour des Fontaines (Place de Valois)　❺, 68
グラモン通り　Rue de Grammont　❻, 68, 163
クルテイユ　Creteil　140
クロワ＝デ＝プティ＝シャン通り　Rue Croix des Petits-Champs　❼, 138
クロワ＝ルージュ辻　Carrefour de la Croix-Rouge　❽, 55
ケルン　Cologne　140, 158

サ行

サン＝ジェルマン城外区　Faubourg Saint-Germain　m, 56, 64
サン＝ジェルマン＝デ＝プレ街区　Quartier Saint-Germain-des-Prés　XX, 56, 64, 68, 74, 169
サン＝ジャック＝ドゥ＝ラ＝ブシュリ街区　Quartier Saint-Jacques-de-la-Boucherie　II, 56
サン＝シャルル橋　Pont Saint-Charles　❾, 56
サン＝タンドレ＝デ＝ザール街区　Quartier Saint-André-des-Arts　XVIII, 56
サン＝タントワーヌ城外区　Faubourg Saint-Antoine　h, 3, 74
サン＝タンヌ通り　Rue Sainte-Anne　❿, 55
サン＝チュスタシュ街区　Quartier Saint-Eustache　VII, 138
サン＝ドゥニ街区　Quartier Saint-Denis　IX, 138
サン＝ドゥニ通り　Rue Saint Denis　⓫, 58, 64, 68
サン＝トノレ城外区　Faubourg Saint-Honoré　a, 56
サン＝トノレ通り　Rue Saint-Honoré　⓬, 42, 48, 55, 57, 58, 64, 68, 138, 169
サン＝フィルマン　Saint-Firmin　158
サン＝マルク通り　Rue Saint-Marc　⓭, 172
サン＝マルタン並木通り　Boulevard Saint-Martin　⓮, 25
サン＝ミシェル橋　Pont Saint-Michel　⓯, 56, 57
サン＝ルイ島　Île Saint-Louis　56
ジェヴル河岸　Quai de Gesvres　⓰, 44, 57
シテ島　Île de la Cité　8, 56, 57
シャイヨ城外区　Faubourg du Chaillot　c, 56
シャバノワ（シャバネ）通り　Rue de Chabannois (Chabannais)　⓱, 68
シャンジュ橋　Pont du Change　⓲, 56
シャンティ　Chantilly　139
ショッセ＝ダンタン通り　Rue de la Chaussée-d'Antin　⓳, 56
ストラスブール　Strasbourg　140, 158
赤十字辻　→クロワ＝ルージュ辻

タ行

タイイ　Tailly　158
タンプル区　Section du Temple　VI[1], 8
タンプル塔　Tour du Temple　122
チュイルリ宮　Palais des Tuileries　57, 67, 68, 136, 147
テアトル＝フランソワ（オデオン）通り　Rue du Théâtre-François (Rue de l'Odéon)　⓴, 54
ディジョン　Dijon　140
ドゥ＝ブール通り　Rue des Deux-Boules　㉑, 163
ドゥブル橋　Pont au Double　㉒, 56
トゥルネル橋　Pont de la Tournelle　㉓, 57
トリノ　Turin　140, 158

ナ行

ナポリ　Naples　140, 158, 172
ヌーヴ・サン＝チュスタシュ通り　Rue Neuve Saint-Eustache　㉔, 138
ヌーヴ・サン＝トギュスタン通り　Rue

Neuve Saint-Augustin ㉕, 164
ヌーヴ・デ・プティ゠シャン通り　Rue Neuve des Petits-Champs ㉖, 31
ノートルダム橋　Pont Notre-Dame ㉗, 56, 57

ハ行

バーリントン・アーケード［ロンドン］　Burlington Arcade　171, 173
パサージュ・デ・パノラマ　Passage des Panoramas ㉘, 172, 173, 179
パサージュ・デュ・グラン・セール　Passage du Grand Cerf ㉙, 173
パサージュ・デュ・ポン゠ヌフ　Passage du Pont-Neuf ㉚, 173
パサージュ・ドゥ・ロペラ　Passage de l'Opéra ㉛, 171, 173
パサージュ・ドゥロルム　Passage Delorme ㉜, 173
パサージュ・フェド　Passage Feydeau ㉝, 171, 173, 179
パサージュ・モンテスキュー　Passage Montesquieu ㉞, 173
バック通り　Rue du Bac ㉟, 64, 67, 68
パレ・ロワイヤル　Palais Royal　55, 64, 65, 66, 68, 121, 163, 169, 170, 171, 173, 186
パレ・ロワイヤル街区　Quartier du Palais Royal　V, 57, 58, 138
バンク通り　Rue de la Banque　174
ハンブルク　Hambourg　140, 158
平等の家　Maison Égalité　→パレ・ロワイヤル　55
フェロヌリ通り　Rue de la Ferronnerie ㊱, 64, 68
フォッセ゠サン゠ジェルマン通り（アンシャン゠コメディ通り）　Rue des Fossés-Saint-Germain (Rue de l'Ancienne-Comédie) ㊲, 68
プティ゠シャン通り　Rue des Petits-Champs　現在のプティ゠シャン通り→ヌーヴ゠デ゠プティ゠シャン通り　19世紀のプティ゠シャン通り→クロワ゠デ゠プティ゠シャン通り　174
プティ・ポン　Petit Pont ㊳, 56
フラン゠ブルジョワ通り　Rue des Francs-Bourgeois ㊴, 55
ブリュッセル　Bruxelles　28, 140, 158, 171
ブルドネ通り　Rue des Bourdonnais ㊵, 104, 138
ブルボン宮　Palais Bourbon　56
ベルヴュ　Bellevue　46, 71
法廷宮　Palais du Tribunat　→パレ・ロワイヤル　55
法通り　Rue de la Loi　→リシュリュ通り　55
ボジョレ回廊［パレ・ロワイヤル］　Galerie Beaujolais　65, 66
ボルドー　Bordeaux　10, 11, 140
ポワソニエール通り　Rue Poissonnière ㊶, 138
ポン・ヌフ　Pont Neuf ㊷, 57

マ行

マーユ通り　Rue du Mail ㊸, 68
真の市民通り　Rue des Francs-Citoyens　→フラン・ブルジョワ通り　55
マザリヌ通り　Rue Mazarine ㊹, 104
マリ橋　Pont Marie ㊺, 57
マルリ（マルリ・ル・ロワ）　Marly (Marly-le-Roi)　139, 158
モノワ（モネ）通り　Rue de la Monnoie (Monnaie) ㊻, 27, 33, 68,

69, 104, 136
モンパンシェ回廊［パレ・ロワイヤル］
　Galerie Montpensier　65
モンマルトル街区　Quartier
　Montmartre　VI, 64, 138
モンマルトル城外区　Section
　Montmartre　d, 56
モンマルトル並木通り　Boulevard
　Montmartre　㊼, 68, 172, 173

ラ行

ラ・グレーヴ街区　Quartier de la
　Grève　XI, 56
ラ・シテ街区　Quartier de la Cité　I,
　56
ラ・ペ通り　Rue de la Paix　㊽, 7
リシュリュ通り　Rue Richelieu　㊾,
　55, 58, 64, 138, 163
リヨン　Lyon　13, 73, 99, 139, 146, 158

ルアン　Rouen　140
ルイ15世広場（コンコルド広場）
　Place Louis XV (Place de la
　Concorde)　㊿, 56
ルイ16世橋（コンコルド橋）　Pont
　Louis XVI (Pont de la Concorde)　56
ルージュ橋（サン＝ルイ橋）　Pont
　Rouge (Pont Saint-Louis)　㊿, 56
ル・リュクサンブール街区　Quartier
　du Luxembourg　XIX, 56
ル・ルーブル街区　Quartier du Louvre
　IV, 128
ルール通り　Rue du Roule　㊿, 68
ル・ルール城外区　Faubourg du Roule
　b, 56
レ・アル街区　Quartier des Halles
　VIII, 64
ロワイヤル橋　Pont Royal　㊿, 57
ロンドン　Londres　4, 11, 107, 140, 158,
　162, 171, 173

角田 奈歩（つのだ なお）

東京大学文学部歴史文化学科西洋史学専修課程卒業，東京大学大学院人文社会系研究科欧米系文化研究専攻修士課程修了。お茶の水女子大学大学院人間文化研究科比較社会文化学専攻博士後期課程にて服飾史研究室に所属，日本学術振興会特別研究員DC2を経て，フランス政府給費留学生としてパリ第１大学経済史専攻Master 2課程修了。2011年，お茶の水女子大学大学院博士後期課程修了。博士（人文科学）。現在はお茶の水女子大学大学院人間文化創成科学研究科研究院研究員。

パリの服飾品小売りとモード商
1760-1830

2013年2月22日　初版発行

著　者　　角田奈歩
発行者　　長岡正博
発行所　　悠書館

〒113-0033　東京都文京区本郷 2-35-21-302
TEL 03-3812-6504　FAX 03-3812-7504
http://www.yushokan.co.jp

本文組版：(株)フレックスアート
印刷：(株)理想社／製本：(株)新広社

Japanese Text © Nao TSUNODA, 2013 printed in Japan
ISBN978-4-903487-68-7

定価はカバーに表示してあります